高等教育网络空间安全专业系列教材

人工智能安全：原理与实践

李 剑 主编

机 械 工 业 出 版 社

本书是高等院校网络空间安全、人工智能、计算机等专业的普及性教材，以帮助学生全面了解人工智能安全知识并进行实践。全书共 16 章，分别为人工智能安全概述、生成对抗网络的安全应用、卷积神经网络的安全应用、对抗样本生成算法的安全应用、随机森林算法的安全应用、贝叶斯和 SVM 分类算法的安全应用、长短期记忆网络的安全应用、梯度下降算法的安全应用、深度伪造原理与安全应用、成员推理攻击原理与实践、属性推理攻击原理与实践、模型公平性检测及提升原理与实践、水印去除原理与实践、语音合成原理与实践、视频分析原理与实践、代码漏洞检测原理与实践。

全书提供了 18 个人工智能安全领域代表性的 Python 编程实践，所有编程实践都提供源代码和详细的实践步骤。读者只需要按照书中列出的步骤，一步步编程，就可以达到预期的实践目的。本书绝大部分编程实践内容可以在普通笔记本电脑上实现。

本书配有授课电子课件，需要的教师可登录 www. cmpedu. com 免费注册，审核通过后下载，或联系编辑索取（微信：13146070618，电话：010-88379739）。

图书在版编目（CIP）数据

人工智能安全：原理与实践 / 李剑主编. -- 北京：机械工业出版社，2024. 12. --（高等教育网络空间安全专业系列教材）. -- ISBN 978-7-111-77437-2

Ⅰ. TP18；TN915. 08

中国国家版本馆 CIP 数据核字第 2024B0V924 号

机械工业出版社（北京市百万庄大街 22 号　邮政编码 100037）

策划编辑：郝建伟　　　　责任编辑：郝建伟　解　芳

责任校对：贾海霞　李　杉　　责任印制：刘　媛

涿州市京南印刷厂印刷

2024 年 12 月第 1 版第 1 次印刷

184mm×260mm · 17. 5 印张 · 443 千字

标准书号：ISBN 978-7-111-77437-2

定价：69. 00 元

电话服务　　　　　　　　网络服务

客服电话：010-88361066　　机　工　官　网：www. cmpbook. com

010-88379833　　机　工　官　博：weibo. com/cmp1952

010-68326294　　金　书　网：www. golden-book. com

封底无防伪标均为盗版　　机工教育服务网：www. cmpedu. com

高等教育网络空间安全专业系列教材
编委会成员名单

前　言

随着人工智能（Artificial Intelligence，AI）时代的到来，世界各国都在争相发展人工智能技术与应用。人工智能技术是引领全球科学技术革命和产业升级换代的战略性技术，正在重塑着人们对国家安全、经济发展与社会稳定的理解。

然而，人工智能技术在提高人们生活质量和提升企业效率的同时，也为网络攻击者带来了便捷，为原本错综复杂的信息网络环境增加了新的挑战。传统的信息安全方法已经不足以应对这些新风险，需要专门针对人工智能安全，研究新的安全技术，建立新的管理策略以保障信息系统的正常运行。

我国对于人工智能安全非常重视。2024 年 9 月，全国网络安全标准化技术委员会发布了《人工智能安全治理框架》1.0 版，框架以鼓励人工智能创新发展为第一要务，以有效防范、化解人工智能安全风险为出发点和落脚点，提出了包容审慎、确保安全，风险导向、敏捷治理，技管结合、协同应对，开放合作、共治共享等人工智能安全治理的原则。

根据相关资料显示，截止到 2024 年 9 月，我国已有 535 所普通高校开设了人工智能专业，217 所高校开设了智能科学与技术专业，300 余所高校开设了网络空间安全或信息安全专业。由此可见，在高等教育方面，国家对于人工智能和网络安全也非常重视。

当前，我国虽然有许多高校开设了与人工智能安全相关的专业，但是与人工智能安全相关的教材却相对较少，与人工智能安全相关的实践类教材更是少之又少。本书主要从帮助学生进行人工智能安全实践的角度出发，通过 Python 编程的方式帮助学生了解人工智能安全知识。

全书共 16 章，第 1 章是人工智能安全概述，主要讲述人工智能安全的概念；第 2 章是生成对抗网络的安全应用，原理部分主要讲述生成对抗网络及其改进模型，实践部分主要讲述生成对抗网络模拟 sin 曲线、模型窃取；第 3 章是卷积神经网络的安全应用，原理部分主要讲述卷积神经网络，实践部分主要讲述基于卷积神经网络的数据投毒攻击、人脸活体检测、验证码识别；第 4 章是对抗样本生成算法的安全应用，原理部分主要讲述对抗样本生成算法，实践部分主要讲述基于对抗样本生成算法的图像对抗；第 5 章是随机森林算法的安全应用，原理部分主要讲述随机森林算法，实践部分主要讲述基于随机森林算法的图像去噪；第 6 章是贝叶斯和 SVM 分类算法的安全应用，原理部分主要讲述贝叶斯分类算法、SVM 分类算法，实践部分主要讲述基于贝叶斯和 SVM 分类算法的垃圾邮件过滤；第 7 章是长短期记忆网络的安全应用，原理部分主要讲述长短期记忆网络，实践部分主要讲述基于双向 LSTM 模型的网络攻击检测；第 8 章是梯度下降算法的安全应用，原理部分主要讲述梯度下降算法，实践部分主要讲述基于梯度下降算法的模型逆向攻击；第 9 章是深度伪造原理与安全应用，原理部分主要讲述深度伪造技术，实践部分主要讲述基于深度伪造技术的人脸伪造；第 10 章是成员推理攻击原理与实践，原理部分主要讲述成员推理攻击方法、影子模型攻击技术，实践部分主要讲述基于影子模型的成员推理攻击；第 11 章是属性推理攻击原理与实践，原理部分主要讲述神经网络，实践部分主要讲述基于神经网络的属性推理攻击；第12章是模型公平性检测及提升原理与实践，原理部分主要讲述算法歧视，实践部分主要讲述模型公平性检测与提升；第13章是水印去除原理与实践，原理部分主要讲述去水印技术，实践部分主要讲述基于Skip Encoder-Decoder网络的图像水印去除；第14章是语音合成原理与实践，原理部分主要讲述Tacotron模型、梅尔频谱图、长短期记忆网络、混合注意力机制、声码器，实践部分主要讲述基于Tacotron2的语音合成；第15章是视频分析原理与实践，原理部分主要讲述视频分析和目标检测，实践部分主要讲述基于YOLOv5的安全帽识别；第16章是代码漏洞检测原理与实践，原理部分主要讲述图神经网络、迁移学习，实践部分主要讲述基于图神经网络的代码漏洞检测。

感谢我的学生郭永跃、付安棋、梁成、赵梓涵、张德俊、胡昀昊、王乃乐、张春晖、李舒雅、代睿祺、王卓。他们对于本书的写作给予了极大的支持与帮助。其他参与本书编写和审阅工作的还有孟玲玉、李胜斌、陈彦侠、赵国安，这里一并表示感谢。

本书在撰写和出版过程中得到了国家自然科学基金（No. U1636106、No. 61472048）、北京邮电大学2024年本科教育教学改革项目“人工智能安全实践实训平台设计与实现（No. 2024YB34）”、2024年北京邮电大学优秀实践教学案例建设项目“人工智能安全实践（No. 2024025）”、2024年北京邮电大学“十四五”规划教材建设项目（No. 108）的资助。本书也是北京邮电大学“国家人工智能产教融合创新平台”的研究成果。

本书得到启明星辰信息技术集团股份有限公司教育部产学合作协同育人项目“人工智能安全课程建设研究”的支持。

由于作者水平有限，书中疏漏与不妥之处在所难免，恳请广大同行和读者指导和斧正。作者的电子邮箱是lijian@ bupt. edu. cn。

李　剑

目 录

前言
第 1 章　人工智能安全概述 …… 1
1.1　人工智能安全的引入 …… 1
1.2　人工智能安全的概念 …… 2
1.3　人工智能安全的架构、风险及应对方法 …… 2
1.3.1　人工智能安全架构 …… 2
1.3.2　人工智能安全风险 …… 3
1.3.3　人工智能安全风险的应对方法 …… 4
1.4　人工智能安全现状 …… 5
1.5　本书的组成、学习和讲授方法 …… 5
1.5.1　本书的组成 …… 5
1.5.2　本书的学习方法 …… 7
1.5.3　本书的讲授方法 …… 7
1.6　习题 …… 8
参考文献 …… 8
第 2 章　生成对抗网络的安全应用 …… 9
2.1　知识要点 …… 9
2.1.1　生成对抗网络概述 …… 9
2.1.2　生成对抗网络原理 …… 9
2.1.3　生成对抗网络的应用 …… 10
2.1.4　生成对抗网络的训练步骤 …… 11
2.2　实践 2-1　基于生成对抗网络的 sin 曲线样本模拟 …… 12
2.2.1　实践目的 …… 12
2.2.2　实践内容 …… 12
2.2.3　实践环境 …… 13
2.2.4　实践前准备工作 …… 13
2.2.5　实践步骤 …… 13
2.2.6　实践结果 …… 19
2.2.7　参考代码 …… 20
2.3　实践 2-2　基于对抗性攻击无数据替代训练的模型窃取 …… 21
2.3.1　实践概述 …… 21
2.3.2　攻击场景 …… 22
2.3.3　对抗性攻击 …… 22
2.3.4　对抗性生成器-分类器训练 …… 22

2.3.5 标签可控的数据生成 …… 22
2.3.6 实践目的 …… 23
2.3.7 实践环境 …… 23
2.3.8 实践步骤 …… 23
2.3.9 实践结果 …… 31
2.3.10 实践要求 …… 32
2.3.11 参考代码 …… 32
2.4 习题 …… 32
第3章 卷积神经网络的安全应用 …… 33
3.1 知识要点 …… 33
3.1.1 神经网络 …… 33
3.1.2 卷积神经网络概述 …… 33
3.1.3 卷积神经网络核心组件 …… 34
3.1.4 AlexNet 模型 …… 35
3.1.5 VGG 模型 …… 36
3.1.6 MNIST 数据集 …… 37
3.2 实践 3-1 基于卷积神经网络的数据投毒攻击 …… 37
3.2.1 投毒攻击概述 …… 37
3.2.2 实践目的 …… 38
3.2.3 实践环境 …… 38
3.2.4 实践步骤 …… 38
3.2.5 实践要求 …… 47
3.2.6 实践结果 …… 47
3.2.7 参考代码 …… 54
3.3 实践 3-2 基于卷积神经网络的人脸活体检测 …… 54
3.3.1 人脸活体检测概述 …… 54
3.3.2 人脸活体检测的应用 …… 54
3.3.3 实践目的 …… 54
3.3.4 实践架构 …… 55
3.3.5 实践环境 …… 55
3.3.6 实践步骤 …… 55
3.3.7 实践要求 …… 63
3.3.8 实践结果 …… 63
3.3.9 参考代码 …… 64
3.4 实践 3-3 基于卷积神经网络的验证码识别 …… 65
3.4.1 验证码识别介绍 …… 65
3.4.2 实践目的 …… 66
3.4.3 实践内容 …… 67
3.4.4 实践环境 …… 67
3.4.5 实践步骤 …… 68

3.4.6 实践结果 …… 72
3.4.7 参考代码 …… 74
3.5 习题 …… 74
第4章 对抗样本生成算法的安全应用 …… 75
4.1 知识要点 …… 75
4.1.1 对抗样本生成攻击 …… 75
4.1.2 对抗样本生成算法 …… 76
4.2 实践4-1 基于对抗样本生成算法的图像对抗 …… 77
4.2.1 图像对抗 …… 77
4.2.2 实践步骤 …… 77
4.2.3 实践目的 …… 77
4.2.4 实践环境 …… 77
4.2.5 实践前准备工作 …… 79
4.2.6 FGSM生成数字灰度图对抗样本 …… 79
4.2.7 PGD算法生成数字灰度图对抗样本 …… 82
4.2.8 参考代码 …… 87
4.3 习题 …… 87
第5章 随机森林算法的安全应用 …… 88
5.1 知识要点 …… 88
5.1.1 随机森林算法的概念 …… 88
5.1.2 随机森林算法的原理 …… 88
5.1.3 随机森林算法的工作流程 …… 89
5.1.4 随机森林算法的优缺点 …… 89
5.2 实践5-1 基于随机森林算法的图像去噪 …… 90
5.2.1 图像去噪 …… 90
5.2.2 实践目的 …… 91
5.2.3 实践环境 …… 91
5.2.4 实践步骤 …… 92
5.2.5 实践结果 …… 96
5.2.6 实践要求 …… 98
5.2.7 参考代码 …… 99
5.3 习题 …… 99
第6章 贝叶斯和SVM分类算法的安全应用 …… 100
6.1 知识要点 …… 100
6.1.1 贝叶斯分类算法 …… 100
6.1.2 SVM分类算法 …… 101
6.1.3 垃圾邮件过滤 …… 102
6.2 实践6-1 基于贝叶斯和SVM分类算法的垃圾邮件过滤 …… 103
6.2.1 实践目的 …… 103
6.2.2 实践流程 …… 103

6.2.3 实践环境 …… 104
6.2.4 实践步骤 …… 104
6.2.5 实践结果 …… 108
6.2.6 库文件和数据集 …… 112
6.3 习题 …… 112
第7章 长短期记忆网络的安全应用 …… 113
7.1 知识要点 …… 113
7.1.1 网络安全概述 …… 113
7.1.2 LSTM 模型 …… 114
7.1.3 双向 LSTM 模型 …… 114
7.2 实践 7-1 基于双向 LSTM 模型的网络攻击检测 …… 115
7.2.1 实践内容 …… 115
7.2.2 实践目的 …… 116
7.2.3 实践环境 …… 116
7.2.4 实践步骤 …… 116
7.2.5 实践结果 …… 120
7.2.6 库文件和数据集 …… 122
7.3 习题 …… 122
第8章 梯度下降算法的安全应用 …… 123
8.1 知识要点 …… 123
8.1.1 梯度下降算法概述 …… 123
8.1.2 梯度下降算法优化方法 …… 124
8.1.3 梯度下降算法的应用 …… 124
8.2 实践 8-1 基于梯度下降算法的模型逆向攻击 …… 125
8.2.1 模型逆向攻击概述 …… 125
8.2.2 实践目的 …… 125
8.2.3 常见的模型逆向攻击方法 …… 126
8.2.4 实践流程 …… 126
8.2.5 实践内容 …… 127
8.2.6 实践环境 …… 127
8.2.7 实践步骤 …… 127
8.2.8 实践结果 …… 133
8.2.9 参考代码 …… 136
8.3 习题 …… 136
参考文献 …… 136
第9章 深度伪造原理与安全应用 …… 137
9.1 知识要点 …… 137
9.1.1 深度伪造概述 …… 137
9.1.2 人脸图像伪造技术 …… 137
9.2 实践 9-1 基于深度伪造技术的人脸伪造 …… 139

9.2.1 实践概述 …… 139
9.2.2 实践目的 …… 140
9.2.3 实践内容 …… 140
9.2.4 实践环境 …… 140
9.2.5 实践步骤 …… 140
9.2.6 实践结果 …… 144
9.2.7 参考代码 …… 144
9.3 习题 …… 145
第10章 成员推理攻击原理与实践 …… 146
10.1 知识要点 …… 146
10.1.1 成员推理攻击介绍 …… 146
10.1.2 成员推理攻击分类 …… 147
10.1.3 常见的成员推理攻击方法 …… 147
10.1.4 影子模型攻击 …… 147
10.1.5 影子模型攻击的步骤 …… 149
10.2 实践10-1 基于影子模型的成员推理攻击 …… 149
10.2.1 实践目的 …… 149
10.2.2 实践内容 …… 149
10.2.3 实践环境 …… 150
10.2.4 实践步骤 …… 150
10.2.5 实践结果 …… 158
10.2.6 参考代码 …… 161
10.2.7 实践总结 …… 161
10.3 习题 …… 161
参考文献 …… 161
第11章 属性推理攻击原理与实践 …… 162
11.1 知识要点 …… 162
11.1.1 属性推理攻击概述 …… 162
11.1.2 属性推理攻击的场景 …… 163
11.1.3 属性推理攻击常用方法 …… 163
11.2 实践11-1 基于神经网络的属性推理攻击 …… 163
11.2.1 实践内容 …… 163
11.2.2 实践目的 …… 163
11.2.3 实践环境 …… 164
11.2.4 实践步骤 …… 164
11.2.5 实践结果 …… 177
11.2.6 参考代码 …… 178
11.3 习题 …… 178
第12章 模型公平性检测及提升原理与实践 …… 179
12.1 知识要点 …… 179

12.1.1 算法歧视 …… 179
12.1.2 模型公平性方法 …… 179
12.2 实践 12-1 模型公平性检测和提升 …… 180
12.2.1 实践介绍 …… 180
12.2.2 实践目的 …… 181
12.2.3 实践环境 …… 182
12.2.4 实践步骤 …… 182
12.2.5 实践结果 …… 197
12.2.6 参考代码 …… 199
12.3 习题 …… 199
参考文献 …… 199
第 13 章 水印去除原理与实践 …… 200
13.1 知识要点 …… 200
13.1.1 水印介绍 …… 200
13.1.2 去除水印的方法 …… 200
13.1.3 去水印面临的挑战 …… 201
13.1.4 水印蒙版 …… 202
13.1.5 Skip Encoder-Decoder 模型 …… 202
13.2 实践 13-1 基于 Skip Encoder-Decoder 网络的图像水印去除 …… 203
13.2.1 实践目的 …… 203
13.2.2 实践环境 …… 203
13.2.3 实践步骤 …… 203
13.2.4 模型配置与训练 …… 210
13.2.5 实践结果 …… 213
13.2.6 实践要求 …… 214
13.2.7 参考代码 …… 214
13.3 习题 …… 214
第 14 章 语音合成原理与实践 …… 215
14.1 知识要点 …… 215
14.1.1 人工智能合成音频技术概述 …… 215
14.1.2 Tacotron 模型概述 …… 216
14.1.3 梅尔频谱图 …… 218
14.1.4 长短期记忆网络 …… 218
14.1.5 混合注意力机制 …… 219
14.1.6 编码器-解码器结构 …… 219
14.1.7 声码器 …… 219
14.2 实践 14-1 基于 Tacotron2 的语音合成 …… 220
14.2.1 系统结构 …… 220
14.2.2 实践目标 …… 221
14.2.3 实践环境 …… 222

14.2.4 实践步骤 …… 222
14.2.5 实践结果 …… 237
14.2.6 参考代码 …… 239
14.3 习题 …… 239
第15章 视频分析原理与实践 …… 240
15.1 知识要点 …… 240
15.1.1 视频分析 …… 240
15.1.2 目标检测 …… 241
15.1.3 YOLOv5 框架 …… 241
15.2 实践15-1 基于 YOLOv5 的安全帽识别 …… 241
15.2.1 实践内容 …… 241
15.2.2 实践目的 …… 241
15.2.3 实践环境 …… 242
15.2.4 实践步骤 …… 243
15.2.5 实践结果 …… 246
15.2.6 实践要求 …… 247
15.2.7 参考代码 …… 248
15.3 习题 …… 248
第16章 代码漏洞检测原理与实践 …… 249
16.1 知识要点 …… 249
16.1.1 图神经网络 …… 249
16.1.2 代码特征提取工具 Joern …… 250
16.1.3 小样本学习 …… 250
16.1.4 迁移学习 …… 250
16.2 实践16-1 基于图神经网络的代码漏洞检测 …… 251
16.2.1 实践目的 …… 251
16.2.2 实践环境 …… 251
16.2.3 实践步骤 …… 251
16.2.4 实践结果 …… 266
16.2.5 参考代码 …… 267
16.3 习题 …… 267

第1章　人工智能安全概述

本章从两个经典的人工智能安全事件说起，引入人工智能安全的概念及框架，说明人工智能安全现状，最后给出本书的组成、学习和讲授方法。

知识与能力目标

1）了解人工智能安全的重要性。

2）认知人工智能安全的概念。

3）掌握人工智能安全的架构。

4）了解人工智能安全的知识体系。

5）了解如何学习人工智能安全课程。

1.1　人工智能安全的引入

2016年11月18日，在深圳举办的“第十八届中国国际高新技术成果交易会”上，一台名为“小胖”的机器人引起了很多人的兴趣。

小胖机器人原本是为4~12岁儿童研发，主要用于教育。然而在展示的过程中，这台机器人却突发故障，在没有任何指令的前提下自行打砸展台的玻璃，最终导致部分展台被破坏。更为严重的是，该机器人在破坏展台的过程中还砸伤了一名路人。

该事件大概是国内最早报道的机器人伤害人类的事件（后证实，系展商工作人员操作不当撞倒玻璃所致），以前的类似事件多是在电影或电视剧里才能看到的虚拟场景。从这次安全事件可以看出，如果人工智能方法自身出现问题，就可能威胁到人类的安全。

人工智能技术的快速应用，特别是人工智能大模型技术的流行，能促进人工智能技术与实体经济进行加速融合及应用，进而提高人们的生活品质。然而，随着人工智能技术的大规模应用，安全问题也层出不穷。

当前，人工智能技术应用最具新颖和挑战性的场景之一就是自动驾驶技术，但是若不能正确使用这种技术，就可能影响人类的生命安全。例如，2018年3月23日，苹果公司华裔工程师黄伟伦使用自动驾驶技术驾驶某知名品牌汽车，在加利福尼亚州山景城附近的高速路上，撞上公路屏障不幸身亡。

美国国家运输安全委员会（NTSB）的调查结果显示，该车祸发生前，这辆汽车的自动驾驶辅助系统被使用了近19分钟（min），当时汽车以每小时71英里（1英里约等于1.61公里）的速度偏离了高速公路。这场导致驾驶员死亡的车祸明显是因为技术问题，而非人为因素。从这次事件可以看出，即使是世界级顶流自动驾驶车企，在面临人工智能安全问题时，依然会出现重大安全问题。由此可见，人工智能技术的应用不合理，有可能导致人类的生命受到安全威胁。

以上两个典型的与人工智能相关的安全事件，一个是人工智能系统自身出现了安全问题

（可能原因），也称为人工智能原生安全；另一个是人工智能技术应用出现的安全问题，也称为人工智能衍生安全。以上两种安全问题引起了国内外有关人员的广泛讨论，人们纷纷提出一个问题：人工智能是否安全？

人工智能安全关系着全人类命运，通过防范安全风险，推进人工智能技术发展与提升人工智能安全治理能力已成为全人类的共识。针对人工智能安全威胁由局部攻击向系统化协同攻击的演化，导致单一的安全检测与防护技术无法应对复合攻击，因此需要加速提升人工智能安全检测与防护能力，保障人工智能安全问题刻不容缓。在高校中开展人工智能安全方面的教育，特别是引导学生加强人工智能安全实践方面的教育，具有重要的现实意义。

1.2 人工智能安全的概念

扫码看视频

人工智能（Artificial Intelligence，AI）是指通过计算机科学、数学、统计学等多学科交叉融合的方法，开发出模拟人类智能的技术和算法。它通过模拟人类智能的学习、推理、感知和行动能力，实现机器自主的思考和决策，从而完成一系列复杂的任务和功能。人工智能是十分广泛的科学，包括机器人、语言识别、图像识别、自然语言处理、专家系统、机器学习、计算机视觉等。

人工智能安全是指通过采取必要措施，防范对人工智能系统的攻击、侵入、干扰、破坏和非法使用以及意外事故，使人工智能系统处于稳定可靠运行的状态，以及遵循人工智能以人为本、权责一致等安全原则，保障人工智能算法模型、数据、系统与产品应用的完整性、保密性、可用性、鲁棒性、透明性、公平性和隐私的能力。这个人工智能安全定义是全国信息安全标准化技术委员会在《人工智能安全标准化白皮书（2019年版）》上发布的。以上对人工智能安全的定义只是强调人工智能内在的安全。更广义上地讲，人工智能安全还包括人工智能的应用安全。

1.3 人工智能安全的架构、风险及应对方法

本节从人工智能安全的架构讲起，讲述人工智能安全主要分为原生安全和衍生安全。然后分析人工智能安全系统可能存在的安全风险，以及应对这些安全风险的方法。

1.3.1 人工智能安全架构

人工智能安全架构如图1-1所示，包含安全目标、安全风险、安全评估和安全保障4大维度。人工智能安全有4个核心步骤，具体如下。

第1步： 从人工智能的应用安全和人工智能系统自身的安全角度来设立安全目标。

第2步： 梳理人工智能的原生安全风险和衍生安全风险。

1）原生安全风险（也叫内生安全风险）主要是人工智能系统内在的安全风险或本身的安全风险，包括人工智能系统中机器学习框架安全、数据安全和算法模型安全等。

2）衍生安全风险主要是人工智能系统在应用过程中而出现的安全问题。

原生安全风险是人工智能技术自身在可解释性、鲁棒性、可控性、稳定性等方面存在的缺陷。衍生安全风险是人工智能技术在应用过程中，由于不当使用或外部攻击造成系统功能失效或者错误使用。

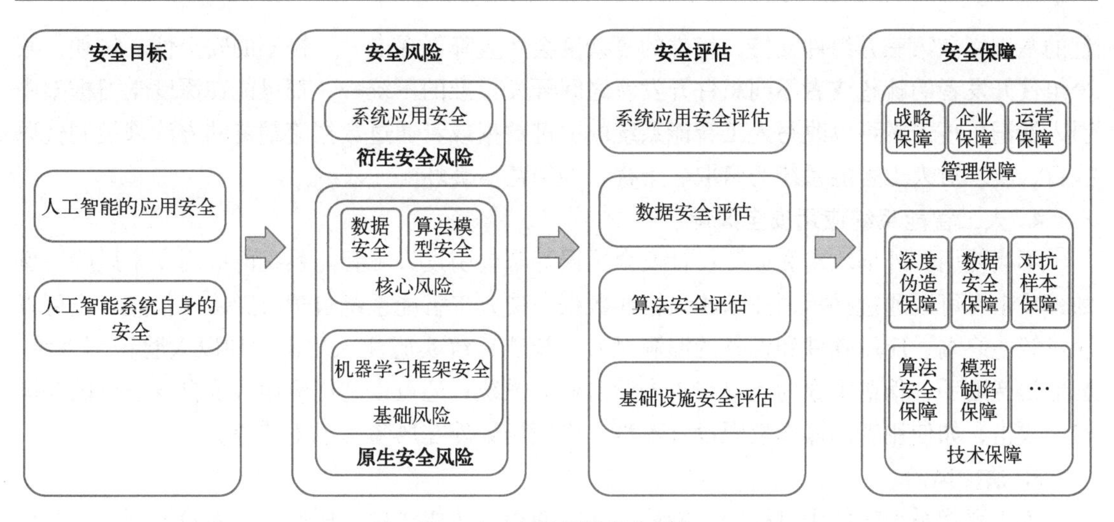

图 1-1　人工智能安全架构

第 3 步：对人工智能安全现状进行评估，主要是评估数据、算法、基础设施和系统应用所面临的风险程度。

第 4 步：根据安全评估的结果，综合运用技术和管理相结合的方法保障人工智能系统的安全。

1.3.2　人工智能安全风险

随着人工智能技术的迅猛发展，越来越多的厂商和组织开始使用人工智能系统，从而为其业务增加智能化、数字化和自动化的元素。虽然人工智能系统的优势非常显著，但人工智能系统的发展也带来了许多安全风险。因此，在使用人工智能系统的过程中，必须注重安全风险的管理，以减少安全风险对企业和组织业务造成的影响。总体而言，人工智能安全风险主要包含以下几类。

1. 数据安全风险

攻击者利用模型的输出信息可以开展模型盗取攻击和训练数据盗取攻击。在机器学习模型的训练和应用过程中，所使用的训练数据和模型参数都有被泄露的风险。攻击者可以根据要攻击的目标模型，查询样本获取目标攻击模型的预期结果，从而获取模型相关参数，生成替代模型或改进模型，进而构成知识产权方面的侵犯。攻击者也可以推断特定数据集是否是用来训练目标模型的，进而获得训练相关信息及训练数据的隐私信息，再使用特定的测试数据进行投毒攻击等。

2. 算法模型安全风险

针对人工智能深度学习算法提取样本特征的特点，在不改变深度学习系统模型的前提下，通过构造相关输入样本，使系统输出错误的结果来对抗样本攻击。这种攻击可分为躲避攻击（即非定向攻击）和假冒攻击（即定向攻击）。攻击者可以通过特定样本误导深度学习系统输出特定的错误结果，如攻击者 A 可以通过虚假相似样本解锁用户 B 手机中的人脸识别系统。攻击者也可以改变深度学习系统输出非特定的错误结果，如攻击者可以控制监控的摄像头，使其实现人员隐身、换人或身份误判等。

3. 机器学习框架安全风险

人工智能算法基于机器学习框架完成其模型的搭建、训练和运行。深度学习框架需要大量的基础库和第三方组件支持，组件的复杂度会严重降低深度学习框架的安全性。例如，某个组件开发者的疏忽或者不同组件开发者之间开发标准的不统一，都可能在深度学习框架中引入漏洞。攻击者可以改写人工智能系统的关键数据或者通过数据流劫持的方法来控制代码执行，实现对人工智能系统的窃取、干扰、控制甚至破坏。

4. 人工智能系统应用安全风险

不当使用、外部攻击和业务设计安全错误等都会引发人工智能系统的应用安全风险。例如，攻击者可以通过提示词技术输入错误数据，使人工智能系统自学习到错误信息；也可以通过智能终端、应用软件和设备的漏洞对人工智能系统实施注入攻击，如以人脸识别系统、智能语音助手、伪造图像为入口来攻击后台业务系统；还可以利用应用系统自身设计的缺陷实施攻击，如使用者的操作权限设置不当、应用场景外在风险考虑不够等。

5. 法律风险

人工智能系统在使用过程中可能违反国家的相关法律法规。例如，在人脸识别、语音识别、身份认证等领域使用的人工智能技术可能涉及侵犯隐私问题。如果这些个人隐私数据被大量窃取和泄露，将会对个人造成严重威胁，非法使用的企业和组织也会被判罚款、整顿或停运等。

1.3.3 人工智能安全风险的应对方法

随着人工智能技术和应用的发展，人工智能系统逐渐渗透到人们生活的各个方面，给人们带来了许多便利。在使用人工智能系统的过程中，必须注重风险管理，避免风险对人们生活和工作造成不良影响。加强人工智能系统的风险管理，准备足够的应急响应方法对企业和组织来说非常重要。人工智能系统风险的主要应对方法如下。

1. 建立完善的安全管理制度

“三分技术，七分管理”这句话在人工智能安全领域依然适用。在人工智能系统应用过程中，安全管理应该放在首位。因此，应建立相对完善的人工智能安全管理制度，制定不同等级的安全应对策略，对每个等级的信息和应用分别使用不同的方法进行保护。

2. 人工智能系统风险评估

人工智能系统应用前都应进行风险评估。评估的目的是确定人工智能系统的安全性和可靠性。通过风险评估，可以有效识别人工智能系统在应用中面临的各种威胁和隐患，提前采取相应的方法，从而一旦发生危险，可以有足够的应急措施，进而将损失减少到最低。

3. 建立应急响应机制

在对人工智能系统进行风险评估之后，必须建立相应的风险应对机制，这些机制主要如下。

1）预警机制。建立合理的预警机制，提前预测和识别风险，限制风险的发展，尽量减小风险带来的影响。

2）备份机制。对人工智能系统的重要数据进行备份，防止数据丢失，保证系统在出现问题时，依然能顺利运行。

3）应急响应机制。不要因为人工智能系统存在安全威胁和可能的隐患而不敢使用它，或者过多地限制使用它，而应该在大胆地使用它的同时，提前给出系统的应急响应方案。一旦人工智能系统突发异常情况，可以快速应对，尽最大努力减少损失。

4. 加强法律法规的制定和执行

在应用人工智能系统的时候，必须加强法律法规的制定和执行。可以借鉴国内外人工智能安全法律法规的经验，规定人工智能系统的应用和限制条件，以保障企业和个人数据的安全；同时，应该明确责任人违反人工智能安全时应承担的相应处罚。

1.4　人工智能安全现状

随着人工智能技术的不断进步，全球人工智能安全治理体系面临着前所未有的挑战。如何构建一个安全、可靠、高效的人工智能安全治理体系，成为各国共同面临的重要课题。人工智能的安全性甚至关乎整个人类的命运。

人工智能安全与国家安全紧密相连，世界各国都试图在该领域抢占先机，美国、欧盟、日本等多个国家和组织接连发布相关政策法规加以规制。2023 年 10 月，美国颁布了《关于安全、可靠和可信地开发和使用人工智能的行政令》，2024 年 2 月，美国成立了人工智能安全研究所联盟，该联盟得到 200 多家企业和组织的支持。2024 年 3 月 13 日，欧盟通过了《人工智能法案》，该法案强调依照不同风险等级来对人工智能系统安全进行管理。2024 年 3 月 21 日，联合国大会通过了首个关于人工智能安全的全球决议草案，倡议各国合作起来共同开发“安全、可靠和值得信赖的”人工智能系统，为全球各国合作制定并实施人工智能技术和安全应用的标准奠定了坚实基础。我国也积极参与并倡导全球人工智能治理工作，国家网信办在 2023 年 10 月发布了《全球人工智能治理倡议》，围绕人工智能发展、安全、治理三方面，系统阐述了人工智能治理的中国方案，旨在促进人工智能技术造福人类，推动构建人类命运共同体。

目前，我国在人工智能安全领域已取得一系列成果，但人工智能的安全检测、防护、监测预警技术和安全管理仍不够完善，导致人工智能在高安全等级领域的应用落地受到一定制约。人工智能安全治理是一个复杂且庞大的系统性工程，需从人工智能安全理论、标准、检测、防护等多个方面，全面夯实人工智能安全体系。

2023 年 7 月 10 日，国家网信办联合国家发展改革委、教育部、科技部、工业和信息化部、公安部、广电总局发布了《生成式人工智能服务管理暂行办法》，自 2023 年 8 月 15 日起施行。该办法旨在促进生成式人工智能的健康发展和规范应用，维护国家安全和社会公共利益，保护公民、法人和其他组织的合法权益。

尽管我国在人工智能安全领域已经出台了一些政策和法规，但是依然不够完善。如何加强我国人工智能安全治理工作，确保人工智能产业与技术的健康发展依然任重道远。

1.5　本书的组成、学习和讲授方法

扫码看视频

关于人工智能安全的知识点非常多，本书只是从实践应用的角度讲述了一些主要的人工智能安全知识。重点是教会学生如何通过 Python 语言编程的方法来实现一些经典的人工智能安全案例。

1.5.1　本书的组成

本书主要从原理和实践两个方面出发来编写知识点，见表 1-1。这些原理和实践知识都

是当前人工智能安全领域的热点。

表 1-1　本书的知识点

章	对应的原理知识	实践知识
第 1 章	人工智能安全的概念和模型	—
第 2 章	生成对抗网络	生成对抗网络模拟 sin 曲线、模型窃取
第 3 章	卷积神经网络	数据投毒攻击、人脸活体检测、验证码识别
第 4 章	对抗样本生成算法	图像对抗
第 5 章	随机森林算法	图像去噪
第 6 章	贝叶斯和 SVM 分类算法	垃圾邮件过滤
第 7 章	长短期记忆网络	网络攻击检测
第 8 章	梯度下降算法	模型逆向攻击
第 9 章	深度伪造技术	人脸伪造
第 10 章	影子模型攻击技术	成员推理攻击
第 11 章	神经网络	属性推理攻击
第 12 章	算法歧视	模型公平性检测和提升
第 13 章	深度学习	图像水印去除
第 14 章	Tacotron 模型、梅尔频谱图、长短期记忆网络、混合注意力机制	语音合成
第 15 章	深度学习	安全帽识别
第 16 章	图神经网络、小样本学习、迁移学习、代码属性图	代码漏洞检测

本书的所有实践内容见表 1-2。表中给出了所有实践编程的题目，以及它们的难度水平。其中，1 星级最简单，5 星级最难。在进行 Python 实践编程的时候，教师可以根据实践内容的侧重点和难度级别选择实践内容。本书绝大部分编程实践内容可以在普通笔记本电脑上实现。

表 1-2　实践内容列表

序号	实践名称	难度	备注
1	实践 2-1　基于生成对抗网络的 sin 曲线样本模拟	1 星级	衍生安全
2	实践 2-2　基于对抗性攻击无数据替代训练的模型窃取	5 星级	原生安全
3	实践 3-1　基于卷积神经网络的数据投毒攻击	3 星级	原生安全
4	实践 3-2　基于卷积神经网络的人脸活体检测	2 星级	衍生安全
5	实践 3-3　基于卷积神经网络的验证码识别	2 星级	衍生安全
6	实践 4-1　基于对抗样本生成算法的图像对抗	2 星级	衍生安全
7	实践 5-1　基于随机森林算法的图像去噪	2 星级	衍生安全
8	实践 6-1　基于贝叶斯和 SVM 分类算法的垃圾邮件过滤	1 星级	衍生安全
9	实践 7-1　基于双向 LSTM 模型的网络攻击检测	2 星级	衍生安全
10	实践 8-1　基于梯度下降算法的模型逆向攻击	3 星级	原生安全
11	实践 9-1　基于深度伪造技术的人脸伪造	3 星级	衍生安全
12	实践 10-1　基于影子模型的成员推理攻击	2 星级	原生安全

（续）

序号	实践名称	难度	备注
13	实践 11-1　基于神经网络的属性推理攻击	3 星级	衍生安全
14	实践 12-1　模型公平性检测和提升	3 星级	原生安全
15	实践 13-1　基于 Skip Encoder-Decoder 网络的图像水印去除	2 星级	衍生安全
16	实践 14-1　基于 Tacotron2 的语音合成	3 星级	衍生安全
17	实践 15-1　基于 YOLOv5 的安全帽识别	4 星级	衍生安全
18	实践 16-1　基于图神经网络的代码漏洞检测	5 星级	衍生安全

书中 18 个 Python 编程实践的内容都提供源代码（见本书的配套资源，可通过网盘下载，后同）、数据集和相关库文件。大部分源代码可以通过复制、粘贴的方式进行编程，核心代码则采用图片的方式呈现，需要学生自己理解并输入。

在运行本书的第 2 个实践内容“实践 2-2　基于对抗性攻击无数据替代训练的模型窃取”时，需要大量的运算资源进行训练，它的难度是 5 星级。感兴趣的学生可以在教师的带领下在网上购买计算资源再训练得出实践结果，或者直接使用本书已经训练好的模型（详见本书的配套资源）进行实践，得出实践结果。

本书的第 18 个实践内容“实践 16-1　基于图神经网络的代码漏洞检测”需要在 Ubuntu 虚拟机上运行，并且需要学习的知识点比较多，它的难度是 5 星级。学生在做实践的时候，如果感觉比较困难，可以采用不多于 4 人的团队形式进行编程实践。

1.5.2　本书的学习方法

学生在学习本书的实践内容时，可以通过以下步骤进行。

第 1 步：学习本书中实践内容的原理，理解实践的目的。

第 2 步：下载本书的配套资源中的指定资料，特别是实践内容的源代码、库文件和数据集。

第 3 步：配置编程实践环境。

第 4 步：按照本书中指定的实践步骤进行编程实践，直到出现正确的实践结果。

第 5 步：对实践内容进行扩展练习，在本书内容基础上进行更为深入的编程实践。注意：这一步不是必需的，但是如果有的话，可以加分。

第 6 步：按照教师给出的实践报告模板撰写实践报告，报告要求如下。

1）对实践中的原理部分进行更为详细的描述。

2）报告中需要详细说明自己的实践步骤。

3）详细说明每行代码的功能及作用。

第 7 步：将报告提交给教师。

1.5.3　本书的讲授方法

教师在辅导学生做编程实践的时候，可以通过以下步骤进行。

第 1 步：辅导学生利用本书的配套资源下载实践所需要的素材，如实践所需要的数据集、图像、视频、模型等。

第 2 步：辅导学生安装实践环境，主要是 Python 编程环境和相关的库文件。

第 3 步：让学生自己用 Python 进行编程实践。大部分源代码可以从下载的文件中获取并直接复制、粘贴，少量核心代码以图片的形式出现在下载的文件当中，需要学生自己理解并输入。

第 4 步：教师给出学生的实践成绩，给出成绩的标准建议如下。

1）查看编程实践结果是否正确，分数为 0~60 分。

2）查看学生对 Python 编程实践每行代码的解释程度，分数为 0~20 分。

3）查看学生对于实践内容是否有扩展。例如，学生是否在实践报告里对实践内容的原理部分有更多的篇幅介绍；学生是否在课程实践内容的基础上还有其他相关扩展实践；学生是否在实践报告后有自己的心得体会等。此部分分数为 0~20 分。

4）以上三部分加起来是 100 分。

1.6 习题

1. 什么是人工智能安全？
2. 什么是人工智能的原生安全？
3. 什么是人工智能的衍生安全？

参考文献

[1] 方滨兴. 人工智能安全［M］. 北京：电子工业出版社，2020.

[2] 李进，谭毓安. 人工智能安全基础［M］. 北京：机械工业出版社，2022.

[3] 曾剑平. 人工智能安全［M］. 北京：清华大学出版社，2022.

第 2 章　生成对抗网络的安全应用

生成对抗网络（Generative Adversarial Network，GAN）是一种非监督学习方法，它通过对抗训练生成器和判别器两个神经网络相互博弈的方式来实现。本章主要讲述生成对抗网络的相关知识以及它的实践应用。在实践中讲述了两个实践案例，一个是基于生成对抗网络的 sin 曲线样本模拟，另一个是基于对抗性攻击无数据替代训练的模型窃取。

知识与能力目标

1）了解生成对抗网络的原理。

2）掌握生成对抗网络的训练步骤。

3）熟悉使用生成对抗网络模拟 sin 曲线样本的方法。

4）认知深度神经网络。

5）熟悉基于对抗性攻击无数据替代训练的模型窃取方法。

2.1　知识要点

本节主要是对生成对抗网络的概念、原理、应用方法和训练步骤等进行介绍。

2.1.1　生成对抗网络概述

生成对抗网络（GAN）是一种用于生成模型的机器学习框架，由 Ian Goodfellow 和他的团队于 2014 年提出。生成对抗网络由两个主要组成部分：生成器（Generator）和判别器（Discriminator），生成器试图生成与真实数据相似的新样本，判别器则试图区分生成器生成的样本和真实数据的样本。

2.1.2　生成对抗网络原理

生成对抗网络的基本原理是通过竞争的方式训练生成器 G 和判别器 D，以不断提升生成器生成的伪造样本的质量。生成器接收一个随机噪声向量作为输入，并尝试生成看起来像真实数据的样本。判别器则接收生成器生成的样本和真实数据样本，并尝试区分它们。生成器和判别器通过反复迭代的对抗过程进行训练，其中生成器试图欺骗判别器，而判别器试图准确识别生成器生成的样本。生成对抗网络的优点是能够生成逼真的样本，无需显式地定义样本的概率分布，在图像生成、视频生成、文本生成等任务上取得了显著的成果。

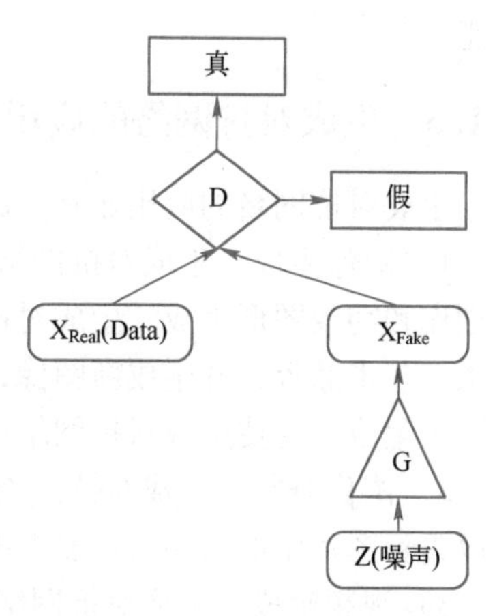

图 2-1　生成对抗网络的原理结构图

生成对抗网络的原理结构如图 2-1 所示。生成对抗网络的目标是学习到训练数据的具体分布。为了学习到这个分布，首先定义一个输入噪声变量 Z，接下来将其映射到数据空间 G。

这里的 G 就是一个由多层感知网络构成的生成模型。此外，定义一个判别器 D，用来判断输入的数据是来自生成模型还是训练数据。D 的输出是训练数据的概率。最后训练 D（可以改变参数）使其尽可能准确地判断数据的具体来源，训练 G（可以改变参数）使其生成的数据尽可能符合训练数据的分布。在运行过程中，D 和 G 的优化必须是交替进行的。因为训练数据是有限的，如果先将 D 优化完，会导致过度拟合，进而模型不能收敛，达不到训练的效果。

生成对抗网络也有各种改进模型。

1. 条件生成对抗网络

条件生成对抗网络（Conditional Generative Adversarial Network，CGAN）是生成对抗网络模型的一个扩展。它的生成模型和判别模型都基于一定的条件信息，这里的条件信息可以是任何的额外信息（如类别标签或数据属性等信息）。

2. 深度卷积生成对抗网络

深度卷积生成对抗网络（Deep Convolutional Generative Adversarial Network，DCGAN）将卷积神经网络（Convolutional Neural Network，CNN）引入到生成模型和判别模型当中，使得生成对抗网络的性能有很大的提升，后来很多研究工作都是在 DCGAN 的基础上进行改进的。

3. 半监督生成对抗网络

半监督生成对抗网络（Semi-Supervised Generative Adversarial Network，SGAN）的判别器不仅仅可以判断数据的来源（由 G 生成或者来自训练数据），同时还可以判断数据的类别，这样使得判别器具有更强的判别能力。此外，输入的类别信息也在一定程度上提高了生成器生成数据的质量，因此半监督生成对抗网络的性能要比标准的生成对抗网络性能高一些。

4. 信息生成对抗网络

信息生成对抗网络（Information Generative Adversarial Network，IGAN）是在标准的生成对抗网络基础上增加了一个潜在编码信息，这个编码信息可以包含多种变量。信息生成对抗网络可以通过改变潜在编码信息的值来控制生成对象的质量，从而提高生成对抗网络的性能。

2.1.3 生成对抗网络的应用

生成对抗网络的应用非常广泛，一些典型的应用场景如下。

1）图像生成。生成对抗网络可用于生成逼真的人脸或风景等图像，甚至还可以用于艺术创作和特效图形生成。生成对抗网络能够学习特定类型的图像信息分布，如人脸、室内外场景、艺术品等，并生成新图像，这些新图像在视觉上与训练集中的真实图像难以区分。这种图像生成能力使生成对抗网络成为新艺术品创造、游戏或虚拟环境设计的重要工具。

2）图像修复。生成对抗网络可以通过学习图像生成规律，修复受损或缺失的图像，还可以去除图片中的水印、修复老旧照片等。

3）视频生成。生成对抗网络可以生成连续的图像，用于进行视频合成和特效制作。

4）自然语言处理。生成对抗网络可以用于生成文本或语言对话等自然语言内容，还可以用于生成文章的摘要。

5）医学影像。生成对抗网络在医学影像处理中也有广泛的应用。例如，它可以生成医学影像数据，进而辅助诊断。

6）风格转换。生成对抗网络可以将一幅特定图像的风格转换成另一种图像风格，如将普通照片转换成毕加索或凡·高的绘画风格。这种技术广泛应用于艺术创作和游戏娱乐行业，提供了更为丰富的个性化内容。

7）数据增强。在研究或使用机器学习方法的时候，数据是非常重要的资源。生成对抗网络可以用来生成新的数据样本，帮助增加测试数据集的多样性。特别是在数据非常稀少的情况下，通过生成对抗网络创造的数据来丰富原有数据集，从而提高模型的识别能力。

2.1.4　生成对抗网络的训练步骤

标准生成对抗网络训练的一般步骤如图 2-2 所示。

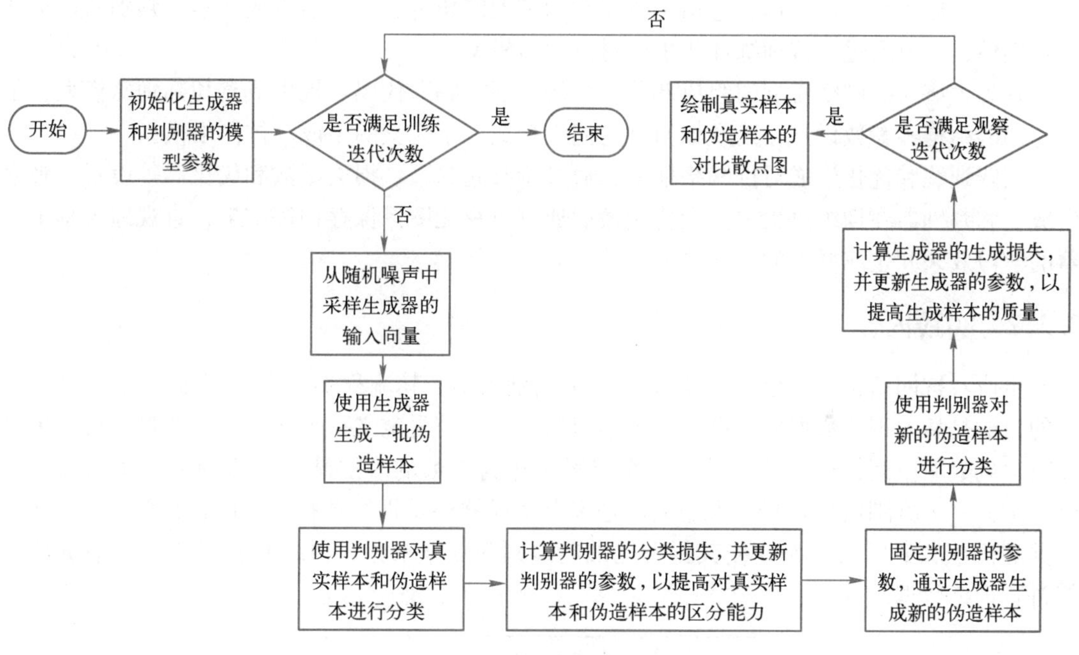

图 2-2　生成对抗网络训练的流程图

第 1 步： 初始化生成器和判别器的模型参数。

第 2 步： 判断是否满足训练的迭代次数。如果“是”，则结束训练；如果“否”，则进行下一步。

第 3 步： 从随机噪声中采样生成器的输入向量。

第 4 步： 使用生成器生成一批伪造样本。

第 5 步： 使用判别器对真实样本和伪造样本进行分类。

第 6 步： 计算判别器的分类损失，并更新判别器的参数，以提高对真实样本和伪造样本的区分能力。

第 7 步： 固定判别器的参数，通过生成器生成新的伪造样本。

第 8 步： 使用判别器对新的伪造样本进行分类。

第 9 步： 计算生成器的生成损失，并更新生成器的参数，以提高生成样本的质量。

第 10 步： 进一步判断是否满足观察迭代次数。如果“否”，则返回第 2 步；如果“是”，则进行下一步。

第 11 步： 绘制真实样本和伪造样本的对比散点图。

2.2 实践 2-1 基于生成对抗网络的 sin 曲线样本模拟

本实践内容主要是使用 Python 语言编程来实现基于生成对抗网络模拟 sin 曲线样本。本实践用来完成一个最基本的生成对抗网络模型，感兴趣的学生可以使用其他改进的生成对抗网络模型来学习。

扫码看视频

2.2.1 实践目的

理解生成对抗网络的基本原理：通过实现一个简单的生成对抗网络模型，学习生成对抗网络的基本概念和工作原理，包括生成器和判别器的角色、生成器生成样本、判别器评估样本真实性，以及通过对抗训练优化生成对抗网络模型。

熟悉生成对抗网络模型的组成部分和结构：通过编写代码实现生成器和判别器模型，了解它们的结构和参数设置，以及如何将它们组合成一个完整的生成对抗网络模型。

实践训练和优化生成对抗网络模型：通过调整超参数、损失函数和优化器等设置，观察生成器和判别器在训练过程中的变化，最后通过可视化图像保存训练结果，直观地观察生成器的学习效果和生成样本的质量。

2.2.2 实践内容

生成对抗网络包含一个生成器 G 和一个判别器 D，其流程如图 2-3 所示。生成对抗网络的目的是学习训练数据的分布，为了学习该分布，首先定义一个输入噪声变量，接下来将其映射到数据空间，这里的 G 就是一个以噪声作为参数的多层感知网络构成的生成器。此外，定义一个判别器来判断输入的数据是来自生成器还是训练数据，D 的输出为 x，是训练数据的概率。最后，训练 D 使其尽可能准确地判断数据来源，训练 G 使其生成的数据尽可能符合训练数据的分布。

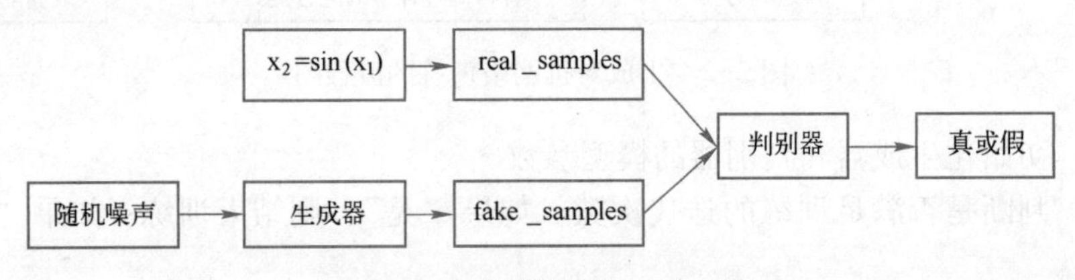

图 2-3 生成对抗网络的流程图

值得说明的是，D 和 G 的优化必须交替进行，因为在训练数据有限的情况下，如果先将 D 优化完成，会导致过度拟合，从而模型不能收敛。

本实践要求编写代码实现简单的生成对抗网络模型，用于生成伪造样本。其中真实样本为二维数据，是 $x_2=\sin(x_1), x_1\in[-3,3]$ 曲线上的随机点。最终得到 2000~8000 次迭代中每增加 2000 次迭代后的样本散点图。8000 次迭代完成后生成的伪造样本与真实的正弦函数贴合度很高。性能评估显示，这时判别器在真实样本上的准确率约为 53%，而在伪造样本上的准确率为 58%。

使用生成对抗网络模型实现本实践。为实现上述效果，需要编写函数定义生成对抗网络模型，然后编写函数生成真实样本和伪造样本；编写函数评估模型效果，并编写函数训练生成对抗网络模型；函数编写完成后，调用函数，观察并保存实践结果，完成本次实践。

2.2.3　实践环境

- Python 版本：3.9 或以上版本。
- 深度学习框架：TensorFlow 2.15.0（或更高版本），Keras 2.15.0（或更高版本）。
- 其他库版本：NumPy 1.25.2（或更高版本），Matplotlib 3.7.1（或更高版本）。
- 运行平台：Jupyter Notebook。
- Keras 官方文档地址为 https://keras-zh.readthedocs.io/why-use-keras/。
- TensorFlow 中的 Keras 文档地址为 https://tensorflow.google.cn/guide/keras?hl=zh-cn。

2.2.4　实践前准备工作

每个学生准备一台安装有 PyCharm 或者可以在线运行 Python（或者 Jupyter Notebook）文件的笔记本电脑，并提供给每个学生样例代码。

2.2.5　实践步骤

1. 导入必要的库

深度学习程序依赖于以下库提供的功能和工具。

```
import numpy as np
from numpy import hstack, zeros, ones
from numpy.random import rand, randn
from keras.models import Sequential
from keras.layers import Dense
from matplotlib import pyplot
```

第 1 步：NumPy 是 Python 中基于数组对象的科学计算库。它是 Python 语言的一个扩展程序库，支持大量的维度数组与矩阵运算，以及大量的数学函数库。将 NumPy 库导入并简化为 np，这样可以方便地使用其功能，如数组操作和数学计算。

第 2 步：hstack 是从 NumPy 中导入的函数，用于水平堆叠多个数组，即将多个数组连接在一起，形成一个新的数组。

zeros 也是 NumPy 中的一个函数，用于生成一个指定形状的数组，所有元素初始化为零。

ones 类似于 zeros，这个函数生成一个指定形状的数组，所有元素初始化为 1。

第 3 步：rand 是从 numpy.random 中导入的函数，用于生成均匀分布的随机数；randn 也是从 numpy.random 中导入的函数，可以生成标准正态分布（均值为 0，标准差为 1）的随机数。

第 4 步：Keras 是一个用 Python 编写的高级神经网络 API，它能够以 TensorFlow、CNTK 以及 Theano 作为后端运行。

Sequential 是 Keras 提供的一种模型，用于构建神经网络模型，按照顺序逐层添加。

第 5 步：Dense 是 Keras 中的全连接层，用于构建神经网络中的层，允许每个神经元与前一层的每个神经元相连接。

第 6 步：matplotlib.pyplot 是一个用于绘图的库，提供函数绘制图形，如散点图、折线图等，常用于可视化数据和模型的结果。

2. 定义生成器函数

生成器的作用是接收一个潜在向量作为输入，生成与训练数据相似的样本。其目标是产生逼真的样本，使得判别器无法准确区分生成样本与真实样本。生成器可以看作一个生成模型，通过学习训练数据的分布特征，生成与之相似的新样本。

```
# 定义一个独立的生成器模型
def define_generator(latent_dim, n_outputs=2):
    model = Sequential()
    model.add(Dense(30, activation='relu', kernel_initializer='he_uniform', input_dim=latent_dim))
    model.add(Dense(n_outputs, activation='linear'))        。
    return model
```

第1步： 进行函数的定义，定义一个名为 define_generator 的函数。该函数接收两个参数，latent_dim 表示输入到生成器的潜在空间维度；n_outputs 表示生成器输出的维度，在本实践中，默认为 2，意味着生成的样本是二维的。

第2步： 使用 Sequential( ) 函数创建模型。初始化一个顺序模型 model，顺序模型是一种线性堆叠的神经网络结构，适合按顺序逐层添加神经元。

第3步： 使用 add( ) 和 Dense( ) 函数添加一个全连接层。

设置 30 个神经元，每个神经元将接收输入的所有特征。

使用 ReLU 作为激活函数，该激活函数在输入大于 0 时直接输出输入值，否则输出 0。

kernel_initializer='he_uniform'是一种初始化方法，将权重初始化方式设置为 He 均匀分布，这种初始化方式适合于 ReLU 激活函数。

input_dim 指输入维度，此处的维度由传入的 latent_dim 参数决定。

第4步： 再使用 add( ) 和 Dense( ) 函数添加一个输出维度 n_outputs=2 的输出层，表示生成器最终生成的样本特征数量；使用 linear 线性激活函数，意味着输出的值可以是任意实数。

第5步： 该函数返回构建好的生成器模型。

生成器不需要编译模型是因为它不需要单独的损失函数和优化器。在定义完整的生成对抗网络模型时，会将生成器和判别器组合在一起，然后为整个模型定义损失函数和优化器，而模型会通过这个损失函数和优化器来训练生成器。

3. 定义判别器函数

判别器的作用是接收样本（包括真实样本和生成器生成的样本）作为输入，并预测样本的真实性。其目标是对样本进行分类，判断其是真实的还是生成的。判别器可以看作一个判别模型，通过学习如何区别真实样本与生成样本，并为生成器提供反馈信息，以改善生成样本的质量。

```
# 定义一个独立的判别器模型
def define_discriminator(n_inputs=2):
    model = Sequential()
    model.add(Dense(50, activation='relu', kernel_initializer='he_uniform', input_dim=n_inputs))
    model.add(Dense(1, activation='sigmoid'))
    # 编译模型
    model.compile(loss='binary_crossentropy', optimizer='adam', metrics=['accuracy'])
    return model
```

第 1 步： 进行函数的定义，定义一个名为 define_discriminator 的函数，接收一个参数，n_inputs 表示输入的特征维度，在本实践中，默认为 2，表示判别器接收样本的特征数量。

第 2 步： 使用 Sequential( ) 函数创建模型。初始化一个顺序模型 model，再按顺序逐层添加神经元。

第 3 步： 首先，使用 add( ) 和 Dense( ) 函数添加一个包含 50 个神经元的全连接层，使用 ReLU 作为激活函数，使用 He 均匀分布初始化权重，指定输入维度 n_inputs = 2。

第 4 步： 然后，使用 add( ) 和 Dense( ) 函数添加一个输出层，输出为 1 个神经元，表示判别器输出的结果；使用 Sigmoid 激活函数，该函数将输出压缩为 0~1，适合二分类任务，所以本实践（判断样本是真实样本还是生成样本）很适合使用 Sigmoid 函数。

第 5 步： 使用 compile( ) 函数对模型进行编译。

设置损失函数为适合二分类问题的二元交叉熵（binary_crossentropy），评估判别器预测与真实标签之间的差异。

优化器使用 Adam，该优化器自适应调整学习率，可用于更新权重来最小化损失函数。

评估指标指定为准确率，准确率表示样本预测正确的比例，便于在训练过程中监控模型性能。

第 6 步： 返回构建好的判别器模型。该模型用于判断样本的真实性，通常在对抗训练中与生成器配合使用。

4. 定义完整的生成对抗网络模型

```
# 定义一个完整的生成对抗网络模型，即组合的生成器和判别器模型，以更新生成器
def define_gan(generator, discriminator):
    # 锁定判别器的权重，使它们不参与训练
    discriminator.trainable = False
    model = Sequential()
    # 添加生成器
    model.add(generator)
    # 添加判别器
    model.add(discriminator)
    # 编译生成对抗网络模型
    model.compile(loss='binary_crossentropy', optimizer='adam')
    return model
```

第 1 步： 进行函数定义，定义一个名为 define_gan 的函数，接收两个参数，generator，表示生成器模型，用于生成伪造样本；discriminator，表示判别器模型，用于判断样本的真实性。

第 2 步： 锁定判别器权重，将判别器的 trainable 属性设置为 False，意味着在训练生成对抗网络时，判别器的权重不会被更新。因为在实践中我们只想训练生成器，以提高其生成样本的质量，而不希望判别器的参数发生变化。

第 3 步： 使用 Sequential( ) 函数初始化一个顺序模型 model，按顺序往该模型中添加生成器和判别器。

第 4 步： 使用 add( ) 函数将生成器模型和判别器模型添加到顺序模型中。

第 5 步： 使用 compile( ) 函数对模型进行编译，设置损失函数为二分类交叉熵，设置优化器为 Adam。

第 6 步： 返回构建好的生成对抗网络模型，这一模型将用于训练生成器，使其能够生成更接近真实样本的伪造样本。

5. 编写函数用于生成真实样本

```
# 生成带有类标签的n个真实样本
def generate_real_samples(n):
    X1 = rand(n)*6 - 3
    X2 = np.sin(X1)  # 生成正弦曲线
    X1 = X1.reshape(n, 1)
    X2 = X2.reshape(n, 1)
    X = hstack((X1, X2))
    y = ones((n, 1))
    return X, y
```

第1步：进行函数定义，定义一个名为generate_real_samples的函数，接收一个参数n，表示要生成的真实样本的数量。

第2步：使用rand(n)生成n个介于0到1的随机数，然后将这些随机数乘以6，使其范围变为[0,6]，再通过减去3，将范围调整为[-3,3]，最终，X1的值均匀分布在[-3,3]，作为输入特征使用。

第3步：计算X1中每个值的正弦值，得到X2。这使得生成的样本形成一条正弦曲线。

第4步：使用reshape()函数将X1和X2的形状都调整为（n,1），使二者都成为一个列向量，以便于X1与X2进行组合。

第5步：使用hstack()函数将X1和X2水平堆叠，形成一个（n,2）的数组X，每一行代表一个样本的特征。

第6步：使用ones()函数创建一个大小为（n,1）的数组y，并将所有值都赋为1，表示这些样本是真实的。

第7步：返回特征数组X和标签数组y，这些样本可以用于训练生成对抗网络中的判别器。

6. 编写函数用于在隐空间中生成随机点

隐空间，即潜在空间，是生成对抗网络模型中用于表示数据的低维空间。在这个空间中，数据的特征被压缩，模型可以更容易地生成新样本。隐空间中的每个点通常对应于一个潜在的样本，通过解码可以还原为实际的数据。通过在潜在空间中采样不同的点作为生成器的输入数据，可以生成多样化的数据样本。

```
# 在隐空间中生成一些点作为生成器的输入
def generate_latent_points(latent_dim, n):
    x_input = randn(latent_dim * n)
    x_input = x_input.reshape(n, latent_dim)
    return x_input
```

第1步：进行函数定义，定义一个名为generate_latent_points的函数，它接收两个参数，即latent_dim（潜在空间的维度）和n（要生成的点的数量）。

第2步：使用randn()函数生成latent_dim * n个符合标准正态分布的随机数，这些随机数将作为潜在空间中的输入点。

第3步：使用reshape()函数将生成的随机数数组的形状调整为(n,latent_dim)，使得每一行代表一个潜在点，列数等于潜在空间的维度。

第4步：返回调整后的随机数数组x_input，这些点可以作为生成器的输入，从而生成新的样本。

7. 编写函数令生成器使用隐空间点生成伪造样本

```
# 使用生成器生成带有类标签的n个伪造样本
def generate_fake_samples(generator, latent_dim, n):
    x_input = generate_latent_points(latent_dim, n)
    X = generator.predict(x_input)
    y = zeros((n, 1))
    return X, y
```

第 1 步： 进行函数定义，定义一个名为 generate_fake_samples 的函数，它接收三个参数，即 generator（生成器模型）、latent_dim（潜在空间的维度）和 n（要生成的伪造样本的数量）。

第 2 步： 调用之前定义的 generate_latent_points( ) 函数，生成 n 个潜在空间中的点，结果存储在 x_input 中，这些点将作为生成器的输入。

第 3 步： 使用生成器的 predict( ) 方法对 x_input 进行预测，从而生成 n 个伪造样本，生成的样本存储在 X 中。

第 4 步： 使用 zeros( ) 函数创建一个形状为（n,1）的数组 y，并初始化为全 0，这表示生成的样本的类标签，所有伪造样本的标签在这里设为 0。

第 5 步： 返回生成的伪造样本 X 和对应的类标签 y，这些伪造样本可以用于训练判别器模型。

8. 编写函数用于评估判别器的性能并绘制结果

编写函数在每个迭代结束时评估判别器的性能，并可视化真实样本和伪造样本的分布情况。

```
# 评估判别器并绘制真实样本和伪造样本
def summarize_performance(epoch, generator, discriminator, latent_dim, n=100):
    x_real, y_real = generate_real_samples(n)
    _, acc_real = discriminator.evaluate(x_real, y_real, verbose=0)
    x_fake, y_fake = generate_fake_samples(generator, latent_dim, n)
    _, acc_fake = discriminator.evaluate(x_fake, y_fake, verbose=0)
    print(epoch, acc_real, acc_fake)
    pyplot.scatter(x_real[:, 0], x_real[:, 1], color='red')
    pyplot.scatter(x_fake[:, 0], x_fake[:, 1], color='blue')
    filename = 'E:/learning/test_1/GANresult_2/generated_plot_e%03d.png' % (epoch + 1)
    pyplot.savefig(filename)
    pyplot.close()
```

第 1 步： 进行函数定义，定义一个名为 summarize_performance 的函数，它接收五个参数，即 epoch（当前训练的轮次）、generator（生成器模型）、discriminator（判别器模型）、latent_dim（潜在空间的维度）和 n（要生成的样本数量，设置为 100）。

第 2 步： 调用 generate_real_samples( ) 函数生成 n 个真实样本及其对应的标签，结果存储在 x_real 和 y_real 中。

第 3 步： 使用判别器的 evaluate( ) 方法对真实样本进行评估，得到其准确率 acc_real；由于返回的第一个值是损失率，不需要，则用_表示忽略；verbose = 0 表示不输出评估过程的信息。

第 4 步： 调用 generate_fake_samples( ) 函数生成 n 个伪造样本及其对应的标签，结果存储在 x_fake 和 y_fake 中。

第 5 步：同样使用判别器的 evaluate( ) 方法对伪造样本进行评估，得到其准确率 acc_fake。

第 6 步：打印当前轮次、真实样本的准确率和伪造样本的准确率，方便评估模型的性能。

第 7 步：绘制真实样本和伪造样本，使用 pyplot. scatter( ) 函数在二维平面上绘制样本，x_real[:,0] 和 x_real[:,1] 分别表示真实样本的第一个和第二个特征，x_fake[:,0] 和 x_fake[:,1] 分别表示伪造样本的第一个和第二个特征，绘制真实样本用红色，而绘制伪造样本用黑色（或蓝色）。

第 8 步：先构造保存绘图结果的文件名，使用当前的 epoch 生成唯一的文件名，%03d 会将 epoch+1 格式化为 3 位数，不足的部分用 0 填充。

第 9 步：再使用 pyplot. savefig( ) 函数将当前绘制的图形保存为 png 文件，保存路径为刚刚定义的 filename。

第 10 步：使用 pyplot. close( ) 函数关闭当前的绘图窗口，以释放资源并准备下一次绘图。

9. 编写训练函数

函数的目的是通过交替训练生成器和判别器来训练生成对抗网络模型。通过不断优化生成器和判别器的参数，使得生成器能够生成更逼真的伪造样本，同时判别器能够更准确地区分真实样本和伪造样本。通过调用性能评估函数，可以观察模型在训练过程中的性能变化，并可视化生成的样本。

```
# 训练生成对抗网络
def train(g_model, d_model, gan_model, latent_dim, n_epochs=8000, n_batch=128, n_eval=2000):
    half_batch = int(n_batch / 2)
    for i in range(n_epochs):
        x_real, y_real = generate_real_samples(half_batch)
        x_fake, y_fake = generate_fake_samples(g_model, latent_dim, half_batch)
        d_model.train_on_batch(x_real, y_real)
        d_model.train_on_batch(x_fake, y_fake)
        x_gan = generate_latent_points(latent_dim, n_batch)
        y_gan = ones((n_batch, 1))
        gan_model.train_on_batch(x_gan, y_gan)
        if (i + 1) % n_eval == 0:
            summarize_performance(i, g_model, d_model, latent_dim)
```

第 1 步：进行函数定义，定义一个名为 train 的函数，它接收 7 个参数，即 g_model（生成器模型）、d_model（判别器模型）、gan_model（生成对抗网络模型）、latent_dim（潜在空间的维度）、n_epochs（训练的总轮次，设置为 8000）、n_batch（每批次的样本数量，设置为 128）和 n_eval（每多少轮评估一次性能，设置为 2000）。

第 2 步：计算半批次，将 n_batch 除以 2，得到 half_batch，用于在每个训练步骤中平衡真实样本和伪造样本的数量。

第 3 步：进行循环训练，从 0 到 n_epochs-1。

1）调用 generate_real_samples( ) 函数，生成 half_batch 数量的真实样本和对应的标签，存储在 x_real 和 y_real 中。

2）调用 generate_fake_samples( ) 函数，使用生成器模型 g_model 和潜在维度 latent_dim

生成 half_batch 数量的伪造样本及其标签，存储在 x_fake 和 y_fake 中。

3）使用判别器模型 d_model 对真实样本和伪造样本进行训练，调用 train_on_batch( ) 方法，分别输入真实样本 x_real 和标签 y_real 以及伪造样本 x_fake 和标签 y_fake。

4）调用 generate_latent_points( ) 函数，生成 n_batch 数量的随机潜在点，这些点将作为输入传递给生成器模型。

5）为这组将要在生成器生成的伪造样本创建标签，使用 ones( ) 函数创建一个全为 1 的数组 y_gan，大小为（n_batch,1），目的是训练生成器，使其生成的伪造样本可以接近真实样本来欺骗判别器。

6）使用生成对抗网络模型 gen_model 对潜在点进行训练，调用 train_on_batch( ) 方法，输入潜在点 x_gan 和期望标签 y_gan。

7）每经过 n_eval 轮（即 i+1 是 n_eval 的倍数），进入条件语句，调用 summarize_performance( ) 函数，对当前轮次 i 的生成器和判别器的性能进行总结和评估，提供反馈以便于调整和改进模型。每 2000 次迭代，调用性能评估函数整理评估结果。

10. 训练模型生成结果

```
# 隐空间的维度
latent_dim = 6
discriminator = define_discriminator()
generator = define_generator(latent_dim)
gan_model = define_gan(generator, discriminator)
train(generator, discriminator, gan_model, latent_dim)
```

所有函数编写完成后，按照题目要求设置所有常数，包括样本维度、隐空间维度、一批样本的数量、迭代次数等。创建生成器和判别器，并进一步创建生成对抗网络模型，调用训练函数训练模型并保存各阶段的生成器生成的伪造样本的效果。

第 1 步： 设置潜在空间的维度为 6。

第 2 步： 调用 define_discriminator( ) 函数，创建并返回一个判别器模型。

第 3 步： 调用 define_generator( ) 函数，传入潜在维度 latent_dim，返回一个生成器模型。

第 4 步： 调用 define_gan( ) 函数，传入生成器和判别器模型，返回一个集成了这两个模型的生成对抗网络模型。

第 5 步： 调用 train( ) 函数，传入生成器、判别器、生成对抗网络模型和潜在维度，开始训练整个生成对抗网络，交替优化生成器和判别器。

2.2.6　实践结果

运行程序，迭代 8000 次，得到如下结果。

```
7999 0.5299999713897705 0.5799999833106995
```

左侧输出显示了训练过程中的迭代次数，即当前的 epoch 数量，已经迭代了 8000 次。中间的数表示在真实样本上判别器的准确率，即在真实数据集上，判别器成功将真实样本分类为真实的概率约为 0.53。右侧的数表示在伪造样本上判别器的准确率，即在生成的伪造样本上，判别器成功将伪造样本分类为伪造的概率约为 0.58。

输出表明，判别器在真实样本上的准确率相对较低，而在伪造样本上的准确率相对较高，这可能表明判别器正在学习，但仍然有改进的空间。在迭代过程中，生成的散点图如图 2-4 所示。

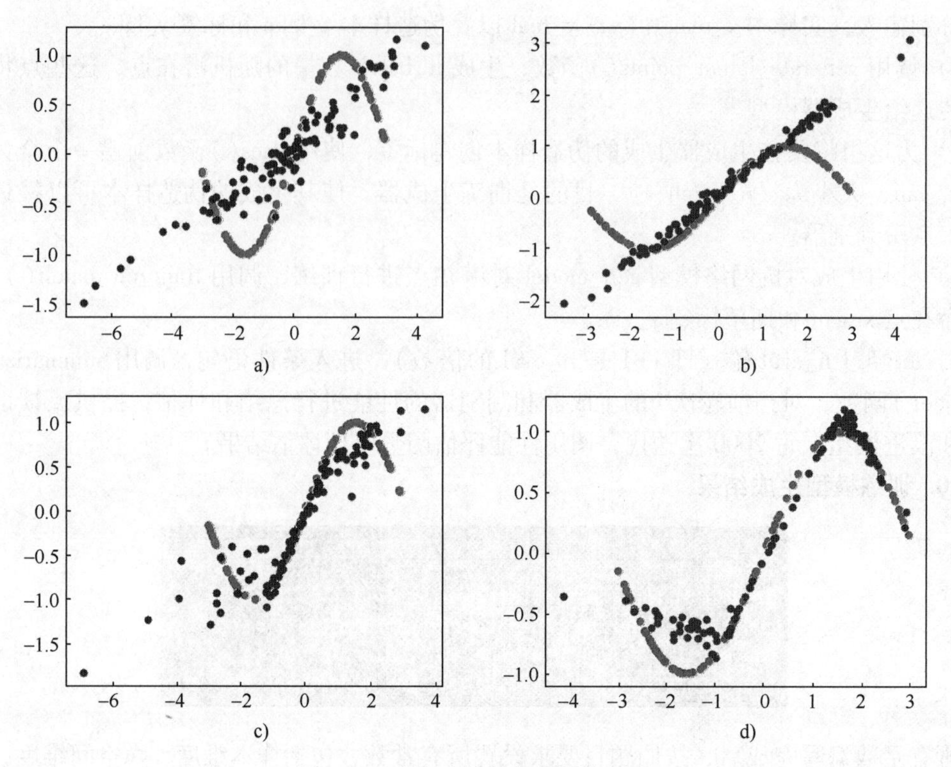

图 2-4　迭代过程中生成的散点图

a）2000 次迭代　b）4000 次迭代　c）6000 次迭代　d）8000 次迭代

从迭代过程生成的散点图中可以看到，随着迭代次数的增加，生成对抗网络生成的数据点与真实数据点的重合度逐渐提高，判别器在区分真假样本上的准确率有显著提升。在训练接近完成时的性能评估显示，在第 8000 次迭代时，判别器在真实样本上的准确率为 53%，而在伪造样本上的准确率为 58%。

这说明经过迭代后，生成器和判别器都在极力优化自己的网络，从而形成竞争对抗，直到双方达到一个动态的平衡（纳什均衡），此时生成模型 G 恢复了训练数据的分布（生成了和真实数据一模一样的样本），判别模型再也判别不出来结果，准确率接近 50%，相当于随机猜测。进一步的实践表明，增加迭代次数和隐空间维度并不总能够提高模型性能，反而可能导致过拟合。因此，在调整参数时需谨慎，避免盲目增加参数导致模型性能下降。

2.2.7　参考代码

本实践的 Python 语言源代码见本书的配套资源。

说明：要求学生在编程的过程中对每个编程语句都加上注释，以说明该语句的作用。授课教师可以根据每个学生对编程语句的注释来判断学生对于实践的理解程度，进而给出学生在该实践上的成绩。本书后面每章的实践内容及成绩判定都可以这样评分，而不仅仅是学生编写完成程序并给出结果。

2.3　实践 2-2　基于对抗性攻击无数据替代训练的模型窃取

本实践主要是使用专门设计的生成对抗网络来训练替代模型，从而对目标模型进行窃取。本实践的难度较大，主要困难在于需要大量的算力资源，感兴趣的同学可以自己购买算力资源进行实践。如果没有条件，可以使用本书提供的已经训练好的模型进行实践（详见本书的配套资源）。

2.3.1　实践概述

近年来，深度神经网络（Deep Neural Network，DNN）已广泛应用于计算机视觉、语音识别、自然语言处理（NLP）等诸多领域，工业界和学术界也掀起了以深度神经网络为代表的人工智能浪潮。然而，深度神经网络的安全性尚未得到科学解释和处理。深度神经网络通过自身的结构和算法机制获得结果，在训练过程中则依赖大量的外部数据，数据的特征决定了深度神经网络的判断结果。因此，攻击者可以通过修改数据来攻击深度神经网络。目前，深度神经网络已被证明容易受到难以察觉的扰动样本的影响，这使得研究攻击和防御手段成为当前的一大热点。

机器学习模型容易受到对抗样本的攻击。例如，对于黑盒设置，当前的替代攻击需要预训练模型来生成对抗样本。然而，在现实任务中很难获得预训练模型。

本实践使用了一种无数据替代训练方法（DaST），不需要任何真实数据即可获得对抗性黑盒攻击的替代模型。为了实现这一目标，DaST 使用专门设计的生成对抗网络（GAN）来训练替代模型。特别的是，为生成模型设计了多分支架构和标签控制损失，以处理合成样本分布不均匀的问题。然后，替代模型通过生成模型生成的合成样本进行训练，这些样本随后由被攻击模型进行标记。实践表明，DaST 生成的替代模型与使用相同训练集（被攻击模型的训练集）训练的基线模型相比，表现得具有竞争力。此外，为了评估所提方法在实际任务中的实用性，本实践设计攻击了 Microsoft Azure 平台上的在线机器学习模型。该远程模型对伪造的 98.35%的对抗样本进行了错误分类。

本实践内容主要是对抗性无数据模仿，它主要涉及对抗性输入的生成和利用，这是一种专门设计的输入，旨在确保数据被误分类以躲避检测。它的流程如图 2-5 所示。

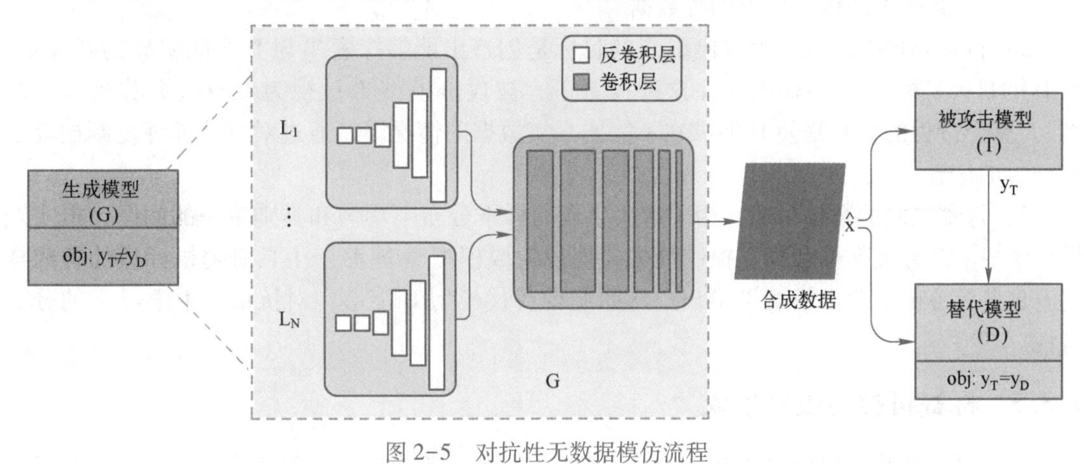

图 2-5　对抗性无数据模仿流程

2.3.2 攻击场景

1. 仅标签场景

假设被攻击的机器学习模型在线使用，攻击者可以自由探测被攻击模型的输出标签，攻击者很难获得被攻击模型的输入空间中的任何数据。将在仅标签场景中提出的 DaST 命名为 DaST-L。

2. 仅概率场景

仅概率场景的其他设置与仅标签场景相同，但攻击者可以访问受攻击模型的输出概率。这里把在仅概率场景中提出的 DaST 命名为 DaST-P。

2.3.3 对抗性攻击

对抗性攻击就是通过对抗性例子来攻击神经网络。根据对抗性攻击的特点和攻击效果，对抗性攻击可分为黑盒攻击和白盒攻击、单步攻击和迭代攻击、目标攻击和非目标攻击、特定扰动和通用扰动等。本实践主要涉及以下两种攻击。

1）白盒攻击：攻击者可以获得目标模型的完整结构和参数，包括训练数据、梯度信息和激活函数等。

2）黑盒攻击：攻击者无法访问深度神经网络模型，从而无法获取模型结构和参数，只能通过将原始数据输入到目标模型中来获取目标模型的输出结果，并根据结果来进行攻击。

通过对抗攻击产生的使得模型发生误判的样本叫作对抗样本，对抗样本一般是通过原始数据集的小幅度扰动产生的。

2.3.4 对抗性生成器-分类器训练

使用无数据替代训练（DaST）方法进行对抗性生成器-分类器训练的过程不需要任何真实数据，主要通过生成模型 G 来创造合成训练数据，以此来训练替代模型 D。具体步骤如下。

1）生成合成数据：生成模型 G 从输入空间随机采样噪声向量 z，并生成数据。

2）模型训练：生成的数据被用来探测被攻击模型 T 的输出。替代模型 D 则使用这些由 G 生成的数据和 T 的输出作为训练数据。

3）目标和损失函数：生成模型 G 的目标是创造出能够探索 T 与 D 之间差异的新样本，而 D 的目标是模仿 T 的输出。在这种设置下，被攻击模型 T 被视为参与这个游戏的“裁判”。整个过程的核心是使 D 能够在不需要真实数据的情况下，通过对抗性训练复制被攻击模型 T 的信息。

4）标签控制的数据生成：为了解决生成的样本分布不均匀和类别单一的问题，本实践设计了一个多分支架构和标签控制损失，使得生成模型 G 能够产生具有随机标签的合成样本。这些标签由被攻击模型 T 给出，从而使得替代模型 D 能够在对抗训练中学习 T 的分类特性。

2.3.5 标签可控的数据生成

标签可控的数据生成方法允许生成模型（G）产生带有随机标签的合成样本，这些标签是被攻击模型（T）赋予的。核心思想是通过多分支架构和标签控制损失（Label Control Loss），以改善合成样本的分布不均匀问题。具体步骤如下。

1）多分支架构：设计了一种包含多个上采样反卷积组件的生成网络，每个组件对应一个类别标签。所有组件共享一个后处理卷积网络，以提高效率和一致性。

2）标签控制损失：生成模型不仅需要产生视觉上可信的图像，还要确保这些图像的类别标签准确。通过引入标签控制损失（用交叉熵计算），强制生成的样本在类别上与被攻击模型的预测保持一致。

3）训练过程：在训练过程中，生成模型 G 尝试产生能够迷惑替代模型 D 的样本，而 D 则尽量模仿 T 的行为。训练目标是使 D 和 T 的输出尽可能一致，即最小化它们之间的差异。

4）模型优化：通过迭代优化生成模型和替代模型，不断调整生成样本以探索和利用 T 与 D 之间的差异。这个过程旨在提高 D 对 T 行为的模仿精度，并增强生成对抗样本的转移能力。

2.3.6　实践目的

1）验证 DaST 方法的有效性：通过对比 DaST 训练的替代模型与传统预训练模型在对抗攻击方面的性能，展示 DaST 方法在生成有效对抗样本方面的能力。

2）评估不同模型架构的影响：通过使用不同的网络架构训练替代模型，评估架构对攻击成功率的影响，以确定 DaST 方法的灵活性和适应性。

3）实践在现实任务中的实用性：通过对 Microsoft Azure 上的在线机器学习模型进行攻击，检验 DaST 方法在真实世界应用中的效果。

4）探索无数据训练的潜力：DaST 方法允许在没有任何真实践练数据的情况下训练替代模型，实践目的之一是探索这种训练方式在对抗攻击中的潜在优势和局限。

5）提高对抗样本的转移性：通过训练可以生成具有高转移性的对抗样本的替代模型，测试这些对抗样本在不同模型上的效果，以评估替代模型的泛化能力。

2.3.7　实践环境

- Python 版本：3.9 或者更高的版本。
- PyTorch：1.11.0（或更高版本）。
- CUDA：11.3.1。
- GPU：A40（AutoDL 云服务器，若无条件，可直接对本地已训练好的模型进行评估）。
- 所需安装库：NumPy 1.21.5，Matplotlib 3.4.3，PyQt5 5.15.2（或更高版本）。
- 数据集：MNIST、CIFAR-10。

2.3.8　实践步骤

第 1 步：访问 Python 官方网站下载 Python 3.9。

选择相应的 Windows 安装程序（32 位或 64 位）。下载后，运行安装程序并遵循安装向导，勾选“Add Python 3.9 to PATH”选项并单击 Install Now 按钮，如图 2-6 所示。

图 2-6　安装 Python 3.9

第 2 步：安装实践环境。

安装 NumPy 1.24.2，PyQt5 5.15.1，Matplotlib 3.7.1，在命令行或终端中使用下面指令进行安装。

```
pip install numpy==1.24.2
pip install pyqt5==5.15.1
pip install matplotli==3.7.1
```

第 3 步：编写相关代码并运行，构建三个神经网络模型。

（1）class Net_s(nn. Module)

```
class Net_s(nn.Module):
    def __init__(self):
        super(Net_s, self).__init__()
        # 定义卷积层1，输入通道为1，输出通道为20，卷积核大小为5，步长为1
        self.conv1 = nn.Conv2d(1, 20, 5, 1)
        # 定义卷积层2，输入通道为20，输出通道为50，卷积核大小为5，步长为1
        self.conv2 = nn.Conv2d(20, 50, 5, 1)
        # 定义全连接层1，输入维度为4*4*50，输出维度为500
        self.fc1 = nn.Linear(4*4*50, 500)
        # 定义全连接层2，输入维度为500，输出维度为10
        self.fc2 = nn.Linear(500, 10)

    def forward(self, x):
        # 通过卷积层1，使用ReLU激活函数
        x = F.relu(self.conv1(x))
        # 通过最大池化层，池化窗口大小为2，步长为2
        x = F.max_pool2d(x, 2, 2)
        # 通过卷积层2，使用ReLU激活函数
        x = F.relu(self.conv2(x))
        # 通过最大池化层，池化窗口大小为2，步长为2
        x = F.max_pool2d(x, 2, 2)
        # print(x.shape)
        x = x.view(-1, 4*4*50)
        x = F.relu(self.fc1(x))
        x = self.fc2(x)
        return F.log_softmax(x, dim=1)
```

- 结构：该模型由两个卷积层和两个全连接层组成。
- 卷积层：第一个卷积层使用 20 个 5×5 的过滤器，第二个卷积层使用 50 个 5×5 的过滤器。每个卷积层后都跟随一个 2×2 的最大池化层。
- 全连接层：第一个全连接层有 500 个神经元，连接到第二个全连接层，对应 10 个类别的输出。
- 激活函数：使用 ReLU 激活函数。
- 输出：使用 F. log_softmax 输出最终分类结果。

（2） class Net_m(nn. Module)

- 结构：在 Net_s 的基础上增加了一个额外的卷积层。
- 卷积层：包含三个卷积层，前两层与 Net_s 相同，第三个卷积层使用 50 个 3×3 的过滤器，每个卷积操作后也使用了 2×2 的最大池化。
- 全连接层：与 Net_s 类似，但全连接层接收来自更深层次的特征图。
- 特别功能：有一个 sign 参数在前向传播函数中，用于调节是否增加内部计数（用于实践或特定用途）。
- 输出：使用 F. log_softmax 输出。

（3） Class Net_l(nn. Module)

- 结构：比 Net_m 更复杂，增加了第四个卷积层。
- 卷积层：有四个卷积层，每层后跟一个最大池化层。前三层与 Net_m 相同，新增的第四层使用与第三层相同的配置。
- 全连接层：只有一个全连接层，直接连接到输出层，这是因为最后一个池化层后输出的特征图较小。
- 输出：与其他两个模型不同，该模型的输出没有使用 F. log_softmax，而是直接输出全连接层结果，这可能需要在外部应用 softmax( ) 函数来获取最终的分类概率。

```
class Net_m(nn.Module):
    def __init__(self):
        self.number = 0
        # 调用父类的构造函数
        super(Net_m, self).__init__()
        self.conv1 = nn.Conv2d(1, 20, 5, 1)
        self.conv2 = nn.Conv2d(20, 50, 5, 1)
        self.conv3 = nn.Conv2d(50, 50, 3, 1, 1)
        self.fc1 = nn.Linear(2*2*50, 500)
        self.fc2 = nn.Linear(500, 10)

    def forward(self, x, sign=0):
        # 如果sign等于0，则number加1
        if sign == 0:
            self.number += 1
        # 使用ReLU激活函数处理卷积层1的输出
        x = F.relu(self.conv1(x))
        # 使用最大池化层处理卷积层1的输出
        x = F.max_pool2d(x, 2, 2)
        # 使用ReLU激活函数处理卷积层2的输出
        x = F.relu(self.conv2(x))
        # 使用最大池化层处理卷积层2的输出
        # 使用ReLU激活函数处理卷积层3的输出
        x = F.max_pool2d(x, 2, 2)
        # 使用最大池化层处理卷积层3的输出
        x = F.relu(self.conv3(x))
        # 将卷积层的输出展平
        x = F.max_pool2d(x, 2, 2)
        # 使用ReLU激活函数处理全连接层1的输出
        x = x.view(-1, 2*2*50)
        # 使用全连接层2处理卷积层1的输出
        x = F.relu(self.fc1(x))
        # 返回对数概率分布
        x = self.fc2(x)
        return F.log_softmax(x, dim=1)

    def get_number(self):
        return self.number
```

```
class Net_l(nn.Module):
    def __init__(self):
        super(Net_l, self).__init__()
        # 定义卷积层1
        self.conv1 = nn.Conv2d(1, 20, 5, 1)
        # 定义卷积层2
        self.conv2 = nn.Conv2d(20, 50, 5, 1)
        # 定义卷积层3
        self.conv3 = nn.Conv2d(50, 50, 3, 1, 1)
        # 定义卷积层4
        self.conv4 = nn.Conv2d(50, 50, 3, 1, 1)
        # 定义全连接层1
        self.fc1 = nn.Linear(50, 500)
        # 定义全连接层2
        self.fc2 = nn.Linear(500, 10)

    def forward(self, x):
        # 通过卷积层1，激活函数为ReLU
        x = F.relu(self.conv1(x))
        # 通过最大池化层
        x = F.max_pool2d(x, 2, 2)
        # 通过卷积层2，激活函数为ReLU
        x = F.relu(self.conv2(x))
        # 通过最大池化层
        x = F.max_pool2d(x, 2, 2)
        # 通过卷积层3，激活函数为ReLU
        x = F.relu(self.conv3(x))
        # 通过最大池化层
        x = F.max_pool2d(x, 2, 2)
        # 通过卷积层4，激活函数为ReLU
        x = F.relu(self.conv4(x))
        # 通过最大池化层
        x = F.max_pool2d(x, 2, 2)
        # 将四维数据转换为二维数据
        x = x.view(-1, 50)
        # 通过全连接层1，激活函数为ReLU
        x = F.relu(self.fc1(x))
        # 通过全连接层2
        x = self.fc2(x)
        return x
```

第 4 步：模型训练和测试。

（1）初始化和配置

```
cudnn.benchmark = True
workbook = xlwt.Workbook(encoding = 'utf-8')
worksheet = workbook.add_sheet('imitation_network_sig')
nz = 128

class Logger(object):
    def __init__(self, filename='default.log', stream=sys.stdout):
        self.terminal = stream
        self.log = open(filename, 'a')
    def write(self, message):
        self.terminal.write(message)
        self.log.write(message)
    def flush(self):
        pass


sys.stdout = Logger('imitation_network_model.log', sys.stdout)

parser = argparse.ArgumentParser()
parser.add_argument('--workers', type=int, help='number of data loading workers', default=2)
parser.add_argument('--batchSize', type=int, default=500, help='input batch size')
parser.add_argument('--dataset', type=str, default='azure')
parser.add_argument('--niter', type=int, default=2000, help='number of epochs to train for')
parser.add_argument('--lr', type=float, default=0.0001, help='learning rate, default=0.0002')
parser.add_argument('--beta1', type=float, default=0.5, help='beta1 for adam. default=0.5')
parser.add_argument('--cuda', default=True, action='store_true', help='enables cuda')
parser.add_argument('--manualSeed', type=int, help='manual seed')
parser.add_argument('--alpha', type=float, default=0.2, help='alpha')
parser.add_argument('--beta', type=float, default=0.1, help='alpha')
parser.add_argument('--G_type', type=int, default=1, help='iteration limitation')
parser.add_argument('--save_folder', type=str, default='saved_model', help='alpha')

opt = parser.parse_args()
print(opt)
```

导入所需库和模块，设置 CUDA 计算以加速训练过程。创建日志记录器 Logger 类，实现输出到控制台和日志文件的同步。使用 argparse 解析命令行参数，使用 parser. add_argument( ) 设置训练的各种配置，如批量大小、学习率、训练迭代次数等。初始化 Excel 文件，用于记录训练过程的数据。

（2）数据加载

```
# 如果使用的是azure数据集
if opt.dataset == 'azure':
    # 加载MNIST数据集，root参数指定数据集路径，train参数指定是否是训练集，download参数指定是否下载数据集，transform参数指定数据预处理
    testset = torchvision.datasets.MNIST(root='dataset/', train=False,
                                         download=True,
                                         transform=transforms.Compose([
                                             # transforms.Pad(2, padding_mode="symmetric"),
                                             # 将图片转换为tensor
                                             transforms.ToTensor(),
                                             # transforms.RandomCrop(32, 4),
                                             # normalize,
                                         ]))
```

使用 torchvision 加载 MNIST 数据集，并进行预处理转换。配置 DataLoader（深度学习中重要的数据处理工具），实现数据的批处理和随机采样。

(3) 初始化网络模型

```
                              ]))
# 定义生成器网络，并将模型放到GPU上
netD = Net_l().cuda()
# 将模型放到多GPU上
netD = nn.DataParallel(netD)

clf = joblib.load('pretrained/sklearn_mnist_model.pkl')
```

使用 .cuda( ) 方法将模型移至 GPU 上。

(4) 对抗性攻击设置

```
# 加载预训练的模型
    adversary_ghost = LinfBasicIterativeAttack(
        netD, loss_fn=nn.CrossEntropyLoss(reduction="sum"), eps=0.25,
        nb_iter=100, eps_iter=0.01, clip_min=0.0, clip_max=1.0,
        targeted=False)
    # 定义攻击方法，LinfBasicIterativeAttack为一种攻击方法，用于生成对抗样本
    # netD为模型，loss_fn为损失函数，eps为最大扰动，nb_iter为迭代次数，eps_iter为每次迭代步长，clip_min为最小值，clip_max为最大值，targeted为是否 targeted攻击
    nc=1
```

使用 advertorch 库设置基本迭代攻击（LinfBasicIterativeAttack），用于生成对抗样本，测试网络的鲁棒性。设置攻击的参数，如扰动范围（eps）、迭代次数（nb_iter）和每次迭代步长（eps_iter）等。设置损失函数为交叉熵损失，用于计算模型预测与真实标签之间的误差。

(5) 训练和评估循环

```
criterion = nn.CrossEntropyLoss()
criterion_max = Loss_max()

# setup optimizer
optimizerD = optim.Adam(netD.parameters(), lr=opt.lr, betas=(opt.beta1, 0.999))
# optimizerD =  optim.SGD(netD.parameters(), lr=opt.lr, momentum=0.9, weight_decay=5e-4)
optimizerG = optim.Adam(netG.parameters(), lr=opt.lr, betas=(opt.beta1, 0.999))
# optimizerG =  optim.SGD(netG.parameters(), lr=opt.lr, momentum=0.9, weight_decay=5e-4)
optimizer_block = []
for i in range(10):
    optimizer_block.append(optim.Adam(pre_conv_block[i].parameters(), lr=opt.lr, betas=(opt.beta1, 0.999)))

with torch.no_grad():
    correct_netD = 0.0
    total = 0.0
    netD.eval()
    for data in testloader:
        inputs, labels = data
        inputs = inputs.cuda()
        labels = labels.cuda()
        # outputs = netD(inputs)
        if opt.dataset == 'azure':
            predicted = cal_azure(clf, inputs)
        else:
            outputs = original_net(inputs)
            _, predicted = torch.max(outputs.data, 1)
        # _, predicted = torch.max(outputs.data, 1)
        total += labels.size(0)
        correct_netD += (predicted == labels).sum()
    print('Accuracy of the network on netD: %.2f %%' %
            (100. * correct_netD.float() / total))
```

进行多次迭代，每次迭代中对 Discriminator 网络（NetD）进行前向传播和后向传播，优化网络参数。生成对抗样本并评估攻击成功率，以测试网络在对抗性攻击下的表现。更新生成器网络，并通过特定的损失函数来优化生成对抗样本的能力。在每个训练周期结束时，评

估并记录模型的分类准确率和攻击成功率。

（6）结果保存和输出

```
# 使用torch.no_grad()禁用梯度计算，提高性能
    with torch.no_grad():
        # 初始化正确率
        correct_netD = 0.0
        total = 0.0
        # 将netD设置为评估模式
        netD.eval()
        # 遍历测试数据
        for data in testloader:
            # 获取输入和标签
            inputs, labels = data
            # 将输入数据转移到GPU
            inputs = inputs.cuda()
            labels = labels.cuda()
            # 使用netD进行前向传播
            outputs = netD(inputs)
            # 获取最大值和对应的索引
            _, predicted = torch.max(outputs.data, 1)
            # 计算总样本数
             (variable) correct_netD: Any
            correct_netD += (predicted == labels).sum()
        # 打印netD的准确率
        print('Accuracy of the network on netD: %.2f %%' %
                (100. * correct_netD.float() / total))
        # 如果当前准确率比最佳准确率更高，则保存模型，并更新最佳准确率
        if best_accuracy < correct_netD:
            torch.save(netD.state_dict(),
                       opt.save_folder + '/netD_epoch_%d.pth' % (epoch))
            torch.save(netG.state_dict(),
                       opt.save_folder + '/netG_epoch_%d.pth' % (epoch))
            best_accuracy = correct_netD
            print('This is the best model')
    worksheet.write(epoch, 1, (correct_netD.float() / total).item())
workbook.save('imitation_network_saved_azure.xls')
```

将每个训练周期的结果记录到 Excel 文件中，以便后续分析。在模型达到最佳性能时，保存模型参数到指定目录。

（7）资源管理

```
# 释放内存
del inputs, labels, adv_inputs_ghost
torch.cuda.empty_cache()
gc.collect()
```

使用 torch. cuda. empty_cache( ) 和 gc. collect( ) 清理不再使用的内存，确保训练过程中资源的高效使用。

第 5 步：评估神经网络模型在不同对抗性攻击方法下的表现。

（1）设置随机种子

```
SEED = 10000
torch.manual_seed(SEED)
torch.cuda.manual_seed(SEED)
np.random.seed(SEED)
random.seed(10000)
```

（2）参数解析

```
# 创建一个参数解析器
parser = argparse.ArgumentParser()
# 添加参数
parser.add_argument('--workers', type=int, help='number of data loading\
    workers', default=2)
parser.add_argument('--cuda', action='store_true', help='enables cuda')
parser.add_argument('--adv', type=str, help='attack method')
parser.add_argument('--mode', type=str, help='use which model to generate\
    examples. "imitation_large": the large imitation network.\
    "imitation_medium": the medium imitation network. "imitation_small" the\
    small imitation network. ')
parser.add_argument('--manualSeed', type=int, help='manual seed')
parser.add_argument('--target', action='store_true', help='manual seed')

# 解析参数
opt = parser.parse_args()
# print(opt)
```

使用 argparse 库解析命令行输入的参数，如工作进程数、是否使用 CUDA、攻击方法、模型类型等。

（3）数据集和数据加载器

```
# 创建一个列表，包含0-9999的数字
data_list = [i for i in range(0, 10000)]
# 使用SubsetRandomSampler从testset中随机采样10000个样本
testloader = torch.utils.data.DataLoader(testset, batch_size=1,
                                         sampler = sp.SubsetRandomSampler(data_list), num_workers=2)
```

加载 MNIST 数据集，使用 SubsetRandomSampler 来随机抽取指定的样本，用于模型测试。

（4）设备配置

```
# 判断是否有GPU可用，如果有，则使用GPU，否则使用CPU
device = torch.device("cuda:0" if opt.cuda else "cpu")
```

（5）对抗性攻击函数定义 test_adver

```
def test_adver(net, tar_net, attack, target):
    net.eval()
    tar_net.eval()
    # BIM
    if attack == 'BIM':
        adversary = LinfBasicIterativeAttack(
            net,
            loss_fn=nn.CrossEntropyLoss(reduction="sum"),
            eps=0.25,
            nb_iter=120, eps_iter=0.02, clip_min=0.0, clip_max=1.0,
            targeted=opt.target)
    # PGD
    elif attack == 'PGD':
        # 如果目标攻击
        if opt.target:
            # 定义PGD攻击器，使用交叉熵损失函数，最大扰动0.25，迭代次数11，每次迭代扰动步长0.03，最小值0.0，最大值1.0，目标攻击
            adversary = PGDAttack(
                net,
                loss_fn=nn.CrossEntropyLoss(reduction="sum"),
                eps=0.25,
                nb_iter=11, eps_iter=0.03, clip_min=0.0, clip_max=1.0,
                targeted=opt.target)
        else:
            # 定义PGD攻击器，使用交叉熵损失函数，最大扰动0.25，迭代次数6，每次迭代扰动步长0.03，最小值0.0，最大值1.0，非目标攻击
            adversary = PGDAttack(
```

```
            net,
            loss_fn=nn.CrossEntropyLoss(reduction="sum"),
            eps=0.25,
            nb_iter=6, eps_iter=0.03, clip_min=0.0, clip_max=1.0,
            targeted=opt.target)
    # FGSM
    elif attack == 'FGSM':
        # 定义一个梯度符号攻击，使用交叉熵损失函数，eps=0.26， targeted根据opt.target决定是否为目标攻击
        adversary = GradientSignAttack(
            net,
            loss_fn=nn.CrossEntropyLoss(reduction="sum"),
            eps=0.26,
            targeted=opt.target)
    elif attack == 'CW':
        adversary = CarliniWagnerL2Attack(
            net,
            num_classes=10,
            learning_rate=0.45,
            # loss_fn=nn.CrossEntropyLoss(reduction="sum"),
            binary_search_steps=10,
            max_iterations=12,
            targeted=opt.target)
```

- 模型评估：首先在原始测试集上评估模型的准确率。
- 生成对抗样本：根据指定的攻击方法（如 BIM、PGD、FGSM、CW），使用相应的攻击算法生成对抗样本。
- 攻击成功率评估：在对抗样本上再次评估模型，计算攻击成功率，即模型误分类的比例。

（6）攻击类型和目标模型选择

```
target_net = Net_m().to(device)
# 加载预训练的模型参数
state_dict = torch.load(
    'pretrained/net_m.pth', map_location=device)  # 使用 map_location=device
target_net.load_state_dict(state_dict)
# 将模型设置为评估模式
target_net.eval()

if opt.mode == 'black':
    # 加载攻击模型
    attack_net = Net_l().to(device)
    state_dict = torch.load(
        'pretrained/net_l.pth', map_location=device)  # 使用 map_location=device
    attack_net.load_state_dict(state_dict)
elif opt.mode == 'white':
    # 使用目标模型作为攻击模型
    attack_net = target_net
elif opt.mode == 'dast':
    # 加载攻击模型
    attack_net = Net_l().to(device)
    state_dict = torch.load(
        'netD_epoch_670.pth', map_location=device)  # 使用 map_location=device
    attack_net = nn.DataParallel(attack_net)
    attack_net.load_state_dict(state_dict)
```

根据输入的模式（黑盒、白盒或定制攻击），选择用于生成对抗样本的攻击网络，加载指定的预训练模型状态。

（7）执行对抗性测试

```
test_adver(attack_net, target_net, opt.adv, opt.target)
```

调用 test_adver 函数，传入攻击网络、目标网络、攻击类型和是否为目标攻击，进行对抗性测试。

第 6 步：通过命令行执行程序。

```
(base) root@autodl-container-aa4e118752-ec64fe79:~# cd autodl-tmp/DaST
(base) root@autodl-container-aa4e118752-ec64fe79:~/autodl-tmp/DaST# conda activate dast_
(dast_) root@autodl-container-aa4e118752-ec64fe79:~/autodl-tmp/DaST# python dast.py --dataset=mnist
/root/miniconda3/envs/dast_/lib/python3.7/site-packages/sklearn/externals/joblib/__init__.py:15: DeprecationWarning: sklearn.e
xternals.joblib is deprecated in 0.21 and will be removed in 0.23. Please import this functionality directly from joblib, whic
h can be installed with: pip install joblib. If this warning is raised when loading pickled models, you may need to re-seriali
ze those models with scikit-learn 0.21+.
  warnings.warn(msg, category=DeprecationWarning)
Namespace(G_type=1, alpha=0.2, batchSize=500, beta=0.1, beta1=0.5, cuda=True, dataset='mnist', lr=0.0001, manualSeed=None, nit
er=2000, save_folder='saved_model', workers=2)
Accuracy of the network on netD: 99.75 %
Attack success rate: 0.55 %
[0/2000][0/1000] D: 2.3050 D_prob: 0.0004 G: 0.5610 D(G(z)): 2.3050 / 0.5610 loss_imitate: 0.1004 loss_diversity: 2.3028
```

2.3.9 实践结果

实践结果如图 2-7 所示，模型准确率和攻击成功率如图 2-8 所示，窃取结果如图 2-9 所示。

```
[779/2000][0/1000] D: 0.1055 D_prob: 0.0767 G: 0.9040 D(G(z)): 0.1055 / 0.9040 loss_imitate: 0.9029 loss_diversity: 0.0278
[779/2000][40/1000] D: 0.1433 D_prob: 0.0755 G: 0.8723 D(G(z)): 0.1433 / 0.8723 loss_imitate: 0.8713 loss_diversity: 0.0440
[779/2000][80/1000] D: 0.1487 D_prob: 0.0756 G: 0.8696 D(G(z)): 0.1487 / 0.8696 loss_imitate: 0.8679 loss_diversity: 0.0414
[779/2000][120/1000] D: 0.0819 D_prob: 0.0754 G: 0.9256 D(G(z)): 0.0819 / 0.9256 loss_imitate: 0.9240 loss_diversity: 0.0386
[779/2000][160/1000] D: 0.1540 D_prob: 0.0756 G: 0.8679 D(G(z)): 0.1540 / 0.8679 loss_imitate: 0.8662 loss_diversity: 0.0398
[779/2000][200/1000] D: 0.2085 D_prob: 0.0746 G: 0.8232 D(G(z)): 0.2085 / 0.8232 loss_imitate: 0.8213 loss_diversity: 0.0455
[779/2000][240/1000] D: 0.1162 D_prob: 0.0740 G: 0.8980 D(G(z)): 0.1162 / 0.8980 loss_imitate: 0.8954 loss_diversity: 0.0528
[779/2000][280/1000] D: 0.1670 D_prob: 0.0733 G: 0.8540 D(G(z)): 0.1670 / 0.8540 loss_imitate: 0.8510 loss_diversity: 0.0520
[779/2000][320/1000] D: 0.2095 D_prob: 0.0741 G: 0.8214 D(G(z)): 0.2095 / 0.8214 loss_imitate: 0.8181 loss_diversity: 0.0650
[779/2000][360/1000] D: 0.1593 D_prob: 0.0758 G: 0.8595 D(G(z)): 0.1593 / 0.8595 loss_imitate: 0.8584 loss_diversity: 0.0327
[779/2000][400/1000] D: 0.1687 D_prob: 0.0748 G: 0.8499 D(G(z)): 0.1687 / 0.8499 loss_imitate: 0.8480 loss_diversity: 0.0384
[779/2000][440/1000] D: 0.1338 D_prob: 0.0740 G: 0.8841 D(G(z)): 0.1338 / 0.8841 loss_imitate: 0.8790 loss_diversity: 0.0738
[779/2000][480/1000] D: 0.1027 D_prob: 0.0758 G: 0.9057 D(G(z)): 0.1027 / 0.9057 loss_imitate: 0.9044 loss_diversity: 0.0426
[779/2000][520/1000] D: 0.1082 D_prob: 0.0772 G: 0.9001 D(G(z)): 0.1082 / 0.9001 loss_imitate: 0.8992 loss_diversity: 0.0265
[779/2000][560/1000] D: 0.0917 D_prob: 0.0765 G: 0.9164 D(G(z)): 0.0917 / 0.9164 loss_imitate: 0.9152 loss_diversity: 0.0354
[779/2000][600/1000] D: 0.0899 D_prob: 0.0750 G: 0.9198 D(G(z)): 0.0899 / 0.9198 loss_imitate: 0.9181 loss_diversity: 0.0354
[779/2000][640/1000] D: 0.1225 D_prob: 0.0745 G: 0.8906 D(G(z)): 0.1225 / 0.8906 loss_imitate: 0.8882 loss_diversity: 0.0494
[779/2000][680/1000] D: 0.1265 D_prob: 0.0765 G: 0.8847 D(G(z)): 0.1265 / 0.8847 loss_imitate: 0.8836 loss_diversity: 0.0315
[779/2000][720/1000] D: 0.1012 D_prob: 0.0756 G: 0.9092 D(G(z)): 0.1012 / 0.9092 loss_imitate: 0.9080 loss_diversity: 0.0410
[779/2000][760/1000] D: 0.1298 D_prob: 0.0767 G: 0.8824 D(G(z)): 0.1298 / 0.8824 loss_imitate: 0.8818 loss_diversity: 0.0279
[779/2000][800/1000] D: 0.1399 D_prob: 0.0766 G: 0.8818 D(G(z)): 0.1399 / 0.8818 loss_imitate: 0.8804 loss_diversity: 0.0457
[779/2000][840/1000] D: 0.0996 D_prob: 0.0760 G: 0.9120 D(G(z)): 0.0996 / 0.9120 loss_imitate: 0.9097 loss_diversity: 0.0452
[779/2000][880/1000] D: 0.1353 D_prob: 0.0760 G: 0.8785 D(G(z)): 0.1353 / 0.8785 loss_imitate: 0.8771 loss_diversity: 0.0427
[779/2000][920/1000] D: 0.1417 D_prob: 0.0763 G: 0.8727 D(G(z)): 0.1417 / 0.8727 loss_imitate: 0.8716 loss_diversity: 0.0359
[779/2000][960/1000] D: 0.0954 D_prob: 0.0764 G: 0.9124 D(G(z)): 0.0954 / 0.9124 loss_imitate: 0.9116 loss_diversity: 0.0301
Attack success rate: 59.60 %
Accuracy of the network on netD: 95.15 %
This is the best model
```

图 2-7 实践结果

```
[674/2000][0/1000] D: 0.0822 D_prob: 0.0779 G: 0.9264 D(G(z)): 0.0822 / 0.9264 loss_imitate: 0.9244 loss_diversity: 0.0345
[674/2000][40/1000] D: 0.1200 D_prob: 0.0779 G: 0.8948 D(G(z)): 0.1200 / 0.8948 loss_imitate: 0.8935 loss_diversity: 0.0297
[674/2000][80/1000] D: 0.0720 D_prob: 0.0775 G: 0.9336 D(G(z)): 0.0720 / 0.9336 loss_imitate: 0.9329 loss_diversity: 0.0302
[674/2000][120/1000] D: 0.0464 D_prob: 0.0770 G: 0.9569 D(G(z)): 0.0464 / 0.9569 loss_imitate: 0.9562 loss_diversity: 0.0251
[674/2000][160/1000] D: 0.0904 D_prob: 0.0776 G: 0.9196 D(G(z)): 0.0904 / 0.9196 loss_imitate: 0.9177 loss_diversity: 0.0437
[674/2000][200/1000] D: 0.1393 D_prob: 0.0764 G: 0.8850 D(G(z)): 0.1393 / 0.8850 loss_imitate: 0.8832 loss_diversity: 0.0451
[674/2000][240/1000] D: 0.0673 D_prob: 0.0767 G: 0.9394 D(G(z)): 0.0673 / 0.9394 loss_imitate: 0.9376 loss_diversity: 0.0493
[674/2000][280/1000] D: 0.1472 D_prob: 0.0751 G: 0.8714 D(G(z)): 0.1472 / 0.8714 loss_imitate: 0.8681 loss_diversity: 0.0523
[674/2000][320/1000] D: 0.0817 D_prob: 0.0762 G: 0.9265 D(G(z)): 0.0817 / 0.9265 loss_imitate: 0.9241 loss_diversity: 0.0609
[674/2000][360/1000] D: 0.0865 D_prob: 0.0770 G: 0.9232 D(G(z)): 0.0865 / 0.9232 loss_imitate: 0.9219 loss_diversity: 0.0272
[674/2000][400/1000] D: 0.0928 D_prob: 0.0764 G: 0.9182 D(G(z)): 0.0928 / 0.9182 loss_imitate: 0.9164 loss_diversity: 0.0350
[674/2000][440/1000] D: 0.1130 D_prob: 0.0768 G: 0.8978 D(G(z)): 0.1130 / 0.8978 loss_imitate: 0.8968 loss_diversity: 0.0288
[674/2000][480/1000] D: 0.0777 D_prob: 0.0770 G: 0.9307 D(G(z)): 0.0777 / 0.9307 loss_imitate: 0.9301 loss_diversity: 0.0201
[674/2000][520/1000] D: 0.0878 D_prob: 0.0766 G: 0.9203 D(G(z)): 0.0878 / 0.9203 loss_imitate: 0.9193 loss_diversity: 0.0272
[674/2000][560/1000] D: 0.1080 D_prob: 0.0773 G: 0.9149 D(G(z)): 0.1080 / 0.9149 loss_imitate: 0.9141 loss_diversity: 0.0315
[674/2000][600/1000] D: 0.0823 D_prob: 0.0774 G: 0.9272 D(G(z)): 0.0823 / 0.9272 loss_imitate: 0.9267 loss_diversity: 0.0230
[674/2000][640/1000] D: 0.1118 D_prob: 0.0768 G: 0.9013 D(G(z)): 0.1118 / 0.9013 loss_imitate: 0.8999 loss_diversity: 0.0398
[674/2000][680/1000] D: 0.0699 D_prob: 0.0772 G: 0.9389 D(G(z)): 0.0699 / 0.9389 loss_imitate: 0.9384 loss_diversity: 0.0224
[674/2000][720/1000] D: 0.0844 D_prob: 0.0775 G: 0.9240 D(G(z)): 0.0844 / 0.9240 loss_imitate: 0.9230 loss_diversity: 0.0311
[674/2000][760/1000] D: 0.1116 D_prob: 0.0768 G: 0.9113 D(G(z)): 0.1116 / 0.9113 loss_imitate: 0.9102 loss_diversity: 0.0346
[674/2000][800/1000] D: 0.0827 D_prob: 0.0771 G: 0.9279 D(G(z)): 0.0827 / 0.9279 loss_imitate: 0.9270 loss_diversity: 0.0324
[674/2000][840/1000] D: 0.0837 D_prob: 0.0766 G: 0.9236 D(G(z)): 0.0837 / 0.9236 loss_imitate: 0.9224 loss_diversity: 0.0290
[674/2000][880/1000] D: 0.0773 D_prob: 0.0767 G: 0.9293 D(G(z)): 0.0773 / 0.9293 loss_imitate: 0.9286 loss_diversity: 0.0343
[674/2000][920/1000] D: 0.0756 D_prob: 0.0754 G: 0.9326 D(G(z)): 0.0756 / 0.9326 loss_imitate: 0.9313 loss_diversity: 0.0347
[674/2000][960/1000] D: 0.1172 D_prob: 0.0769 G: 0.9043 D(G(z)): 0.1172 / 0.9043 loss_imitate: 0.9034 loss_diversity: 0.0335
Attack success rate: 66.20 %
This is the best model
```

图 2-8 模型准确率和攻击成功率

```
(myenv) PS D:\AIsecurity\DaST-master> python evaluation.py --mode=dast --adv=FGSM
Accuracy of the network on netD: 91.20 %
Attack success rate: 42.76 %
l2 distance:  5.3174
(myenv) PS D:\AIsecurity\DaST-master> python evaluation.py --mode=dast --adv=FGSM
Accuracy of the network on netD: 94.45 %
Attack success rate: 40.05 %
l2 distance:  5.4083
(myenv) PS D:\AIsecurity\DaST-master> python evaluation.py --mode=dast --adv=FGSM
Accuracy of the network on netD: 94.30 %
Attack success rate: 42.20 %
l2 distance:  5.2722
```

图 2-9　窃取结果

不同攻击的比较见表 2-1。

表 2-1　不同攻击的比较

攻击	ASR	Distance	Query
DaST-P	96.83%	4.79	—
GLS	40.51%	4.27	297.07
DaST-L	98.35%	4.72	—
Boundary	100%	4.69	670.53

表 2-1 中，ASR 表示攻击成功率，Query 表示评估阶段的查询数，Boundary 表示基于决策的攻击，GLS 表示一种基于贪婪局部搜索的黑盒攻击。—表示 DaST 在评估阶段不需要查询。本实践中的 DaST 使用 FGSM 生成攻击。

本实践采用了一种无数据的 DaST 方法来训练对抗攻击的替代模型。DaST 使用生成对抗网络生成样本，减少了对抗性替代攻击的先决条件，是一种不需要任何真实数据就可以训练替代模型的方法。这表明机器学习系统存在很大的风险，攻击者可以训练替代模型，即使真实的输入数据很难收集。所提出的 DaST 不能单独生成对抗样本，它应该与其他基于梯度的攻击方法一起使用。

2.3.10　实践要求

1）完善项目代码，运行模型。

2）分别使用三种不同的网络结构来评估模型性能。

3）尝试对在线模型进行攻击。

2.3.11　参考代码

本实践的 Python 语言源代码见本书的配套资源。

2.4　习题

1. 什么是生成对抗网络？
2. 生成对抗网络主要由哪些部分组成？
3. 分别说明生成器和判别器在生成对抗网络中的作用。
4. 举例说明生成对抗网络有哪些应用。
5. 什么是对抗性攻击？它有哪些种类？

第 3 章　卷积神经网络的安全应用

卷积神经网络（Convolutional Neural Network，CNN）是人工智能中使用最为普遍的机器学习模型之一。本章简要讲述卷积神经网络的原理和它的实践应用。在实践中主要讲述三个经典案例：第一个是基于卷积神经网络的数据投毒攻击；第二个是基于卷积神经网络的人脸活体检测；第三个是基于卷积神经网络的验证码识别。

知识与能力目标

1）了解卷积神经网络的概念和结构。

2）熟悉数据投毒攻击。

3）熟练使用卷积神经网络模型 AlexNet。

4）熟练使用卷积神经网络模型 VGG。

5）熟悉卷积神经网络在数据投毒攻击中的应用。

6）熟悉卷积神经网络在人脸活体检测中的应用。

7）熟悉卷积神经网络在验证码识别中的应用。

3.1　知识要点

本章从神经网络的概念入手，讲述如何使用卷积神经网络（CNN）进行相关的人工智能安全实践。

3.1.1　神经网络

神经网络是一种受大脑神经元结构启发而来的数学模型，它由大量的节点神经元和连接这些节点神经元的边突出组成。每个节点可以接收输入信息，通过激活函数处理这些信息，并将处理后的信息传递给其他节点。神经网络通过调整这些节点之间的连接权重来学习数据的特征。

3.1.2　卷积神经网络概述

卷积神经网络是一种特殊的神经网络，它在处理图像数据时引用了卷积操作。卷积操作是一种数学运算，可以将输入图像与卷积核进行卷积，从而提取图像的局部特征。卷积神经网络通过堆叠多个卷积层和池化层，逐步提取图像更为高级的特征，最终完成对图像的分类、识别等任务。

卷积神经网络（CNN）是一种在深度学习领域内广泛使用的神经网络架构。它特别适用于处理图像和视频数据。CNN 通过模拟人类视觉系统的工作原理，能够从图像中自动学习和识别复杂的特征与模式。CNN 由多个层组成，每一层都对输入数据执行不同的操作，从而逐步提取和抽象数据的特征，用于分类、识别和处理视觉信息。

CNN 在许多领域都有出色的表现，尤其是在图像识别、面部识别、物体检测、医学图像分析以及自然语言处理等任务中。相比于需要手动特征提取的传统机器学习方法，CNN 通过自动学习高级特征的能力，大大提高了处理图像识别等任务的效率和准确性。

卷积神经网络的一般训练流程如图 3-1 所示，具体步骤如下。

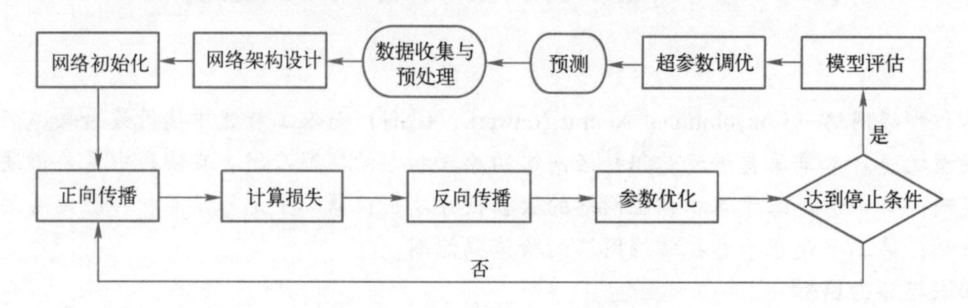

图 3-1　卷积神经网络模型训练流程

第 1 步：数据收集与预处理。首先，需要收集标有正确标签的图像数据集，这些数据集应该包含要识别的不同类别的图像。然后，对数据进行预处理，如调整图像大小、标准化像素值等。

第 2 步：网络架构设计。选择适当的 CNN 架构，常见的架构包括 LeNet、AlexNet、VGG、GoogLeNet、ResNet 等。架构的选择取决于任务的复杂性和可用的计算资源。

第 3 步：网络初始化。随机初始化 CNN 的权重和偏置。这些权重和偏置将在训练过程中进行优化。

第 4 步：正向传播。将图像数据输入到 CNN 中，并通过一系列卷积、池化和非线性激活函数等操作，生成预测输出。

第 5 步：计算损失。将预测输出与真实标签进行对比，计算损失值。常用的损失函数包括交叉熵损失函数。

第 6 步：反向传播。使用反向传播算法计算损失函数对网络参数（权重和偏置）的梯度，梯度指示了参数更新的方向。

第 7 步：参数优化。使用优化算法（如随机梯度下降算法）根据梯度更新网络参数，优化算法可以调整学习率、动量等超参数来控制参数更新的速度和稳定性。

第 8 步：重复第 4~7 步。重复执行正向传播、计算损失、反向传播和参数优化的步骤，直到达到预定义的停止条件，如达到一定的训练轮次或损失函数收敛。

第 9 步：模型评估。使用验证集或测试集评估训练得到的模型的性能，常见的评估指标包括准确率、精确率、召回率、F1 分数等。

第 10 步：超参数调优。根据模型性能进行超参数调优，如学习率、动量大小、网络深度、滤波器大小等。

第 11 步：预测。使用训练得到的模型对新的未见过的数据进行预测。

3.1.3　卷积神经网络核心组件

卷积神经网络的核心组件共有 4 个，分别是卷积层、激活层、池化层和全连接层，如图 3-2 所示。

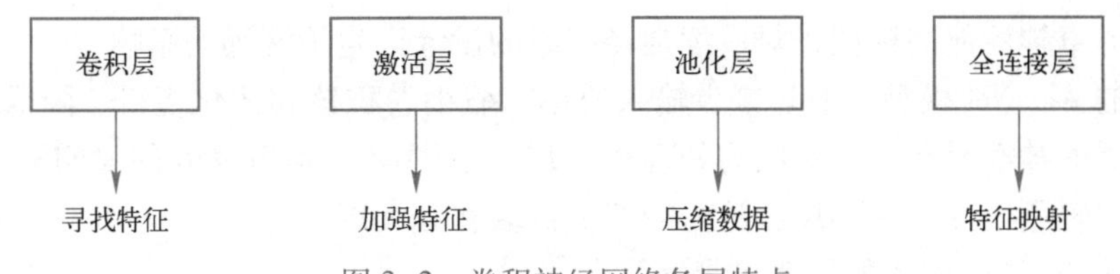

图 3-2　卷积神经网络各层特点

1. 卷积层（Convolutional Layer）

卷积层是 CNN 的基础。它使用卷积运算对输入图像进行特征提取。卷积层通过将一个小的卷积核（也称为滤波器）在输入图像上滑动，并对每个位置的局部区域进行卷积操作来提取特征。这种局部连接和权值共享的方式使得 CNN 能够有效地捕捉图像中的局部模式和结构。

卷积层是 CNN 的核心构建模块。卷积操作的结果是一个特征图（Feature Map），该特征图在保留原始空间信息的同时，提取了局部模式（如边缘、纹理）。

2. 激活层（Activation Layer）

激活层主要是激活函数，在神经网络中扮演重要角色，它引入非线性变换，提高网络的表达能力，以解决线性不可分问题，并确保梯度传播的有效性。激活函数的选择和设计需考虑计算效率，以提高模型的训练和推理速度。

激活函数在每一层卷积或全连接操作后，将非线性因素引入到网络中，使得神经网络能够学习和表示复杂的模式与关系。如果没有激活函数，无论神经网络有多少层，网络整体上仍然只是一个线性回归模型，这限制了其处理非线性问题的能力。常见的激活函数包括 ReLU（Rectified Linear Unit）、Sigmoid、tanh 等。ReLU 是目前最常用的激活函数，因为它计算简单且在实际应用中效果显著。

3. 池化层（Pooling Layer）

池化层用于减小特征图的尺寸并保留关键信息。常用的池化操作是最大池化，它从局部区域中选择最大值作为代表性特征。池化层的作用是降低特征图的空间维度，减少参数量，同时具备一定的平移不变性。

池化层通常跟随在卷积层之后，进一步减少特征图的空间大小，这样既可以减少计算量，也有助于把重要特征变得更加突出。这个过程类似于在不失去太多信息的前提下对图像进行缩放。常见的池化方法包括最大池化（Max Pooling）和平均池化（Average Pooling）。

4. 全连接层（Fully Connected Layer）

全连接层用于将卷积层和池化层提取的特征映射转化为最终的输出。全连接层中的每个神经元都与前一层的所有神经元相连，通过学习权重和偏置来进行特征的组合与分类。全连接层可以将之前各层提取的特征整合起来，并进行分类或回归等任务。每个神经元与上一层的所有神经元相连，形成了一个全连接的结构。

在 CNN 的后端，全连接层用于将之前各层提取的特征整合起来，并进行分类或回归等任务。每个神经元与上一层的所有神经元相连，形成了一个全连接的结构。

3.1.4　AlexNet 模型

AlexNet 模型是卷积神经网络的一种，它是由 Alex Krizhevsky、Ilya Sutskever 和 Geoffrey Hinton 在 2012 年提出的。它在 ImageNet 图像识别竞赛（ILSVRC 2012）中取得了巨大的成功，标志着深度学习在计算机视觉领域的突破。AlexNet 是第一个展示了深度学习在大规模图像数据集上卓越性能的模型，对后续神经网络的设计产生了深远的影响。

简化版的 AlexNet 模型，通过减少输入通道、缩小卷积核和池化窗口、降低通道数以及调整全连接层的神经元数量，专门为处理较小尺寸的图像（如 28×28 的 MNIST 图像）而设计，使其更加轻量化并适应小尺寸数据的特征提取和分类需求。

简化版的 AlexNet 模型如图 3-3 所示。

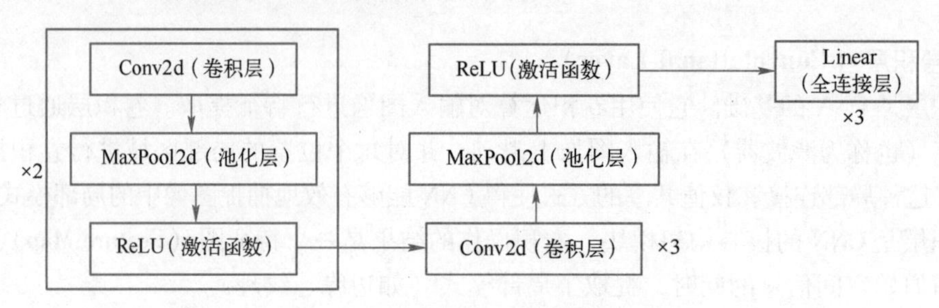

图 3-3　简化版的 AlexNet 模型

卷积层：定义了 5 个卷积层，逐渐增加过滤器数量（32、64、128、256），每层使用 3×3 大小的过滤器，过滤器数量的增加使得网络能够捕捉更多的特征。

池化层：定义了三个 2×2 的最大池化层，步长为 2，用于降低特征图的空间尺寸，减少参数数量，防止过拟合。

激活函数：使用了三次激活函数，提高模型的非线性能力，有助于处理复杂的图像特征。

全连接层：定义了三个全连接层。

1）第一个全连接层（fc6）有 1024 个神经元，它接收来自前面卷积层的所有特征，并将这些信息综合起来。

2）第二个全连接层（fc7）进一步将特征数量减少到 512，继续合并特征信息。

3）第三个全连接层（fc8）最终将 512 个特征减少到 10 个输出，这 10 个输出对应于 MNIST 数据集的 10 个手写数字类别（0~9）。每个神经元输出的数值代表相应数字类别的预测得分。

3.1.5　VGG 模型

VGG（Visual Geometry Group）模型是卷积神经网络（CNN）的一种。它由牛津大学视觉几何组于 2014 年提出，它在图像识别领域非常有影响力。VGG 模型的核心思想是使用多个小卷积核（通常是 3×3）叠加来代替单个大卷积核，这种设计使得网络更深，且在增加网络复杂度的同时保持了较少的参数。VGG 模型的特点如下。

1）深度网络设计：VGG 模型通过堆叠多个卷积层来增加网络的深度，使得模型具有更强的特征提取能力。

2）小卷积核：VGG 采用 3×3 的小卷积核，既能保持感受域（Receptive Field）的大小，又能减少模型参数。

3）统一的卷积核尺寸：所有的卷积层都使用相同的 3×3 的小卷积核，使得模型结构简洁、易于实现。

4）参数量较大：尽管 VGG 模型采用小卷积核，但由于网络深度较大，尤其是在全连接层中，模型的参数量非常大，容易导致训练时间长且需要更多的存储空间。

5）迁移学习效果好：VGG 模型在 ImageNet 等大规模数据集上训练后，表现出很好的迁移学习能力，常用于特征提取和迁移学习。

6）性能与计算需求的权衡：尽管 VGG 模型的性能优异，但其较高的计算需求和内存消耗使得它在实际应用中可能需要进行优化或使用更轻量级的模型（如 MobileNet 或 ResNet）。

3.1.6　MNIST 数据集

MNIST 数据集来自美国国家标准与技术研究所（National Institute of Standards and Technology，NIST）。MNIST 数据集的下载地址见本书的配套资源。数据集分为训练集和测试集。训练集（Training Set）由 250 个不同人手写的数字组成，这些人中，50%是高中学生，50%是人口普查局（the Census Bureau）的工作人员。测试集（Test Set）也是同样比例的手写数字数据。训练集有 60000 条数据，测试集有 10000 条数据，每一条数据都是由 785 个数字组成，数值大小 0~255，第一个数字代表该条数据所表示的数字，后面的 784 个数字可以形成 28×28 的矩阵，每一个数值都对应该位置的像素点的像素值大小，由此形成了一幅 28×28 像素的图片。Yann LeCun 使用 MNIST 做过测试，他首次提出了 CNN 的概念，并且用神经网络实现了 MNIST 数字识别的算法。

本章的实践“基于卷积神经网络的数据投毒攻击”将在 MNIST 数据集上进行。

3.2　实践 3-1　基于卷积神经网络的数据投毒攻击

扫码看视频

本实践主要是在 AlexNet 模型训练过程中对所使用的训练集进行投毒攻击（Poisoning Attack），即更改原始标签，从而降低模型检测的准确率。

3.2.1　投毒攻击概述

投毒攻击是一种对机器学习模型的安全攻击方法，特别是在模型训练阶段进行攻击。在这种攻击方式中，攻击者通过故意将恶意数据引入、修改或注入训练数据集中，试图影响模型的学习过程，使得模型在测试或实际应用时表现出预定的错误行为或降低模型的整体性能。这种攻击对于从外部收集数据进行训练的模型尤为危险，因为攻击者比较容易操纵这些数据，或者说攻击者已经对这些数据“投毒”。

卷积神经网络中的数据投毒流程如图 3-4 所示。

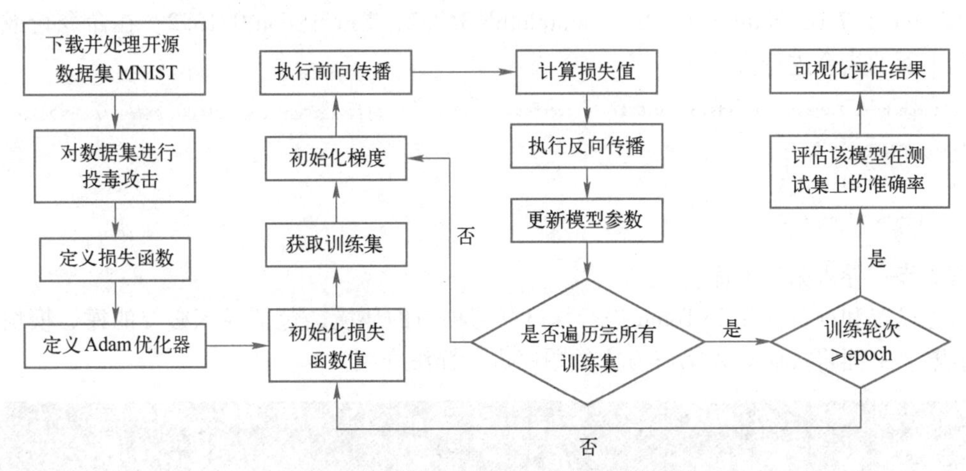

图 3-4　卷积神经网络中的数据投毒流程图

3.2.2 实践目的

1. 深入理解数据投毒攻击及其对模型的影响

探索如何通过在训练数据中故意添加错误标签或特征扰乱信息来实现数据投毒。评估投毒数据对 AlexNet 模型训练过程及最终性能的影响。

2. 了解 AlexNet 模型结构及其运作原理

研究 AlexNet 的网络结构，包括其卷积层、激活函数、池化层和全连接层的设计与作用。

3. 实践调整 AlexNet 模型参数以抵抗数据投毒

通过调整网络超参数（如学习率、批次大小、迭代次数）来优化模型的鲁棒性。

4. 可视化训练过程和评估模型性能

使用图像可视化技术来展示模型在训练过程中权重和特征的变化，并分析该模型应对数据投毒的性能。

3.2.3 实践环境

- Python 版本：3.9 或以上版本。
- 深度学习框架：PyTorch 1.7.0。
- 运行平台：PyCharm。
- 其他库版本：NumPy 1.24.3，Matplotlib 3.7.2，Torchvision 0.15.2（或更高版本）。
- 使用数据集：MNIST。
- 在 Windows 环境下的 PyCharm。

3.2.4 实践步骤

下面是使用卷积神经网络 AlexNet 模型的简化版对 MNIST 数据集中的数字进行识别，在 AlexNet 训练过程中对所使用的训练集进行投毒攻击，即更改原始标签，从而降低模型检测的准确率。具体的编程实践步骤如下。

第 1 步：访问 Python 官方网站下载并安装 Python 3.9 或以上版本。

第 2 步：安装实践环境。

PyTorch 1.7.0，NumPy 1.24.3，Matplotlib 3.7.2，Torchvision 0.15.2。在命令行或终端中使用下面的指令进行安装。

```
pip install torch==1.7.0+cpu torchvision==0.8.1+cpu torchaudio===0.7.0 -f https://download.pytorch.org/whl/torch_stable.html
pip install numpy==1.24.3
pip install matplotlib==3.7.2
pip install torchvision==0.15.2
```

第 3 步：导入第三方库。

首先设置和准备使用 PyTorch 进行深度学习项目的环境，包括导入必要的库、模块和数据加载器。下面将按照导入第三方库的顺序进行详细介绍。

```
import torch
import random
import torch.nn as nn
```

```
import torch.nn.functional as F
import numpy as np
import matplotlib.pyplot as plt
from torchvision import datasets
from torch.utils.data import DataLoader
from torch.utils.data import Subset
```

1）导入 PyTorch 库，用于构建和训练神经网络。PyTorch 是一个广泛使用的开源的机器学习库，适用于计算机视觉和自然语言处理等领域。它提供了强大的张量操作、自动微分系统和优化的深度学习模型。

2）导入 Python 的 random 模块，它提供了生成随机数的功能。

3）从 PyTorch 中导入 nn 模块，并将其重命名为 nn。nn 模块是 PyTorch 中定义神经网络的核心，包含了构建神经网络所需的所有组件，如层、激活函数等。

4）从 PyTorch 的 nn 模块中导入 functional 模块，并将其重命名为 F。F 模块包含了许多激活函数和损失函数的函数式接口，如 ReLU 和 softmax 等常用激活函数。

5）导入 NumPy 库，并将其重命名为 np。NumPy 是 Python 的一个库，提供了大量的数学函数处理以及高效的多维数组对象。

6）导入 Matplotlib 的 pyplot 模块，并将其重命名为 plt。Matplotlib 是 Python 的一个绘图库、数据可视化库，用于绘制图形。

7）从 Torchvision 库中导入 datasets 模块。Torchvision 是 PyTorch 的一个扩展库，提供了许多常用的数据集、模型架构和图像转换工具。datasets 模块包含了多个常用的数据集加载器，如 MNIST、CIFAR-10 等。

8）从 torch. utils. data 模块中导入 DataLoader。DataLoader 是一个方便的数据加载器，它封装了数据集的批处理、打乱、多线程加载等功能。

9）从 torch. utils. data 模块中导入 Subset。Subset 是一个用于从数据集中创建子集的类。它接收一个数据集和一个索引列表，然后基于这个索引列表来创建一个新的数据集，这个新的数据集只包含原始数据集中对应索引的元素。

第 4 步：定义 AlexNet 的网络结构。

AlexNet 特别针对处理 MNIST 数据集进行了调整，因为原始的 AlexNet 是为处理 227×227 像素的图像而设计的，而 MNIST 数据集中的图像大小是 28×28 像素。对于卷积层，定义了 5 个卷积层，逐渐增加过滤器数量（32、64、128、256），过滤器数量的增加使得网络能够捕捉更多的特征。对于池化层，定义了三个 2×2 的最大池化层，用于降低特征图的空间尺寸，减少参数数量，防止过拟合。对于激活函数，使用了三次激活函数，提高模型的非线性能力，有助于处理复杂的图像特征。对于全连接层，定义了三个全连接层。下面是对每层网络结构的详细解释。

```
class AlexNet(nn.Module):
    def __init__(self):
        super(AlexNet, self).__init__()

        self.conv1 = nn.Conv2d(1, 32, kernel_size=3, padding=1)
        self.pool1 = nn.MaxPool2d(kernel_size=2, stride=2)
        self.relu1 = nn.ReLU()

        self.conv2 = nn.Conv2d(32, 64, kernel_size=3, stride=1, padding=1)
        self.pool2 = nn.MaxPool2d(kernel_size=2, stride=2)
```

```
        self.relu2 = nn.ReLU()

        self.conv3 = nn.Conv2d(64, 128, kernel_size=3, stride=1, padding=1)
        self.conv4 = nn.Conv2d(128, 256, kernel_size=3, stride=1, padding=1)
        self.conv5 = nn.Conv2d(256, 256, kernel_size=3, stride=1, padding=1)
        self.pool3 = nn.MaxPool2d(kernel_size=2, stride=2)
        self.relu3 = nn.ReLU()

        self.fc6 = nn.Linear(256 * 3 * 3, 1024)
        self.fc7 = nn.Linear(1024, 512)
        self.fc8 = nn.Linear(512, 10)
```

1）定义了一个名为 AlexNet 的类，它继承自 nn. Module。在 PyTorch 中，所有的神经网络模块都应该继承自 nn. Module。并定义了类的初始化方法，当创建类的实例时会自动调用。最后，调用父类 nn. Module 的初始化方法，这是面向对象编程中的常见做法，以确保父类被正确初始化。

2）然后是卷积层 1、池化层 1 和 ReLu 激活函数 1。其中，卷积层 1 的输入通道为 1，输出通道为 32，卷积核大小为 3×3，填充 1。输入通道为 1，这是因为处理的是灰度图（MNIST 数据集），而灰度图只有一个通道。池化层 1 的池化窗口为 2×2，步长为 2。池化窗口在 2×2 的区域内选取最大值，缩小空间尺寸，减少参数量。步长为 2，意味着窗口每次移动 2 个像素，进行尺寸缩小。ReLU 激活函数将非线性引入模型，保持正值不变，负值为 0。

3）接着是卷积层 2、池化层 2 和 ReLu 激活函数 2。其中，卷积层 2 的输入通道为 32，输出通道为 64，卷积核大小为 3×3，填充 1。输入通道为 32 是因为上一层卷积的输出为 32 个特征图。池化层 2 与池化层 1 相同，继续进行特征图的降维处理。ReLU 激活函数用于提高非线性能力。

4）随后是卷积层 3、4、5，池化层 3，激活函数 3。通过卷积层 3、4、5 进一步增加卷积核的数量，使网络能够提取更多复杂的特征。然后继续通过 2×2 池化窗口和步长 2 对特征图进行降维，最后再次使用激活函数，提高模型的非线性能力。

5）第一个全连接层（fc6）有 1024 个神经元，它接收来自前面卷积层的所有特征，并将这些信息综合起来。第二个全连接层（fc7）进一步将特征数量减少到 512，继续合并特征信息。第三个全连接层（fc8）最终将 512 个特征减少到 10 个输出，这 10 个输出对应于 MNIST 数据集中的 10 个手写数字类别（0~9）。每个神经元输出的数值代表相应数字类别的预测得分。

第 5 步：定义 AlexNet 网络结构的前向传播函数。

定义网络的前向传播过程，输入数据 x 经过上述定义的多个卷积层、池化层和 ReLU 激活函数，然后将卷积层和池化层输出的特征图（x）展平为一个一维张量，以便可以输入到全连接层中得到最终的预测值。注意：在 PyTorch 中，不需要显式地定义反向传播逻辑，因为 nn. Module 基类已经提供了自动微分的功能。

```
    def forward(self, x):
        x = self.conv1(x)
        x = self.pool1(x)
        x = self.relu1(x)
        x = self.conv2(x)
        x = self.pool2(x)
        x = self.relu2(x)
```

```
        x = self.conv3(x)
        x = self.conv4(x)
        x = self.conv5(x)
        x = self.pool3(x)
        x = self.relu3(x)
        x = x.view(-1, 256 * 3 * 3)
        x = self.fc6(x)
        x = F.relu(x)
        x = self.fc7(x)
        x = F.relu(x)
        x = self.fc8(x)
        return x
```

第 6 步： 定义数据集子集选择函数。

数据集子集选择函数的目的是从一个给定的数据集（dataset）中随机选择一部分数据作为子集，并返回这个子集。这个函数接收两个参数：dataset 是要从中选择子集的数据集；而 ratio 是一个可选参数，用于指定要从原始数据集中选择的数据比例，默认为 1/10。下面是该函数内部的详细解释。

```
def select_subset(dataset, ratio=1/10):
    subset_size = int(len(dataset) * ratio)
    indices = np.random.choice(range(len(dataset)), subset_size, replace=False)
    return Subset(dataset, indices)
```

1）首先计算子集的大小（subset_size）。它通过 len(dataset)获取原始数据集的长度，然后将这个长度与 ratio 相乘，以计算出应该选择多少个数据项作为子集。由于 ratio 可能是一个浮点数，而子集的大小需要是一个整数，因此使用 int()函数对结果进行类型转换。

2）随后使用 NumPy 的 random. choice 函数从 range(len(dataset))中随机选择 subset_size 个不重复的索引。range(len(dataset))生成了一个从 0 到 len(dataset)-1 的整数序列，这些整数对应 dataset 中每个数据项的索引。subset_size 指定了要选择的索引数量，而 replace = False 参数确保了选出的索引是唯一的，即不会重复选择同一个数据项。

3）最后，这一行返回了一个 Subset 类的实例，该实例封装了原始数据集 dataset 和选出的索引 indices。

第 7 步： 定义展示正确分类的图片函数。

展示模型正确分类的图片，最多展示 num_images 张。若模型的预测值与标签匹配，则将其存储并绘制图像。以下是该函数内部的详细解释。

```
def plot_correctly_classified_images(model, dataset, device, num_images=10):
    model.eval()
    correctly_classified_imgs = []

    for img, label in dataset:
        img = img.type(torch.FloatTensor).unsqueeze(0).unsqueeze(0).to(device)
        with torch.no_grad():
            pred = model(img)
        pred_label = torch.argmax(pred).item()

        if pred_label == label:
            correctly_classified_imgs.append((img.cpu().squeeze(), label, pred_label))
            if len(correctly_classified_imgs) >= num_images:
                break

    plt.figure(figsize=(10, 10))
```

```
    for i, (img, true_label, pred_label) in enumerate(correctly_classified_imgs):
        plt.subplot(5, 2, i + 1)
        plt.imshow(img.numpy(), cmap='gray')
        plt.title(f"True: {true_label}, Pred: {pred_label}")
        plt.axis('off')
    plt.tight_layout()
    plt.show()
```

1）首先，定义了 plot_correctly_classified_images 函数，它接收 4 个参数：model（待评估的模型）、dataset（包含图像和标签的数据集）、device（模型和数据将要在其上运行的设备，如'cuda'或'cpu'），以及 num_images（可选参数，默认为 10，表示希望展示多少个正确分类的图像）。随后，将模型设置为评估模式，这对于某些模型（如包含 Dropout 和 BatchNorm 层的模型）很重要，因为它们在训练和评估模式下的行为是不同的。最后，初始化一个空列表，用于存储正确分类的图像、真实标签和预测标签。

2）循环遍历数据集中的每个图像和标签，对于数据集中的每一对图像和标签，执行以下操作：首先，将图像转换为 FloatTensor 类型，增加两个维度以匹配模型期望的输入形状并将图像和数据标签转移到指定的 device 上。随后，使用 torch. no_grad( ) 上下文管理器来禁用梯度计算，并将处理后的图像传递给模型进行预测。最后，使用 torch. argmax( ) 获取预测概率最高的索引作为预测标签。

3）将获取的预测标签与真实标签进行比较。如果两者相等，则认为该图像被正确分类，则将从 GPU 转移到 CPU 并去除之前添加的维度，与真实标签和预测标签一起添加到 correctly_classified_imgs 列表中。最后，如果已收集到的正确分类图像数量达到了 num_images 指定的数量，则退出循环。

4）创建一个 matplotlib 图形，遍历 correctly_classified_imgs 列表，并使用 plt. subplot 在图形中为每个图像创建一个子图，使用 plt. imshow 显示图像，使用 plt. title 设置子图的标题以显示真实标签和预测标签，使用 plt. axis('off') 关闭坐标轴。最后，使用 plt. tight_layout( ) 调整子图参数以充分利用图形空间，并使用 plt. show( ) 显示图形。

第 8 步：定义展示错误分类的图片函数。

类似于展示正确分类的图片函数，只是 for 循环中的 if 判断条件不同，所以这里就不过多解释。

```
def plot_misclassified_images(model, dataset, device, num_images=10):
    model.eval()
    misclassified_imgs = []

    for img, label in dataset:
        img = img.type(torch.FloatTensor).unsqueeze(0).unsqueeze(0).to(device)
        with torch.no_grad():
            pred = model(img)
        pred_label = torch.argmax(pred).item()

        if pred_label != label:
            misclassified_imgs.append((img.cpu().squeeze(), label, pred_label))
            if len(misclassified_imgs) >= num_images:
                break

    plt.figure(figsize=(10, 10))
    for i, (img, true_label, pred_label) in enumerate(misclassified_imgs):
        plt.subplot(5, 2, i + 1)
        plt.imshow(img.numpy(), cmap='gray')
```

```
        plt.title(f"True: {true_label}, Pred: {pred_label}")
        plt.axis('off')
    plt.tight_layout()
    plt.show()
```

第 9 步：定义投毒攻击函数。

投毒攻击函数的主要目的是从一个完整的数据集（full_dataset）中根据给定的训练集索引（trainset. indices）和投毒比例（ratio）来分割出一个投毒训练集（poison_trainset）和一个干净的训练集（clean_trainset）。以下为该函数内部的详细解释。

```
def fetch_datasets(full_dataset, trainset, ratio):
    character = [[] for i in range(len(full_dataset.classes))]
    for index in trainset.indices:
        img, label = full_dataset[index]
        character[label].append(img)

    poison_trainset = []
    clean_trainset = []
    target = 0
    for i, data in enumerate(character):
        num_poison_train_inputs = int(len(data) * ratio[0])
        for img in data[:num_poison_train_inputs]:
            # 对投毒样本添加标签
            target = random.randint(0,9)  # i 是当前样本的原始标签
            poison_img = img
            poison_img = torch.from_numpy(np.array(poison_img) / 255.0)
            poison_trainset.append((poison_img, target))
        for img in data[num_poison_train_inputs:]:
            # 干净数据集标签不变
            img = np.array(img)
            img = torch.from_numpy(img/255.0)
            clean_trainset.append((img, i))

    result_datasets = {}
    result_datasets['poisonTrain'] = poison_trainset
    result_datasets['cleanTrain'] = clean_trainset
    return result_datasets
```

1）定义 fetch_datasets 函数，它接收三个参数：full_dataset（一个完整的数据集）、trainset（一个包含训练集索引的对象）、ratio（投毒比例）。随后初始化一个列表 character，其长度与 full_dataset 中的类别数相同。每个元素都是一个空列表，用于存储对应类别的图像。

2）遍历 trainset. indices 中的每个索引，从 full_dataset 中获取相应的图像和标签，并将图像根据标签添加到 character 列表对应类别的子列表中。

3）初始化两个空列表 poison_trainset 和 clean_trainset，分别用于存储投毒的训练样本和干净的训练样本。target 变量用于临时存储投毒样本的目标标签。

4）外层循环遍历 character 列表，i 是当前类别的索引，data 是该类别下的所有图像。外层循环计算当前类别下应该有多少图像被用作投毒样本。

5）随后一个内层循环是对投毒样本添加标签，遍历前 num_poison_train_inputs 个图像，将它们转换为 PyTorch 张量（需要先转换为 NumPy 数组，然后除以 255. 0 进行归一化），并随机分配一个新的标签。然后将处理后的图像和随机标签添加到 poison_trainset 中。

6）另一个内层循环对干净数据集的标签保持不变。对于剩余的图像（即未用作投毒样

本的图像），将它们转换为 PyTorch 张量（同样进行归一化处理），并使用它们原始的标签（i）作为标签，然后添加到 clean_trainset 中。

7）将投毒训练集和干净训练集存储在一个字典 result_datasets 中，并返回这个字典。这样，调用者就可以通过键名'poisonTrain'和'cleanTrain'来访问相应的数据集。

第 10 步：定义投毒比例。

clean_rate 和 poison_rate 分别表示干净样本和投毒样本的比例。这里设置 clean_rate = 1 表示所有样本为干净数据，poison_rate = 0 表示没有投毒样本。在后续实践中会改变这个比例的数值进行对比。

第 11 步：获取训练集数据。

从 MNIST 数据集中获取训练集，并通过特定方式处理这些训练数据以生成带有投毒样本（Poison Samples）和干净样本（Clean Samples）的训练集，具体步骤如下。

首先，使用 torchvision. datasets 中的 MNIST 类下载并加载 MNIST 训练数据集。root 参数指定了数据集的下载和存储位置，download = True 表示如果数据集不存在则下载，train = True 表示加载的是训练集。然后，调用刚刚定义的 select_subset 函数，从完整训练集中随机选择部分数据作为子集。随后，调用刚刚定义的 fetch_datasets 函数将选出的训练集数据分为投毒数据集和干净数据集，并分别存储投毒样本和干净样本。由于这里 poison_rate = 0，因此所有训练样本都为干净数据，这个投毒比例在后续实践中会进行调整。最后，将投毒数据集和干净数据集合并为最终的训练集。

```
trainset_all = datasets.MNIST(root="../data", download=True, train=True)
trainset = select_subset(trainset_all)
all_datasets = fetch_datasets(full_dataset=trainset_all, trainset=trainset, ratio=[poison_rate, clean_rate])
poison_trainset = all_datasets['poisonTrain']
clean_trainset = all_datasets['cleanTrain']
all_trainset = poison_trainset.__add__(clean_trainset)
```

第 12 步：获取测试集数据。

从 MNIST 数据集中获取测试集，并对这些测试数据进行预处理，以生成一个干净的测试集 clean_testset，具体步骤如下。

```
clean_test_all = datasets.MNIST(root='../data', download=True, train=False)
clean_test = select_subset(clean_test_all)
clean_testset = []
for img, label in clean_test:
    img = np.array(img)
    img = torch.from_numpy(img/255.0)
    clean_testset.append((img, label))
```

首先，加载 MNIST 测试集。如果数据集不存在，则下载。再次调用 select_subset 函数，但这次是对测试集进行操作，以选择一个子集作为 clean_test。接下来，循环遍历 clean_test 中的每个图像和标签，将图像转换为 NumPy 数组，然后转换为 PyTorch 张量（通过除以 255. 0 进行归一化），并将处理后的图像和标签添加到 clean_testset 列表中。

第 13 步：定义数据加载器。

使用 torch. utils. data. DataLoader 创建一个数据加载器，用于在训练过程中批量加载 all_ trainset 中的数据。batch_size = 64 表示每个批次包含 64 个样本，shuffle = True 表示在每个 epoch 开始时打乱数据。

```
trainset_dataloader = DataLoader(dataset=all_trainset, batch_size=64, shuffle=True)
```

第 14 步： 实例化模型。

首先，控制台输出一条消息，表明程序开始执行一个与模型“投毒”相关的操作。然后，指定训练设备，如果系统支持 CUDA（GPU 加速），则使用 GPU，否则使用 CPU。最后，实例化之前定义的 AlexNet 模型，并将其移动到指定设备（CPU 或 GPU）上。

```
print("开始对模型投毒.......................")
device = torch.device("cuda") if torch.cuda.is_available() else torch.device("cpu")
net = AlexNet().to(device)
```

第 15 步： 选择模型的损失函数和优化器。

首先，创建一个交叉熵损失函数的实例，并将其移动到指定的设备上。交叉熵损失函数是分类任务中常用的损失函数，它衡量了模型预测的概率分布与真实标签的概率分布之间的差异。将损失函数移动到与模型相同的设备上是为了确保在计算损失时，模型输出和真实标签都在同一个设备上，从而避免不必要的设备间数据传输。然后，创建一个 Adam 优化器的实例，用于在训练过程中更新模型的参数。net. parameters( ) 用于返回模型的所有可训练参数，而 lr=0. 001 设置了学习率，即参数更新的步长。Adam 是一种基于梯度下降的优化算法，通常能够更快地收敛并达到更好的优化效果。

```
loss_fn = torch.nn.CrossEntropyLoss().to(device)
optimizer = torch.optim.Adam(net.parameters(), lr=0.001)
```

第 16 步： 准备训练，定义训练所需的参数及列表。

clean_acc_list 用于记录每个 epoch 之后的测试集准确率。clean_correct 用于记录模型对干净测试样本的正确预测数量。随后，设置训练的 epoch 数为 2，在后续实践中会修改这个轮次数的值。最后，打开一个名为 training_log. txt 的文件，用于记录训练过程中的损失值。

```
clean_acc_list = []
epoch = 2
clean_correct = 0
file = open("training_log.txt", "w")
```

第 17 步： 开始模型循环训练。

在一个深度学习训练循环中，通过迭代训练数据集（通过 trainset_dataloader 提供）来训练一个之前定义好的神经网络（net）。具体来说，它执行了以下步骤。

```
for epoch in range(epoch):
    running_loss = 0.0
    for index, (imgs, labels) in enumerate(trainset_dataloader, 0):
        imgs = imgs.unsqueeze(1)
        imgs = imgs.type(torch.FloatTensor)
```

```
        imgs, labels = imgs.to(device), labels.to(device)
        optimizer.zero_grad()
        outputs = net(imgs)
        loss = loss_fn(outputs, labels)
        loss.backward()
        optimizer.step()
        running_loss += loss.item()

    print("Epoch: {}, loss: {}".format(epoch + 1, running_loss))
    file.write("Epoch: " + str(epoch + 1) + ", loss: " + str(running_loss) + "\n")
    file.flush()
```

1）外层循环遍历指定的训练轮次（epoch），并计算每个epoch的损失：在每个epoch开始时，将running_loss初始化为0.0，用于累加该epoch中所有批次（batch）的损失。

2）内层循环遍历trainset_dataloader中的每一个批次的数据（图像和标签）。随后，获取输入数据，并将图像和标签转换为浮点数张量，并将它们移动到指定的设备上（GPU或CPU）。再将梯度清零，以防止梯度累积，为反向传播做准备。随后，进行前向传播，将图像数据输入到模型中，得到输出，并计算输出与真实标签之间的损失。然后，进行反向传播，计算梯度，并根据梯度更新模型参数。最后将当前批次的损失值累加到running_loss上。

3）输出损失并记录日志。每个epoch结束后，打印当前epoch的总损失值，将其写入日志文件training_log.txt，并通过file.flush()确保信息被立即写入磁盘，而不是留在缓冲区中。

第18步：在循环体外部测试样本准确率。

初始化正确计数，clean_correct置为0，用于记录模型在干净样本上正确预测的数量。具体识别过程如下：首先，通过模型net(img)获取对当前图像的预测；然后，获取最高预测，使用torch.argmax(pred)从模型的输出中提取预测的类别，这表示模型认为最可能的类别；随后，进行正确性检查，如果预测的类别（top_pred.item()）与真实标签相匹配，则clean_correct计数器加1。在遍历完所有测试样本后，计算模型在干净样本上的准确率（准确率是正确预测的数量除以测试集总数）。

```
print("测试每一轮干净样本准确率: Epoch " + str(epoch + 1) + " ------------------")
clean_correct = 0
for img, label in clean_testset:
    img = img.type(torch.FloatTensor)
    img = img.unsqueeze(0).unsqueeze(0).to(device)
    pred = net(img)
    pred = torch.reshape(pred, (10,))
    top_pred = torch.argmax(pred)
    if top_pred.item() == label:
        clean_correct += 1
clean_acc = clean_correct / len(clean_testset) * 100
clean_acc_list.append(clean_acc)
print("干净样本准确率为: " + str(clean_acc) + '%\n')
```

第19步：可视化正确、错误分类图片并关闭文件。

调用之前定义的函数，分别展示模型分类正确和错误的样本图片，并关闭training_log.txt文件。

```
    plot_misclassified_images(net, clean_testset, device)
    plot_correctly_classified_images(net, clean_testset, device, num_images=10)

file.close()
```

第 20 步： 可视化测试结果。

使用 Matplotlib 库绘制一个关于模型在训练过程中准确率的折线图。首先，设置 Matplotlib 的一些全局参数，以确保图表中的字体大小、字体类型以及如何处理 Unicode 符号都符合需求。接着，创建一个大小为 10×6 英寸的图形窗口，并在这个窗口中绘制一条折线图，该图用于展示随着训练轮次（epoch）的增加，模型在干净数据集上的准确率（Accuracy）如何变化。折线图的横轴代表训练轮次，纵轴代表准确率，并且设置了纵轴的范围为 0~100%。图表的标题包含投毒比例的信息。此外，还添加了图例、网格线，最后通过 plt. show( )显示这张图表。

```
plt.rcParams['font.size'] = 16
plt.rcParams['font.sans-serif'] = ['SimHei']
plt.rcParams['axes.unicode_minus'] = False
plt.figure(figsize=(10, 6))
plt.plot(range(1, len(clean_acc_list) + 1),
         clean_acc_list, label='Accuracy', marker='o', linestyle='-')
plt.title(f'投毒比例={poison_rate}')
plt.xlabel('训练轮数（epoch）')
plt.ylabel('准确率（%）')
plt.ylim(0, 100)
plt.legend()
plt.grid(True)
plt.show()
```

3. 2. 5　实践要求

在编程实践过程中，需要注意以下事项。

1）要求修改投毒样本的比例，分别为 0%、50%、100%，绘制相应的折线图。

2）要求修改投毒策略，例如，将原有的标签修改为该标签的下一位数字（0→1，…，9→0），修改后对比变化。

3）要求修改 Adam 优化器中的学习率，观察不同学习率得到的准确率有何不同。

4）要求按照准确率折线图的标准，绘制损失函数的折线图，横坐标为训练轮次（epoch），纵坐标为损失值。

5）（拓展）修改 epoch 寻找最优模型。

3. 2. 6　实践结果

1. 检测结果示例

投毒前检测结果如图 3-5 所示。当模型的学习率 lr = 0. 001，投毒样本比例为 50%，训练轮次为 20 时，训练得到的检测结果示例如图 3-6 所示。

2. 修改投毒样本比例

修改投毒样本的比例，分别为 0%、50%、100%，绘制相应的折线图。

修改代码中 clean_rate 和 poison_rate 的值，使投毒样本所占比例达到 0%、50%、100%。

修改完成后运行程序，在三个比例下生成的折线图分别如图 3-7、图 3-8 和图 3-9 所示。

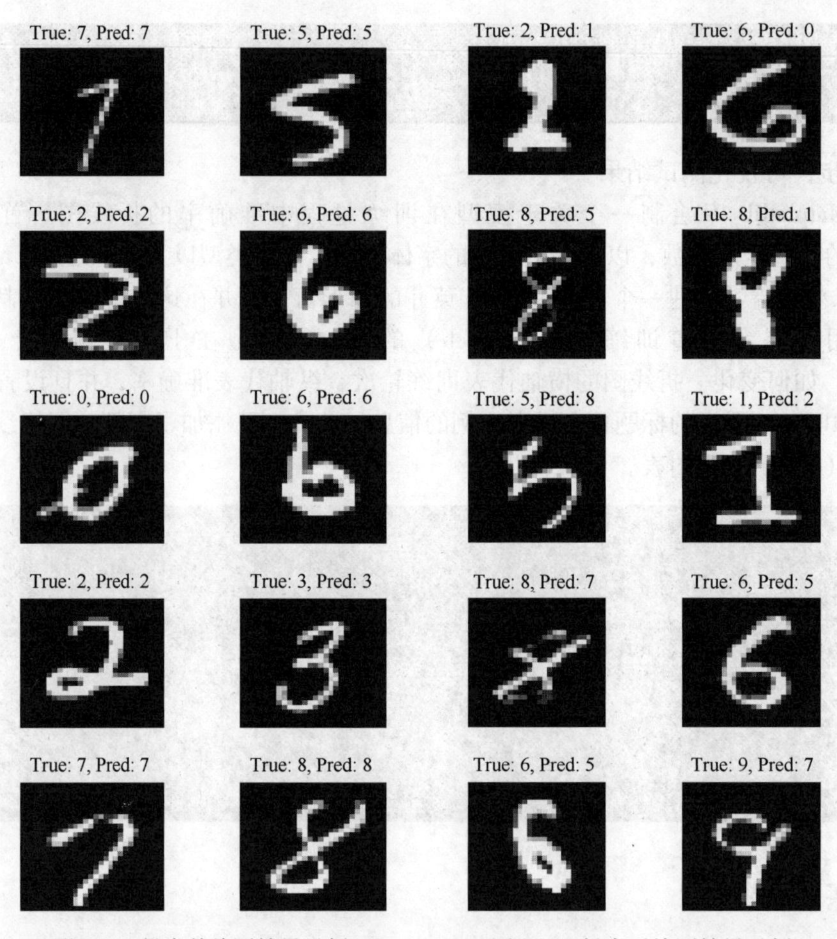

图 3-5　投毒前检测结果示例　　　图 3-6　投毒后检测结果示例

```
# 投毒比例
clean_rate = 0.5
poison_rate = 0.5
```

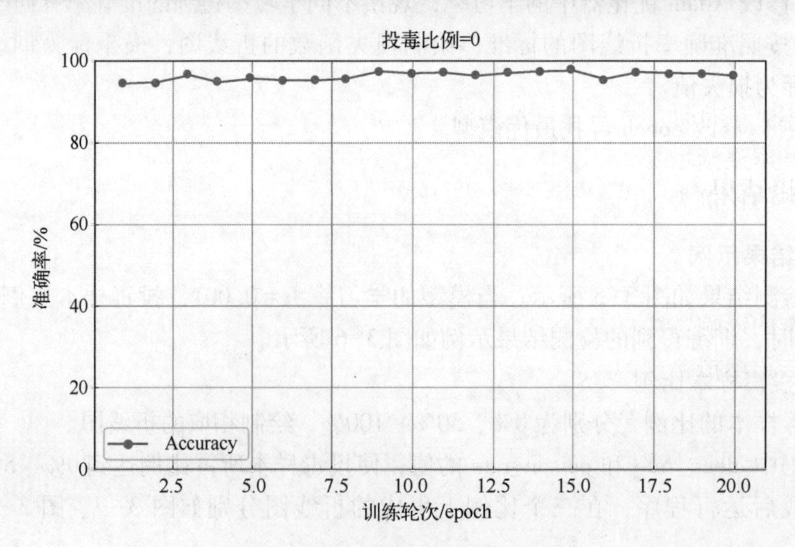

图 3-7　投毒样本的比例为 0%

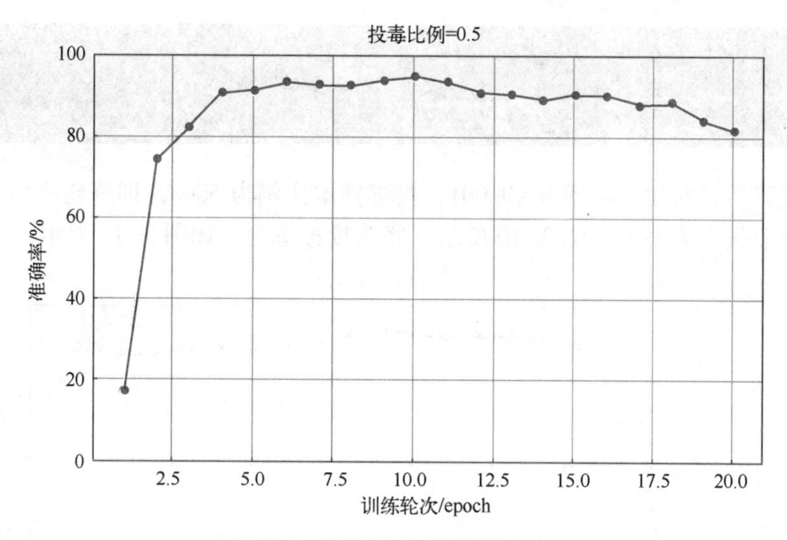

图 3-8　投毒样本的比例为 50%

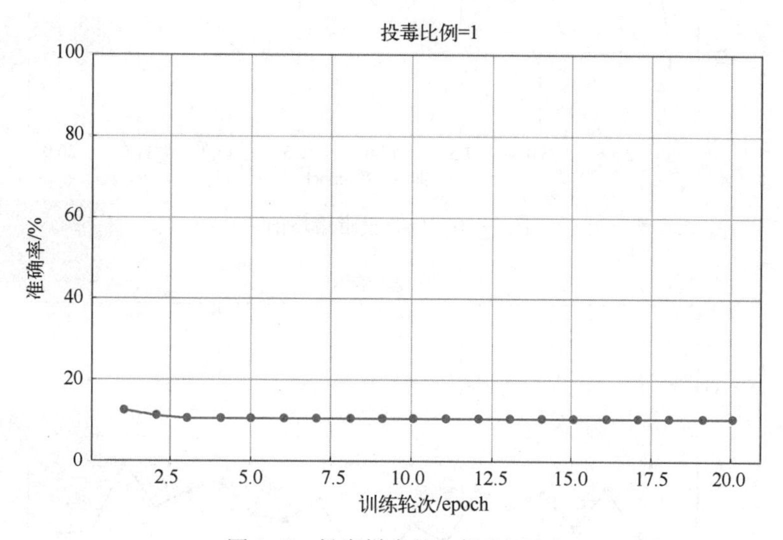

图 3-9　投毒样本的比例为 100%

投毒样本的比例为 0%时，随着训练轮次的增加，模型的准确率在逐步提升。因为模型只在干净样本上进行训练，没有受到投毒样本的影响，模型逐渐学习到了数据的特征和规律，因此准确率逐渐增加。

投毒样本的比例为 50%时，在训练数据集中，有 50%的数据被“投毒”或修改过，以模拟某种形式的噪声或干扰。这将导致模型准确率随着 epoch 的增加逐渐增加而后降低。

投毒样本的比例为 100%时，准确率在训练过程中基本保持不变，这表明模型受到了大量的投毒样本的影响。投毒样本的标签与其图像并不匹配，可能导致模型学习到错误的特征或规律，无法正确拟合训练数据，因此准确率保持在 15%以下。

3. 修改投毒策略

将原有的标签修改为该标签的下一位数字（0→1,…,9→0），修改后对比变化。修改代码中对投毒样本添加标签的策略，将原来“随机添加标签”的策略修改为“将投毒样本的标签改为正确标签的下一位数字”。

```
for img in data[:num_poison_train_inputs]:
    # 对投毒样本添加标签
    # target = random.randint(0, 9)  # i 是当前样本的原始标签
    target = (i + 1) % 10
```

修改完代码后，对比学习率 lr=0.001，投毒样本比例为 50%，训练轮次为 20 的准确率曲线变化，修改投毒策略前如图 3-10 所示，修改投毒策略后如图 3-11 所示。

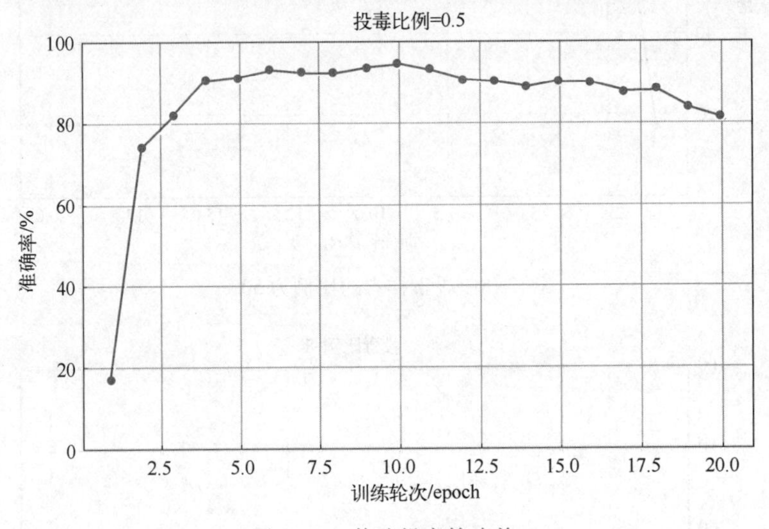

图 3-10　修改投毒策略前

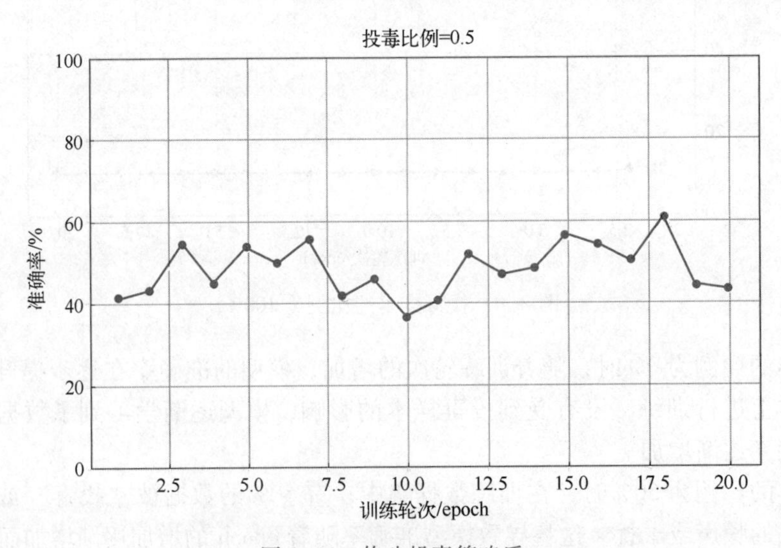

图 3-11　修改投毒策略后

当投毒样本的比例为 50%时，随着 epoch 的增加，模型准确率在 50%上下不断摇摆。对比修改投毒策略前，投毒效果明显增强，模型的准确率明显下降。在训练过程中，模型会尝试适应投毒样本，但由于标签的错误导致模型学习到错误的特征。而将原来“随机添加标签”的投毒策略修改为“将投毒样本的标签改为正确标签的下一位数字”，更容易使模型学习到错误的特征，从而影响模型，在模型判别过程中，将一个数字误导为另一个数字，导致模型在预测时产生错误。所以修改投毒策略为“将投毒样本原有的标签改为正确标签的下

一位数字”后，投毒效果明显增强。

4. 修改 Adam 优化器中的学习率

修改 Adam 优化器中的学习率，观察不同学习率得到的准确率有何不同。

修改代码中有关 Adam 优化器的参数，将学习率由 0.001 改为 0.01。

```
# 使用带有动量的Adam优化器对模型优化
optimizer = torch.optim.Adam(net.parameters(), lr=0.01)
```

修改完代码后，观察投毒样本比例为 50%，训练轮次为 20 的准确率曲线变化。修改学习率前的准确率曲线如图 3-12 所示，修改学习率后的准确率曲线如图 3-13 所示。

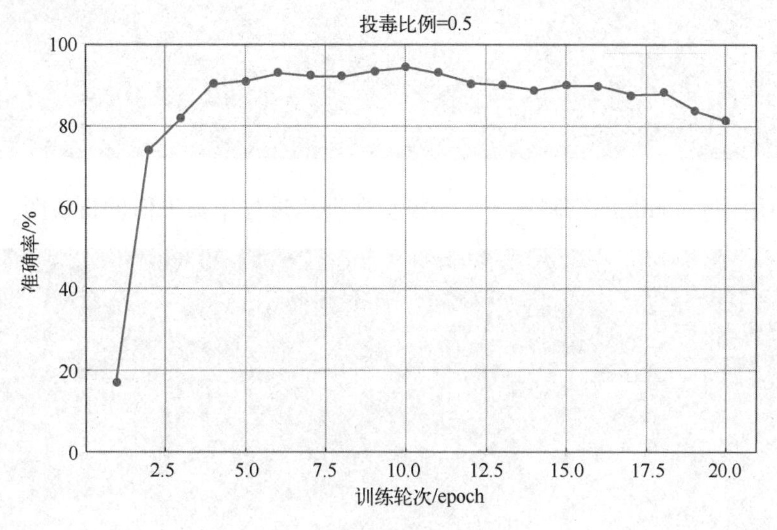

图 3-12　修改学习率前

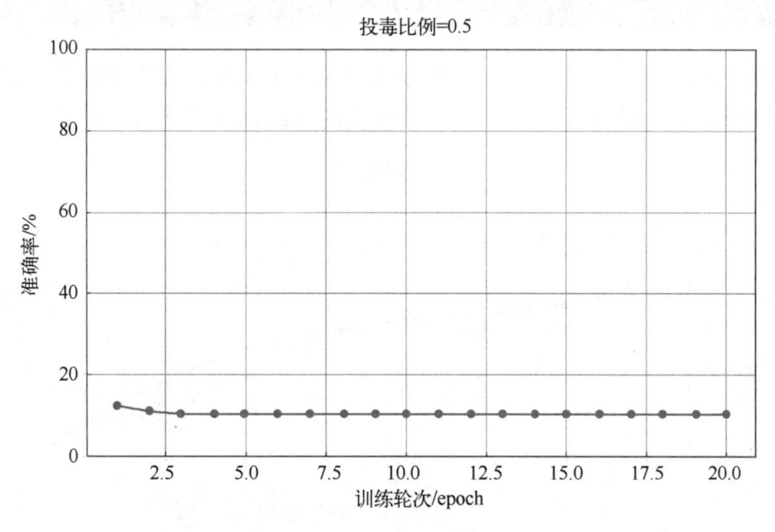

图 3-13　修改学习率后

修改 Adam 优化器中的学习率后，发现模型的准确率明显下降。这个过程中可能出现过拟合现象，模型在训练集上学习到数据中的噪声和随机变化，导致其在未见过的数据上表现不佳。当学习率过高时，模型参数的更新可能会过于迅速，使得模型过度拟合训练集数据。

在这种情况下，模型对训练数据的学习过于深入，反而忽略了数据的普遍特征，导致泛化性能较差。

5. 绘制损失函数的折线图

添加一个空列表 loss_list，用于存储每个 epoch 的损失值。

```
loss_list = []  # 存储每个epoch的损失值
```

在每个 epoch 的循环内部，记录每个 epoch 的损失值 running_loss 并将其添加到 loss_list 中。

```
    # 输出每一轮loss值
    print("Epoch: {}, loss: {}".format(epoch+1, running_loss))

    loss_list.append(running_loss)  # 记录损失值
```

最后，使用 Matplotlib 库绘制一个关于模型在训练过程中损失值的折线图。

```
plt.rcParams['font.size'] = 16
plt.rcParams['font.sans-serif'] = ['SimHei']
plt.rcParams['axes.unicode_minus'] = False
plt.figure(figsize=(10, 6))
plt.plot(range(1, len(loss_list) + 1),
        loss_list, label='Loss', marker='o', linestyle='-')
plt.title(f'投毒比例={poison_rate}')
plt.xlabel('训练轮数（epoch）')
plt.ylabel('损失值')
plt.ylim(0, max(loss_list) * 1.1)
plt.legend()
plt.grid(True)
plt.show()
```

修改完成后运行程序，查看 Adam 优化器学习率为 0.001，投毒策略仍为随机添加标签，投毒样本比例为 50%，训练轮次为 20 时程序生成的折线图如图 3-14 所示。

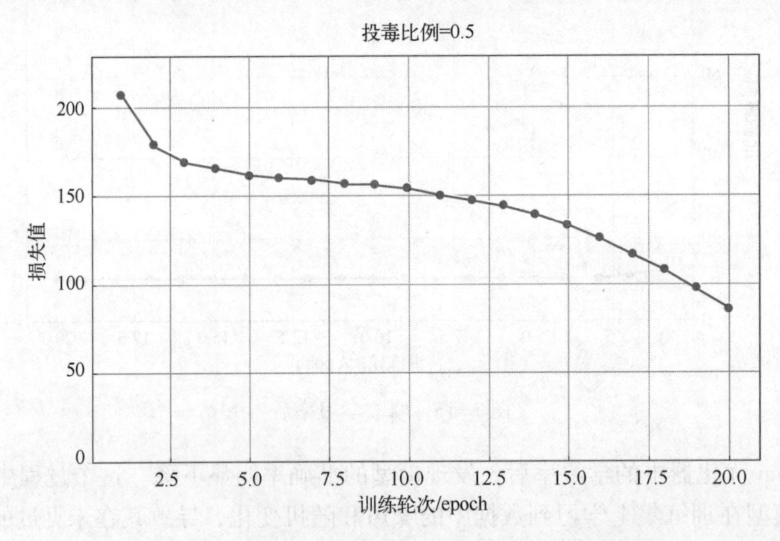

图 3-14　投毒样本的比例为 50%时的损失值折线图

投毒样本比例为 50%时，损失值同样随着 epoch 的增加而逐渐减小，但损失值减小的速度以及程度不是很理想，这是由于投毒样本的存在可能导致模型在学习过程中受到噪声干扰，使得损失值的下降速度稍慢。而且也表明模型受到了大量的投毒样本的影响，投毒样本的标签与其图像并不匹配，可能导致模型学习到错误的特征或规律，无法正确拟合训练数据，因此损失值无法有效降低。

6. 修改 epoch 寻找最优模型

在 epoch 不断增加的过程中，准确率逐渐上升直到稳定，损失值不断下降直到稳定的临界点就是 epoch 的最优值。故增加 epoch 值到 60，运行程序，查看生成的准确率折线图（见图 3-15）和损失值折线图（见图 3-16）。

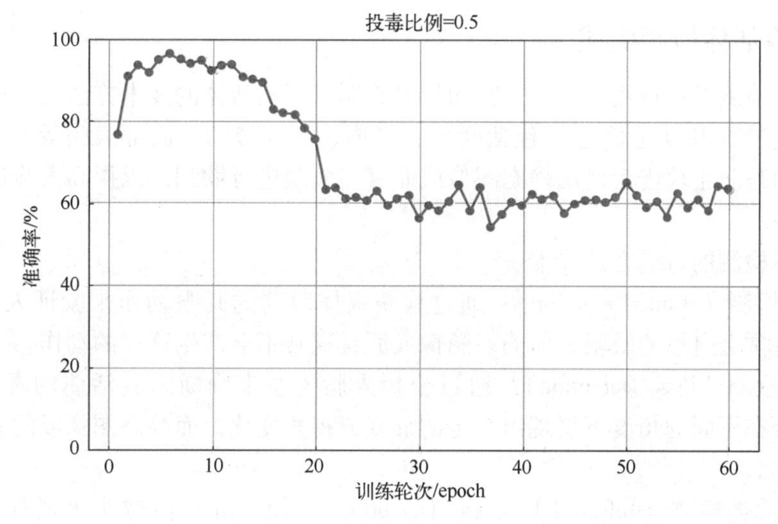

图 3-15　准确率

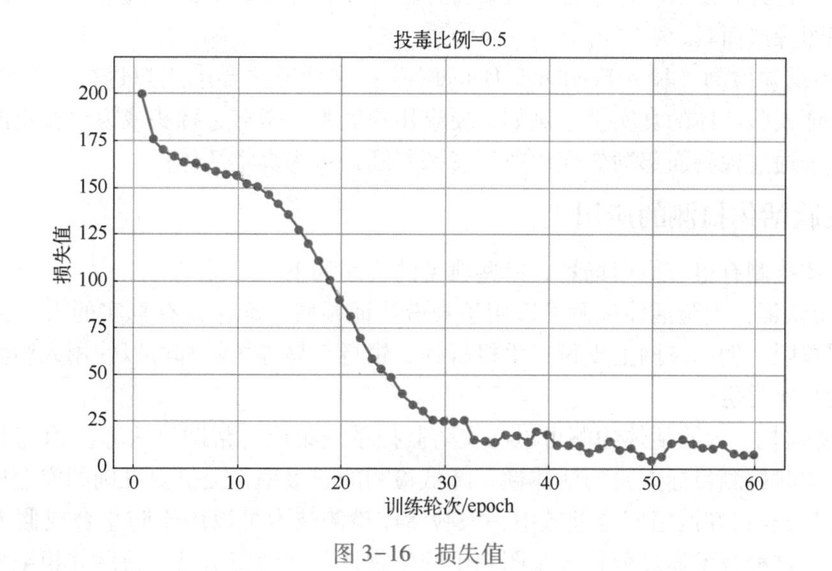

图 3-16　损失值

可以看到，投毒比例为 50%时，模型在 epoch 为 23 时准确率已经趋于稳定了，在 epoch 为 45 时损失值也趋于稳定，故 epoch 为 45 左右可以满足投毒样本比例在 50%时模型最优（即最优训练轮次）。

3.2.7 参考代码

本实践的 Python 语言参考源代码见本书的配套资源。

3.3 实践 3-2 基于卷积神经网络的人脸活体检测

扫码看视频

传统的人脸识别方法通常只对静态的人脸图像进行识别，这种方法容易受到欺骗攻击，如使用照片、视频或面具等进行伪造。为了解决这个问题，人脸活体检测（Face Liveness Detection）技术应运而生。本实践讲述如何使用卷积神经网络来实现人脸的活体检测。

3.3.1 人脸活体检测概述

人脸活体检测是一种用于验证人脸图像是否属于真实活体的技术方法，其通过分析人脸图像中的生物特征和动态信息（包括眨眼、张嘴、头部转动、面部表情等）来进行判断。它的主要目的是防止攻击者使用静态图像或非真实人脸进行欺骗，以提高人脸识别系统的安全性和准确性。

人脸活体检测的常见方法如下。

1）眨眼检测（Blink Detection）：通过检测人体眼睛的眨眼动作来验证人脸的活体性。真实的人脸经常会自然地眨眼，而静态图像或面具通常不会产生这样的动作。

2）姿态检测（Pose Detection）：通过分析人脸姿态来判断人脸活体的真实性。例如，真实的人脸会在不同的角度下呈现出一定的形变或视角变化，而静态图像或面具则往往无法模拟这种变化。

3）红外活体检测（Infrared Liveness Detection）：使用红外摄像头来捕捉人脸的图像，并检测是否存在红外反射。由于红外反射特征往往只存在于真实的人脸活体中，因此可以用来区分静态图像或面具。

4）活体反馈检测（Live Feedback Detection）：这种方法要求用户进行一些特定的动作或交互来验证人脸活体的真实性。例如，要求用户眨眼、微笑、摇头或说出特定的词语，这种方法主要是通过检测面部动作变化或声音来判断是否为真实活体。

3.3.2 人脸活体检测的应用

人脸活体检测有很多应用场景，一些典型的应用如下。

1）身份认证：人脸活体检测可以用于身份认证领域，确保只有真实的人脸活体才能获得授权访问权限。例如，网上支付、手机解锁、银行交易等场景都可以使用人脸活体检测来确认用户的真实身份。

2）安防监控：人脸活体检测可以与安防监控系统集成，帮助执法部门识别和追踪可疑人员。通过实时检测目标人脸的活体性，降低检测的误报率，提供更准确的安全监控。

3）网络安全：在网络安全领域中，人脸活体检测技术可以用于防止合成假人脸而进行的欺骗攻击。这种技术通过分析人脸图像中的生物特征和动态信息，检测并拒绝使用合成人脸图像进行身份认证。

3.3.3 实践目的

1）理解 VGG 模型结构及其运作原理。研究 VGG 模型的网络结构，包括其卷积层、激活函数、池化层和全连接层的设计与作用。

2）设计卷积神经网络训练流程。

3）理解人脸活体检测的基本原理，完成程序设计。

3.3.4　实践架构

人脸活体检测的整体架构如图 3-17 所示，主要分为 4 个阶段。

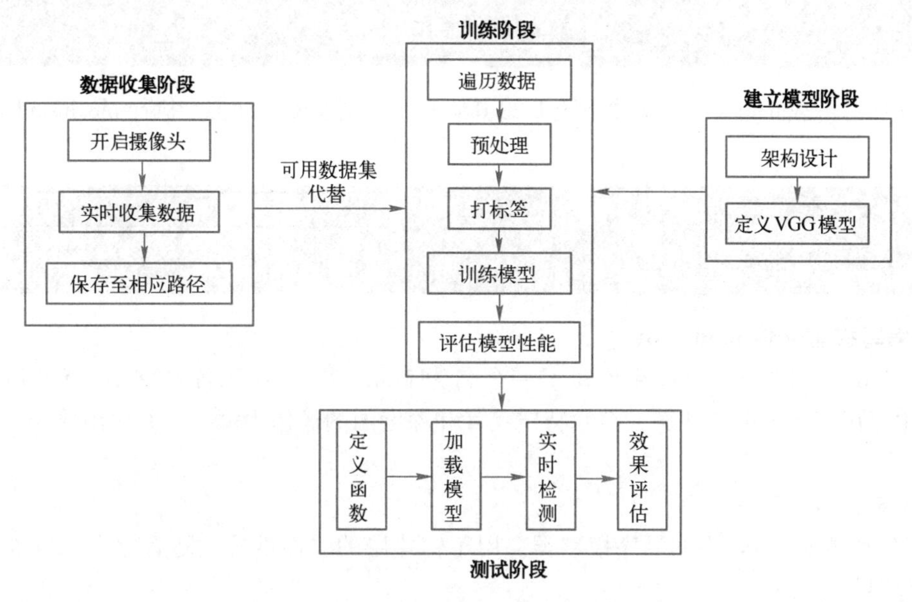

图 3-17　人脸活体检测的整体架构

第 1 阶段：数据收集阶段。这个阶段主要是收集相关的检测数据，用来训练相关的人脸活体检测方法。检测数据可以是已有的数据集，也可以来自实时数据（这个主要依靠开启摄像头来收集）。

第 2 阶段：建立模型阶段。这个阶段主要是对人脸活体检测的架构进行设计，定义 VGG 模型。

第 3 阶段：训练阶段。这个阶段主要是利用收集到的数据来对设计的算法进行训练。主要内容包括遍历数据、预处理、打标签、训练模型、评估模型性能等。

第 4 阶段：测试阶段。这个阶段主要包括定义函数、加载模型、实时检测、效果评估。

3.3.5　实践环境

- Python 版本：3.9 或更高版本。
- 深度学习框架：TensorFlow 2.4.1。
- 其他库版本：Imutils 0.5.4，Keras 2.4.3，h5py 2.10.0，Scikit-Learn。
- OpenCV-Python。
- 运行平台：VSCode。

3.3.6　实践步骤

1. 导入库文件 requirements.txt

第 1 步： 执行命令 pip config set global.index-url https://mirrors.aliyun.com/pypi/simple/。

```
p01> pip config set global.index-url https://mirrors.aliyun.com/pypi/simple/
Data\Roaming\pip\pip.ini
```

第 2 步：下载相关库文件，执行 pip install -r requirements. txt。

```
(exp1) PS D:\Coding\python\exp01\pythonProject> pip install -r requirements.txt
Looking in indexes: https://mirrors.aliyun.com/pypi/simple/
Requirement already satisfied: absl-py==0.15.0 in d:\codinghelpers\anaconda3\envs\ex
Requirement already satisfied: astunparse==1.6.3 in d:\codinghelpers\anaconda3\envs\
```

第 3 步：下载 numpy 包，需要下载 1. 20. 0 版本，否则有依赖冲突。执行 pip install numpy = 1. 20. 0。

```
(exp1) PS D:\Coding\python\exp01\pythonProject> pip install numpy==1.20.0
Looking in indexes: https://mirrors.aliyun.com/pypi/simple/
Requirement already satisfied: numpy==1.20.0 in d:\codinghelpers\anaconda3\envs\e
```

2. 编写模型文件 model. py

model. py 文件使用 Keras 库构建了一个名为 MiniVGG 的卷积神经网络（CNN）模型。该模型主要用于图像分类任务，接收特定尺寸和深度的图像作为输入，并输出属于不同类别的概率。

第 1 步：导入第三方库。

1）分别导入 Keras 中的顺序模型类，用于构建层的线性堆叠，随后导入二维卷积层和最大池化层。

```
from keras.models import Sequential
from keras.layers.convolutional import Conv2D,MaxPooling2D
```

2）导入批量归一化层，用于加速模型训练和提高模型性能，最后导入 Keras 的后端模块，用于处理不同的后端（如 TensorFlow、Theano 等）特定的操作。

```
from keras.layers import BatchNormalization
from keras.layers.core import Activation,Dropout,Flatten,Dense
from keras import backend as K
```

第 2 步：定义 MiniVGG 模型函数。

1）这是一个 MiniVGG 函数定义，接收图像的宽度、高度、深度（通道数）和分类的类别数作为参数。随后创建一个 Sequential 模型实例，初始化输入数据的形状为（height, width, depth），这里 height 表示图像高度，width 表示图像宽度，depth 表示图像通道数。最后，将 chanDim 初始化为-1，用于指定通道维度的索引。

```
2 usages  new *
def MiniVGG(width, height, depth, classes):
    model = Sequential()
    inputS = (height, width, depth)
    chanDim = -1
```

2）判断 Keras 的图像数据格式是否为 channels_first。如果是，那么输入数据的形状应该是（depth，height，width），并且 chanDim 的值会根据情况调整。

```
if (K.image_data_format() == "channels_first"):
    inputS = (depth, height, width)
    chanDim = -1
```

3）添加一个 Conv2D 卷积层，使用 32 个 3×3 的卷积核，填充方式为“same”，输入形状由 inputS 决定。接着添加激活函数层 Activation("relu")，使用 ReLU 激活函数，然后添加 BatchNormalization 层，对通道维度进行批量归一化处理。

```
model.add(Conv2D( filters: 32,  kernel_size: (3, 3),
padding="same", input_shape=inputS))
model.add(Activation("relu"))
model.add(BatchNormalization(axis=chanDim))
```

4）继续添加一个 Conv2D 卷积层，使用 32 个 3×3 的卷积核，填充方式为“same”，输入形状由 inputS 决定。接着添加激活函数层 Activation("relu")，使用 ReLU 激活函数，然后添加 BatchNormalization 层，对通道维度进行批量归一化。

```
model.add(Conv2D( filters: 32,  kernel_size: (3, 3), padding="same"))
model.add(Activation("relu"))
model.add(BatchNormalization(axis=chanDim))
```

5）添加一个最大池化层，池化窗口大小为(2,2)，这个操作会在高度和宽度方向上对特征图进行下采样，从而将特征图的大小减半。然后继续添加一个 Dropout 层，随机失活的概率为 0.25。再添加一个 Conv2D 卷积层，使用 32 个 3×3 的卷积核，填充方式为“same”。接着添加激活函数层 Activation("relu")，使用 ReLU 激活函数，然后添加 BatchNormalization 层，对通道维度进行批量归一化。

```
model.add(MaxPooling2D(pool_size=(2, 2)))
model.add(Dropout(0.25))
model.add(Conv2D( filters: 64,  kernel_size: (3, 3), padding="same"))
model.add(Activation("relu"))
model.add(BatchNormalization(axis=chanDim))
```

6）添加一个最大池化层，池化窗口大小为(2,2)，这个操作会在高度和宽度方向上对特征图进行下采样，从而将特征图的大小减半。然后继续添加一个 Dropout 层，随机失活的概率为 0.25。接下来使用 Flatten()函数将前面层输出的多维数据展平为一维数据，以便后续连接全连接层。最后添加一个有 512 个神经元的全连接层。

```
model.add(MaxPooling2D(pool_size=(2, 2)))
model.add(Dropout(0.25))
model.add(Flatten())
model.add(Dense(512))
```

7）继续添加激活函数层、BatchNormalization 层和 Dropout 层来处理全连接层的输出。接着添加一个有 classes 个神经元的全连接层，然后添加一个 softmax 激活函数层。最后返回构建好的 MiniVGG 模型。

```
model.add(Activation("relu"))
model.add(BatchNormalization())
model.add(Dropout(0.5))
model.add(Dense(classes))
model.add(Activation("softmax"))
return model
```

3. 编写训练文件 train. py

第 1 步：导入相关库文件。

1）导入操作系统相关的功能库，用于处理文件路径、创建目录等。导入 OpenCV 库，用于读取、处理图像。导入 NumPy 库，用于处理数组相关的操作，在深度学习中常用于处理图像数据、模型参数等。导入随机数相关的库 random，用于在代码中实现随机操作，如打乱数据顺序。从自定义的 model 模块中导入 MiniVGG 函数。从 Imutils 库中导入 paths 模块，用于方便地获取图像文件的路径列表。

```
import os
import cv2
import numpy as np
import random
from model import MiniVGG
from imutils import paths
```

2）从 Scikit-Learn 的 metrics 模块中导入 classification_report 和 confusion_matrix。从 TensorFlow 的 Keras 优化器模块中导入 Adam 优化器，用于在模型训练过程中调整模型的权重，使损失函数最小化。

```
from sklearn.metrics import classification_report, confusion_matrix
from tensorflow.python.keras.optimizer_v2.adam import Adam
```

3）导入 to_categorical 函数，用于将整数形式的标签转换为独热编码形式，适用于多分类任务。从 Keras 的图像预处理模块中导入 img_to_array 和 ImageDataGenerator。导入 train_test_split 函数，用于将数据集划分为训练集和测试集。

```
from tensorflow.python.keras.utils.np_utils import to_categorical
from keras_preprocessing.image import img_to_array, ImageDataGenerator
from sklearn.model_selection import train_test_split
```

第 2 步：设置参数。

1）设置图像的高度和宽度（img_height 和 img_width）、训练的轮次（EPOCHS）、类别数量（num_classes）、初始学习率（INIT_LR）和批次大小（BS）。

```
18        img_height=128
19        img_width=128
20        EPOCHS = 10
21        num_classes=2
22        INIT_LR = 1e-3
23        BS = 32
```

2）创建两个空列表 data 和 labels，分别用于存储图像数据和对应的标签，然后使用 paths. list_images 函数获取 ./train 目录下的所有图像文件的路径，将其排序后存储在 imagePaths 列表中。最后设置随机数种子为 42，然后使用 random. shuffle( ) 函数打乱 imagePaths 列表中图像路径的顺序。这样做是为了在数据划分时能够随机地将数据分为训练集和测试集。

```
data = []
labels = []
imagePaths = sorted(list(paths.list_images("./train")))
random.seed(42)
random.shuffle(imagePaths)
```

第 3 步：加载图像。

1）遍历图像路径列表，读取图像并进行预处理。使用 cv2. imread( ) 函数读取图像后，调整图像大小为指定的高度和宽度，然后将图像转换为数组格式。

```
for imagePath in imagePaths:
    image = cv2.imread(imagePath)
    image = cv2.resize(image,  dsize: (img_height, img_width))
    image = img_to_array(image)
```

2）将处理后的图像数组添加到 data 列表中。按照操作系统的路径分隔符对图像路径进行分割，获取图像所属的类别标签。随后将类别标签转换为数字形式，如果类别是"fake"则标记为 1，否则标记为 0。最后将数字形式的标签添加到 labels 列表中。

```
data.append(image)
label = imagePath.split(os.path.sep)[-2]
label = 1 if label == "fake" else 0
labels.append(label)
```

第 4 步：图像预处理。

1）将图像数据转换为 numpy 数组并进行归一化处理，保存到 data. npy 文件中。再将标签转换为 numpy 数组，并保存到 labels. npy 中。最后重新加载 data 和 labels 文件。

```
data = np.array(data, dtype="float") / 255.0
np.save('data.npy',data)
labels = np.array(labels)
np.save('labels.npy',labels)
data=np.load('data.npy')
labels=np.load('labels.npy')
```

2）重新加载文件后，使用 train_test_split 将数据划分为训练集和测试集，随后获取训练集图像数据的通道数，用于构建 MiniVGG 模型。

```
(trainX, testX, trainY, testY) = train_test_split(
    *arrays: data,labels, test_size=0.25, random_state=42)

channels=trainX.shape[3]
```

3）使用 to_categorical 函数将标签进行独热编码，最后创建一个数据增强器 aug，用于在训练过程中对图像进行随机变换，增加数据的多样性。

```
trainY = to_categorical(trainY, num_classes)
testY = to_categorical(testY, num_classes)

aug = ImageDataGenerator(rotation_range=30,
width_shift_range=0.1,height_shift_range=0.1,
shear_range=0.2, zoom_range=0.2,horizontal_flip=True,
fill_mode="nearest")
```

第 5 步：模型构建。

调用 MiniVGG 函数构建卷积神经网络模型，传入图像的宽度、高度、通道数和类别数，然后使用 Adam 优化器进行优化，设置初始学习率和学习率衰减，即在每个训练轮次后，学习率会按照这个比例衰减。最后，编译构建好的 MiniVGG 模型，设置损失函数为 binary_crossentropy，优化器为 opt，并且指定评估指标为 accuracy。

```
print("Compiling model...")
model = MiniVGG(width=img_width, height=img_height,
depth=channels, classes=num_classes)
opt = Adam(lr=INIT_LR, decay=INIT_LR / EPOCHS)
model.compile(loss="binary_crossentropy",
optimizer=opt,metrics=["accuracy"])
```

第 6 步：模型训练。

使用 fit_generator 方法训练模型，即使用数据增强生成器和训练数据进行模型训练，传入训练数据、批次大小 BS、训练轮次等参数，并指定验证数据。最后，定义一个包含类别名称的列表，用于在后续的分类报告中显示类别信息。

```
print("Training network")
H = model.fit_generator(aug.flow(trainX, trainY, batch_size=BS),
    validation_data=(testX, testY), steps_per_epoch=len(trainX),
    epochs=EPOCHS, verbose=1)
label_name=["real","fake"]
```

第 7 步：模型评估。

使用训练好的模型对测试集数据 testX 进行预测，批次大小为 BS，预测结果存储在 predictions 变量中。使用 classification_report( ) 函数输出模型在测试集上的分类报告，并显示模型在各个类别上的精确率、召回率等评估指标。最后，计算混淆矩阵并打印，用于查看模型在不同类别上的分类情况。

```
print("[INFO] evaluating network...")
predictions = model.predict(testX, batch_size=BS)
print(classification_report(testY.argmax(axis=1),
predictions.argmax(axis=1)))
cm = confusion_matrix(testY.argmax(axis=1), predictions.argmax(axis=1))
total = sum(sum(cm))
```

4. 编写工具文件 utils. py

第 1 步：导入相关库文件。

导入必要的库。导入 cv2 模块，用于图像处理和视频捕获；导入 numpy 模块，用于数值计算；导入 img_to_array 模块，用于将图像转换为适合模型输入的格式。最后从 train 模块中导入预先训练好的模型。

```
import cv2
import numpy as np
from keras_preprocessing.image import img_to_array
from train import model
```

第 2 步：定义函数 predictperson。

1）首先，创建一个 VideoCapture 对象，参数 0 表示打开默认的摄像头设备，用于获取视频流。

```
def predictperson():
    video_capture = cv2.VideoCapture(0)
```

2）定义一个无限循环，用于持续处理视频帧直到满足退出条件。使用 if 条件判断是否按下〈B〉键，如果按〈B〉键，则跳出循环。video_capture. read( ) 函数用于从视频流中读取一帧图像，最后使用 cvtColor( ) 函数将读取到的彩色图像帧转换为灰度图像。

```
while (True):
    if cv2.waitKey(1) & 0xFF == ord('b'):
        break
    ret, frame = video_capture.read()
    gray = cv2.cvtColor(frame, cv2.COLOR_BGR2GRAY)
```

3）创建一个 CascadeClassifier 对象，用于加载 OpenCV 的人脸检测分类器。使用加载的人脸检测分类器在灰度图像上检测人脸。最后，调用 rectangle( ) 函数在原始彩色图像帧 frame 上绘制一个蓝色的矩形框。

```
faceCascade = cv2.CascadeClassifier(cv2.data.haarcascades +
'haarcascade_frontalface_default.xml')

faces = faceCascade.detectMultiScale(gray,
scaleFactor=1.1, minNeighbors=5, minSize=(30, 30), )

cv2.rectangle(frame, pt1: (400, 100), pt2: (900, 550),
 color: (255, 0, 0), thickness: 2)
```

4）使用 putText( ) 函数在图像帧 frame 的左上角（坐标(10,10)）处添加一段红色((0,0,255)) 的文字提示。初始化一个变量 faces_inside_box 为 0，用于统计位于指定蓝色框内的人脸数量。

```
cv2.putText(frame,  text: "请将面部放入蓝色框内",
 org: (10, 10), cv2.FONT_HERSHEY_SIMPLEX,
 fontScale: 0.5,  color: (0, 0, 255),  thickness: 2)

faces_inside_box = 0
```

5）使用 for 循环遍历检测到的每个人脸的坐标信息。条件判断部分用于判断人脸是否位于之前绘制的蓝色框内，如果是，则 faces_inside_box 加 1，并在人脸周围绘制一个绿色((0,255,0)) 的矩形框。

```
for (x, y, w, h) in faces:
    if (x < 800 and x > 400 and y < 300 and y > 100

        faces_inside_box += 1

        cv2.rectangle(frame, pt1: (x, y),
t2: (x + w, y + h), color: (0, 255, 0),  thickness: 2)
```

6）如果位于蓝色框内的人脸数量等于 1，则继续进行 if 判断，此 if 判断用于再次确认人脸是否在矩形框内。如果人脸在框内，则将包含人脸的图像帧大小调整为 128×128 像素。

```
if faces_inside_box == 1:
    if x < 800 and x > 400 and y < 300 and y > 100
            y + h) > 100:

        image = cv2.resize(frame,  dsize: (128, 128))
```

7）随后将图像数据类型转换为 float 并将像素值归一化。使用 img_to_array( ) 函数将调整后的图像转换为数组形式，以作为模型的输入。

```
image = image.astype("float") / 255.0
image = img_to_array(image)
```

8）使用 expand_dims( ) 函数在数组的第 0 轴上添加一个维度，将单张图像转换为批次大小为 1 的形式。最后，使用导入的 model 对处理后的图像进行预测，得到预测结果 real 和 fake，并保存在变量中。

```
image = np.expand_dims(image, axis=0)
(real, fake) = model.predict(image)[0]
```

9）如果预测为 fake 的概率大于为 real 的概率，则将标签设置为 fake，否则设置为 real。

```
if fake > real:
    label = "fake"
else:
    label = "real"
```

10）随后使用 putText( )函数在图像帧的坐标(10,30)处显示预测的标签（real 或 fake），颜色为红色，字体大小为 0.7，线条宽度为 2 像素。

```
cv2.putText(frame, label,  org: (10, 30),
cv2.FONT_HERSHEY_SIMPLEX,  fontScale: 0.7,
            color: (0, 0, 255),  thickness: 2)
```

11）如果人脸不在蓝色框区域，则在图像帧上显示提示文字，最后使用 imshow( )函数在窗口显示处理后的图像帧，窗口标题为 Frame。

```
    else:
        cv2.putText(frame,  text: "请靠近摄像头",
         org: (10, 390), cv2.FONT_HERSHEY_SIMPLEX,
         fontScale: 0.7, color: (0, 0, 255),  thickness: 2)

cv2.imshow( winname: "Frame", frame)
```

12）以下是 Python 脚本的主程序入口，当脚本运行时，会调用 predictperson( )函数开始执行视频处理和人脸检测的操作。

```
if __name__ == '__main__':
    predictperson()
```

如果摄像头仅检测到一张人脸，则可以在蓝色框内进行活体检测。首先，将人脸图像调整为 128×128 像素，并进行归一化处理。然后，将图像转换为数组，并添加一个维度。接下来，使用加载的模型对图像进行预测，得到 real 和 fake 的概率值。如果 fake 的概率大于 real 的概率，将标签设为 fake，否则将标签设为 real。最后，在画面上显示活体检测结果。

3.3.7　实践要求

1）按照给出的程序架构设计出对应的 VGG 模型。

2）补全模型训练代码。

3）对应所给思路，编写人脸活体检测函数。

4）执行程序，完成实践目标。

5）（拓展）自行寻找数据集，对模型进行重新训练，对比结果的异同。

6）尝试自己训练一个人脸活体检测的模型，使用 NUAA 数据集。NUAA 数据集是一个常用于人脸活体检测研究的数据集，该数据集包含真实人脸和人脸照片的攻击样本，如打印照片、屏幕照片等，用于进行人脸活体检测算法的评估和比较。NUAA 数据集见本书的配套资源。

3.3.8　实践结果

代码编写完成后，对代码进行实际效果测试。

第 1 步：首先确保项目下的 train 文件夹内包含了已经下载好的人脸数据集（上面提供了链接，请自行下载使用）。由于图片数量过多，因此图 3-18 仅放置了 0001 文件夹的图片，读者可根据数据集内的图片，自行添加图片数量。

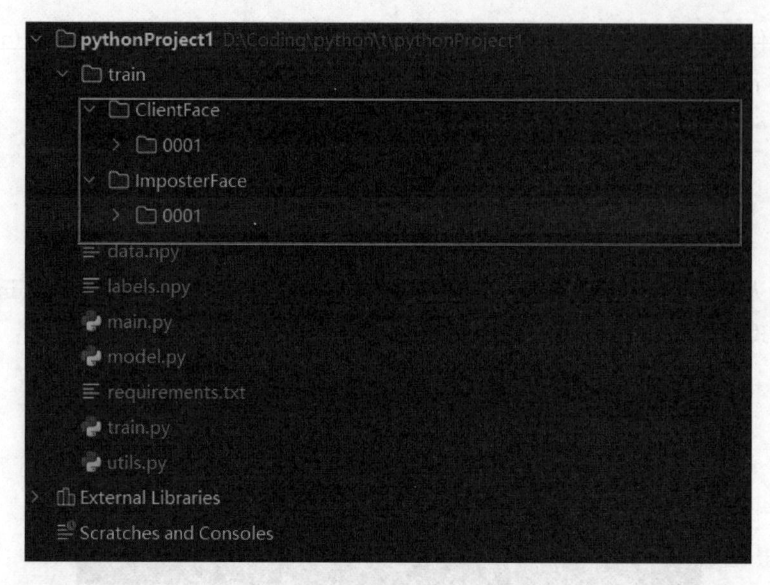

图 3-18　实践过程框架

第 2 步：进入 utils. py 文件，右击，选择“执行”（Run 'utils'）选项，即可开始训练模型并测试结果，如图 3-19 所示。

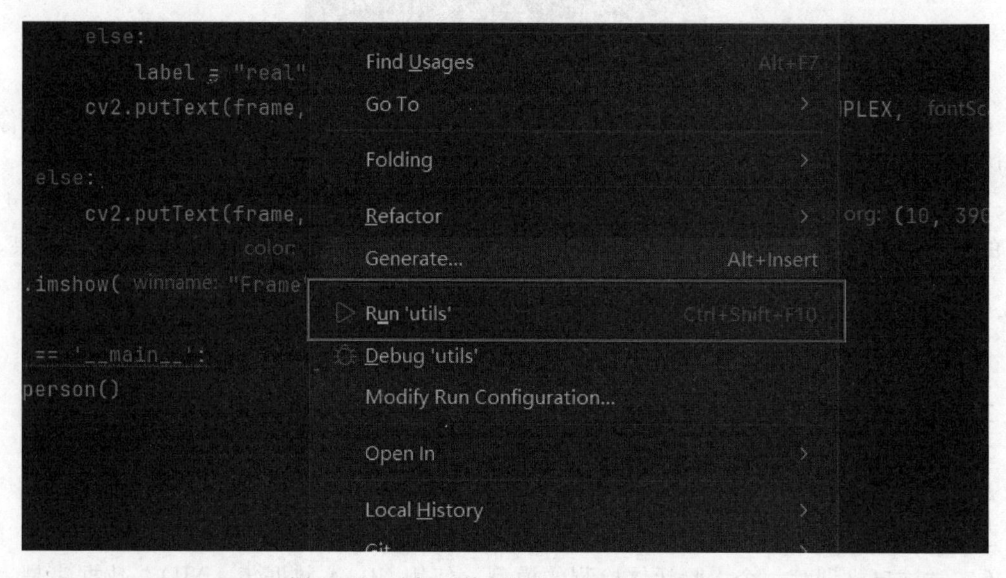

图 3-19　选择“执行”（Run 'utils'）选项

第 3 步：实践预测结果。

实践中，可以用笔记本电脑的摄像头来采集数据。实践结果会显示出来，例如，真实的人脸检测结果如图 3-20 所示，系统的左上角会显示“real”；用手机拍摄的人脸如图 3-21 所示，也就是假的活体人脸，这时系统的左上角会显示“fake”。

3.3.9　参考代码

本实践的 Python 语言参考源代码见本书的配套资源。

图 3-20　真实的人脸检测结果

图 3-21　假的人脸检测结果

3.4　实践 3-3　基于卷积神经网络的验证码识别

扫码看视频

本节介绍如何使用卷积神经网络技术对身份认证时使用的验证码进行识别。

3.4.1　验证码识别介绍

验证码通过要求用户输入一组图像中显示的字符、识别图像中的对象或解决简单的逻辑问题，以此来证明用户是真实的人类而非自动化程序。这些字符或图像通常会以一种对计算机识别算法构成挑战的方式展示，如字符扭曲、遮挡、不同字体和颜色、复杂背景以及噪声等。使用验证码进行身份识别的例子如图 3-22 所示。

验证码主要分为以下 4 类。

1. 文本验证码

文本验证码是最常见的验证码类型，包含各种扭曲、倾斜的字母和数字，可能伴有线条或图形干扰，如图 3-23 所示。

图 3-22　验证码身份识别实例

图 3-23　使用扭曲的文字验证身份

2. 图像识别验证码

图像识别验证码要求用户从多个图像中选择符合特定条件的图片，如识别所有包含交通信号的图片。

3. 音频验证码

音频验证码提供一个音频文件来播放一串数字或字母，用户需要听清并输入正确的序列。这种类型对视力受限用户友好。

4. 逻辑或问题解答验证码

逻辑或问题解答验证码提出一个简单的问题或数学题目，用户需要输入正确答案以通过验证。

验证码在网络安全中扮演了重要角色，广泛应用于防止自动化程序滥用服务、保护用户隐私和数据安全、阻止恶意注册和登录、防止刷票和自动化攻击等场景。验证码的设计和选择需要在用户体验与安全性之间找到平衡，既要足够简单，让大多数用户轻松通过，又要足够复杂，阻止自动化程序滥用服务。

验证码识别是计算机视觉和机器学习技术在网络安全领域的一项关键应用，其核心目的是自动解析和响应在线平台上用于用户身份认证的验证码。验证码的全称是“Completely Automated Public Turing test to tell Computers and Humans Apart”，即完全自动化的公共图灵测试，用以区分计算机和人类。这种机制主要用来保护网站免受恶意自动化软件的攻击，如防止自动注册账号、自动发送垃圾邮件、非法登录尝试、自动化抢购以及滥用服务等。

3.4.2　实践目的

本实践的目的如下。

1）结合验证码识别的具体特点，自主设计适合的 CNN 训练模型，加深对卷积神经网络的理解。

2）设计卷积神经网络训练流程。

3）理解验证码识别的基本原理，完成程序设计。

3.4.3　实践内容

本实践首先定义了一个基于CNN的小型卷积神经网络模型mymodel，包括4个卷积层、池化层和全连接层，并使用ReLU激活函数和Dropout层。然后，通过生成验证码图片，创建一个包含小写字母和数字的验证码数据集。接着定义了自定义数据集类mydatasets用于加载和处理图像数据。通过将文本转换为独热向量以及将独热向量转换为文本的方法，实现验证码文本和独热向量的互相转换。训练程序使用Adam优化器对模型进行训练，并在训练过程中计算损失值。最后，通过加载训练好的模型并使用测试集进行预测，计算模型的准确率。

在本实践中使用独热编码实现识别任务。独热编码是一种处理类别变量的方法，常用于数据预处理和作为神经网络输入的一部分。在独热编码中，每个类别的标签被转换成一个二进制数组，该数组长度等于类别总数，其中仅有一个位置被标记为1，其他位置都标记为0。例如，对于一个有4个类别的分类问题（A,B,C,D），如果一个样本的类别是B，则它的独热编码将是[0,1,0,0]。

在验证码识别任务中，通常每个字符都是一个类别。如果验证码由字母和数字组成，如包含所有单个大写字母和数字（共36类），每个字符的标签将被转换为一个36维的独热编码向量。这种编码方式对于训练分类模型尤其有用。

本小节实践使用多标签软边缘损失（MultiLabelSoftMarginLoss）作为损失函数。多标签软边缘损失是一种常用于处理多标签分类问题的损失函数，在多标签分类任务中，每个样本可以同时属于多个类别。这种损失函数基于二进制交叉熵损失（Binary Cross-Entropy Loss），对每个类别都单独计算一个二进制交叉熵损失，并将这些损失平均或累加起来。具体地说，对于每个标签，它首先使用Sigmoid函数将模型输出转换为0~1的预测概率，然后计算实际标签和预测概率之间的交叉熵损失。

由于验证码通常包括多个字符，每个字符可以视为一个单独的标签，且每个位置的字符是多类的（如数字0~9，字母a~z），使用多标签软边缘损失可以同时训练网络在多个字符位置上的分类任务，即每个位置都需要正确分类其对应的字符。

实践中采用Adam优化器进行优化。Adam是一种广泛使用的优化算法，它对每个参数的学习率进行自适应调整，使其既适合处理稀疏梯度，也适合处理非平稳目标。

验证码识别系统中通常需要处理大量数据和高维度的网络参数，Adam优化器因其自适应特性，非常适合此类任务。它可以加快收敛速度，同时通过动态调整每个参数的学习率来提高模型的训练效率和性能。

本实践的框架如图3-24所示。

3.4.4　实践环境

- Python版本：3.9或以上版本。
- 库版本：torch 2.2.1，tqdm，captcha 0.5.0，Torchvision。
- 运行平台：VSCode。

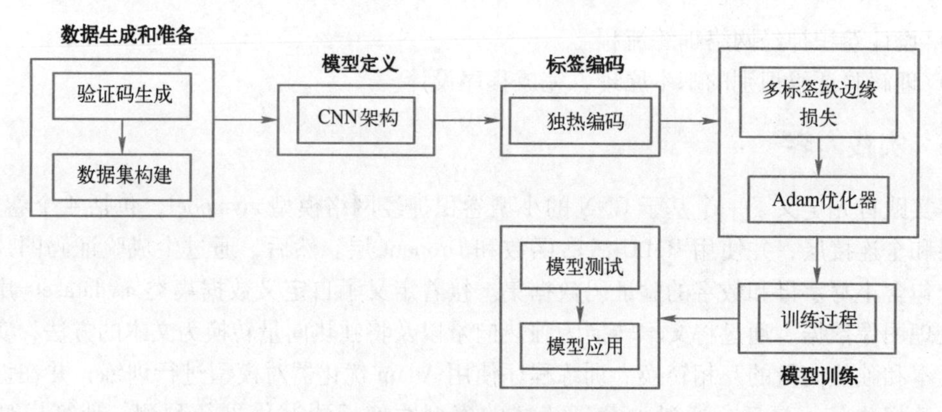

图 3-24　验证码识别实践框架

3.4.5　实践步骤

第 1 步： 定义 CNN 模型。

定义一个名为 mymodel 的函数，用于构建一个基于 CNN 结构的小型卷积神经网络模型。

```
class mymodel(nn.Module):
    def __init__(self):
        super(mymodel, self).__init__()
        self.layer1 = self.create_conv_block(1, 64)
        self.layer2 = self.create_conv_block(64, 128)
        self.layer3 = self.create_conv_block(128, 256)
        self.layer4 = self.create_conv_block(256, 512)

        self.layer6 = nn.Sequential(nn.Flatten(), nn.Linear(15360, 4096), nn.Dropout(0.2), nn.ReLU(), nn.Linear(4096, common.captcha_s

    def create_conv_block(self, in_channels, out_channels):
        return nn.Sequential(nn.Conv2d(in_channels, out_channels, kernel_size=3, padding=1), nn.BatchNorm2d(out_channels), nn.ReLU(),

    def forward(self, x):
        x = self.layer1(x)
        x = self.layer2(x)
        x = self.layer3(x)
        x = self.layer4(x)
        x = self.layer6(x)
        return x
```

1）卷积层：定义了 4 个卷积层，逐渐增加过滤器数量（64,128，256,512），每层使用 3×3 大小的过滤器，过滤器数量的增加使得网络能够捕捉更多的特征。

2）池化层：定义了 4 个 2×2 的最大池化层，该池化层以步长 2 对输入数据在水平和垂直方向上进行采样，从而将特征图的空间维度减小一半。这样可以有效降低特征图的空间尺寸，减少参数数量，防止过拟合。

3）激活函数：使用 4 次激活函数 ReLU，增加模型的非线性能力，有助于处理复杂的图像特征。

4）全连接层：定义了 2 个全连接层。第一个全连接层输入特征 15360（取决于前面层的输出和 Flatten），输出 4096 个节点。第二个全连接层将 4096 个特征映射到最终的输出类别上（数量由 common. captcha_size ＊ len(common. captcha_array)决定，即验证码长度乘以字符集大小）。

5）定义了 1 个展平层（Flatten），将输入数据展平为一维向量。它将多维的输入数据转换为一维向量，以便在后续的全连接层中进行处理。定义了 1 个随机失活层（Dropout），其设置为丢弃 20%的节点，目的是提高模型的泛化能力。

第 2 步：编写图片生成程序。

```
# 生成数据集
captcha_array = list("0123456789abcdefghijklmnopqrstuvwxyz")
captcha_size = 4

def generate_captcha_images(num_images, output_dir):
    image = ImageCaptcha()
    os.makedirs(output_dir, exist_ok=True) # 确保目录存在
    for i in range(num_images):
        # 生成随机验证码字符
        image_val = "".join(random.sample(captcha_array, captcha_size))
        # 生成唯一的文件名
        image_name = "{}_{}.png".format(image_val, int(time.time() * 1000)) # 使用毫秒级时间戳
        image_path = os.path.join(output_dir, image_name)
        print(image_path)
        # 生成并保存验证码图片
        try:
            image.write(image_val, image_path)
        except IOError as e:
            print(f"无法写入文件 {image_path}:{e}")
if __name__ == '__main__':
    generate_captcha_images(1000, "./datasets/test/")
```

将包含数字和小写字母的字符集存储在 captcha_array 列表中，设置验证码长度为 4。定义函数 generate_captcha_images，该函数用于生成验证码图片数据集。实例化 ImageCaptcha 类，用于生成验证码图片，使用 os. makedirs( ) 函数创建输出目录，如果目录已存在，则不进行任何操作。然后根据指定的数量，每次迭代从 captcha_array 字符集中随机选择 4 个字符，生成验证码字符串，并使用时间戳生成唯一的文件名，格式为“验证码_时间戳 . png”。生成验证码图片后，将其保存到指定路径。

第 3 步：编写预处理程序。

```
class mydatasets(Dataset):
    def __init__(self,root_dir):
        super(mydatasets, self).__init__()
        self.list_image_path=[ os.path.join(root_dir,image_name) for image_name in os.listdir(root_dir)]
        self.transforms=transforms.Compose([
            transforms.Resize((60,160)),
            transforms.ToTensor(),
            transforms.Grayscale()

        ])
    def __getitem__(self, index):
        image_path = self.list_image_path[index]

        img_ = Image.open(image_path)
        image_name=image_path.split("\\")[-1]
        img_tesor=self.transforms(img_)

        img_lable=image_name.split("_")[0]
        img_lable=one_hot.text2vec(img_lable)
        img_lable=img_lable.view(1,-1)[0]
        return img_tesor,img_lable


    def __len__(self):
        return self.list_image_path.__len__()
```

定义自定义数据集类 mydatasets，用于加载和处理数据集。接收数据集的根目录作为参数，将数据集中的所有图像文件路径存储在 list_image_path 列表中，并定义数据预处理的转换操作。定义__getitem__方法，根据给定的索引，获取对应位置的图像路径和标签。定义__len__方法，返回数据集中图像的数量。

```
if __name__ == '__main__':

    d=mydatasets("./datasets/train")
    img,label=d[0]
    writer=SummaryWriter("logs")
    writer.add_image("img",img,1)
    print(img.shape)
    writer.close()
```

使用给定的数据集根目录创建一个 mydatasets 对象。通过索引访问 mydatasets 对象，获取第一个图像和标签。然后，创建一个 SummaryWriter 对象，用于将图像写入 TensorBoard 日志。使用 writer. add_image( )方法将图像添加到 TensorBoard 日志中，指定图像名称和步骤，打印图像张量的形状。最后，关闭 SummaryWriter 对象，完成日志的写入。

第 4 步：编写独热编码向量与文本转换函数。

```
import common
import torch

def text2vec(text):
    # 使用预计算的索引映射以提高性能
    index_map = {char: idx for idx, char in enumerate(common.captcha_array)}
    vectors = torch.zeros((common.captcha_size, len(common.captcha_array)))
    for i, char in enumerate(text):
        if char in index_map:
            vectors[i, index_map[char]] = 1
        else:
            raise ValueError(f"character '{char}' not found in captcha array.")
    return vectors

def vectotext(vec):
    # 使用列表推导和join方法来构建最终的字符串
    indices = torch.argmax(vec, dim=1)
    return ''.join(common.captcha_array[idx] for idx in indices)

if __name__ == '__main__':
    vec = text2vec("aaab")
    print(vec.shape)
    print(vectotext(vec))
```

定义函数 text2vec( )，将文本转换为独热向量。首先，使用 common. captcha_array 中的字符列表创建字符索引映射，将每个字符映射到它在列表中的索引位置。而后，使用 torch. zeros( )创建一个形状为(common. captcha_size，len(common. captcha_array))的全零张量。然后，遍历文本字符，检查字符是否存在于索引映射中。如果字符存在于索引映射中，则将对应独热向量中的相应位置设置为 1；如果字符不存在于索引映射中，则抛出异常，指示字符在验证码字符集中找不到。最后，返回生成的独热向量。

定义函数 vectotext( )，将独热向量转换为文本。首先，使用 torch. argmax( )函数获取独热向量中每行的最大值索引。然后，使用列表推导和 join( ) 方法将最大值索引映射为 common. captcha_array 中的相应字符，构建最终的字符串。完成后返回生成的文本字符串。

第 5 步：编写训练程序。

```
device = torch.device("cuda" if torch.cuda.is_available() else "cpu")
def train():
        train_data=my_datasets.mydatasets("./datasets/train")
        train_dataloader=DataLoader(train_data,batch_size=64,shuffle=True)
        m=mymodel().to(device)

        loss_fn=nn.MultiLabelSoftMarginLoss().to(device)
        optimizer = torch.optim.Adam(m.parameters(), lr=0.001)

        epochs = 10
        for epoch in range(epochs):
            for step,(imgs,targets) in tqdm(enumerate(train_dataloader)):
                imgs=imgs.to(device)
                targets=targets.to(device)
                outputs=m(imgs)
                loss = loss_fn(outputs, targets)
                optimizer.zero_grad()

                loss.backward()
                optimizer.step()

                if step%100==0:
                    print(f"Epoch [{epoch + 1}/{10}], Step [{step + 1}/{len(train_dataloader)}], Loss: {loss.item():.4f}")

        torch.save(m,"model.pth")

if __name__ == '__main__':
    train()
```

根据 CUDA 的可用性，将设备设置为 GPU 或 CPU。定义函数 train( ) 用于训练模型。

使用 my_datasets. mydatasets( ) 创建训练数据集对象，并指定训练数据集的根目录。使用 DataLoader 创建训练数据加载器，设置批量大小为 64，并打开数据洗牌。实例化 mymodel 类，并将模型移动到指定设备上。使用 nn. MultiLabelSoftMarginLoss( ) 实例化多标签软间隔损失函数，并将其移动到指定设备上。使用 Adam 优化器，将模型参数和学习率 0.001 传递给优化器。设置总共训练的轮次为 10。

对于每个轮次，遍历训练数据加载器的每个批次。首先，将图像和目标（标签）移动到指定的设备上，通过模型进行前向传播，得到输出。然后，使用损失函数计算输出和目标之间的损失，使用优化器的 zero_grad( ) 方法将模型参数的梯度清零，通过调用 loss. backward( ) 进行反向传播计算梯度。使用优化器的 step( ) 方法根据梯度更新模型参数。如果当前步骤是 100 的倍数，则打印当前轮次、步骤和损失值。最后，使用 torch. save( ) 函数保存训练好的模型到 "model. pth" 文件。

第 6 步：编写预测程序。

```
device = torch.device("cuda" if torch.cuda.is_available() else "cpu")
def test_pred():
    m = torch.load("model.pth", map_location='cpu').to(device)
    m.eval()
    test_data = my_datasets.mydatasets("./datasets/test")
    test_dataloader = DataLoader(test_data, batch_size=1, shuffle=False)
    test_length = len(test_data)
    correct = 0
    label_length = common.captcha_array.__len__()
```

```
    for imgs, labels in tqdm(test_dataloader, desc="Testing"):
        imgs = imgs.to(device)
        labels = labels.to(device).view(-1, label_length)
        labels_text = one_hot.vectotext(labels)

        predict_outputs = m(imgs).view(-1, label_length)
        predict_labels = one_hot.vectotext(predict_outputs)
        if predict_labels == labels_text:
            correct += 1
            print(f"预测正确: 正确值:{labels_text}, 预测值:{predict_labels}")
        else:
            print(f"预测失败: 正确值:{labels_text}, 预测值:{predict_labels}")
    accuracy = 100 * correct / test_length
    print(f"正确率: {accuracy:.2f}%")

if __name__ == '__main__':
    test_pred()
```

根据 CUDA 的可用性，将设备设置为 GPU 或 CPU。定义函数 test_pred( ) 测试模型在测试集上的预测效果。

首先，使用 torch. load( ) 函数加载已保存的模型，并将其移动到设备上。调用模型的 eval( ) 方法，将模型设置为评估模式。使用 my_datasets. mydatasets( ) 函数创建测试数据集对象。使用 DataLoader 类创建测试数据加载器，设置批量大小为 1，关闭数据的随机洗牌。然后，获取测试数据集的样本数量，将正确预测数初始化为 0，获取标签长度。

对于每个图像和标签对，在每次迭代中使用 view( ) 方法将标签的形状调整为(-1,label_length)。使用 one_hot. vectotext( ) 函数将标签转换为文本字符串，然后通过模型前向传播，获取预测输出，并使用相同的方法将预测输出转换为文本字符串。获得结果后将预测结果与标签进行比较，如果相等，则正确预测数加 1，并打印预测结果。最后，根据正确预测数和测试集长度计算准确率，并将准确率以百分比形式打印出来。

3.4.6 实践结果

1. 使用训练好的模型预测测试集并给出正确率

运行 predict. py，测试训练好的模型的性能情况，如图 3-25 所示。

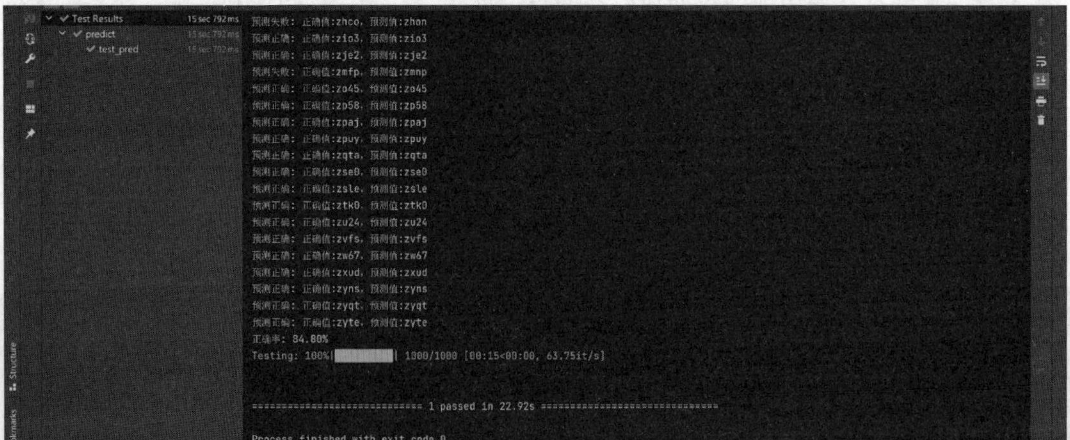

```
Test Results    15 sec 792 ms
  predict       15 sec 792 ms
    test_pred   15 sec 792 ms

预测失败: 正确值:zhco, 预测值:zhon
预测正确: 正确值:zio3, 预测值:zio3
预测正确: 正确值:zje2, 预测值:zje2
预测失败: 正确值:zmfp, 预测值:zmnp
预测正确: 正确值:zo45, 预测值:zo45
预测正确: 正确值:zp58, 预测值:zp58
预测正确: 正确值:zpaj, 预测值:zpaj
预测正确: 正确值:zpuy, 预测值:zpuy
预测正确: 正确值:zqta, 预测值:zqta
预测正确: 正确值:zse0, 预测值:zse0
预测正确: 正确值:zsle, 预测值:zsle
预测正确: 正确值:ztk0, 预测值:ztk0
预测正确: 正确值:zu24, 预测值:zu24
预测正确: 正确值:zvfs, 预测值:zvfs
预测正确: 正确值:zw67, 预测值:zw67
预测正确: 正确值:zxud, 预测值:zxud
预测正确: 正确值:zyns, 预测值:zyns
预测正确: 正确值:zyqt, 预测值:zyqt
预测正确: 正确值:zyte, 预测值:zyte
正确率: 84.80%
Testing: 100%|██████████| 1000/1000 [00:15<00:00, 63.75it/s]

============================ 1 passed in 22.92s ============================

Process finished with exit code 0
```

图 3-25　测试训练好的模型的性能情况

从上述验证码识别结果可以得到，模型正确率达到了 84.80%，表明模型在识别验证码方面表现得相当出色。在具体错误样本中，可以看到预测值与实际值往往只有一到两个字符的差异，如“zmfp”预测为“zmnp”，“zhco”预测为“zhon”。这种错误通常表明模型在某些字符上可能存在混淆，可能是由于字符形态相似或者噪声影响。错误字符的位置并不固定，有些错误出现在字符串的开头，有些出现在中间或结尾，这表明模型在整个验证码长度上的表现比较均衡，没有特别薄弱的位置。

总体而言，在测试中绝大多数的验证码都被正确识别，这反映出模型在处理复杂字符组合方面具有较强的泛化能力。

2. 使用 Python 生成验证码图片重新训练模型后模型的性能

使用 common. py 文件生成 10000 张小写字母+数字组合的验证码作为训练集。

```python
def generate_captcha_images(num_images, output_dir):
    image = ImageCaptcha()
    os.makedirs(output_dir, exist_ok=True) # 确保目录存在
    for i in range(num_images):
        # 生成随机验证码字符
        image_val = "".join(random.sample(captcha_array, captcha_size))
        # 生成唯一的文件名
        image_name = "{}_{}.png".format(image_val, int(time.time() * 1000)) # 使用毫秒级时间戳
        image_path = os.path.join(output_dir, image_name)
        print(image_path)
        # 生成并保存验证码图片
        try:
            image.write(image_val, image_path)
        except IOError as e:
            print(f"无法写入文件 {image_path}:{e}")
if __name__ == '__main__':
    generate_captcha_images(10000, "./datasets/train/")
```

生成的训练集如图 3-26 所示。

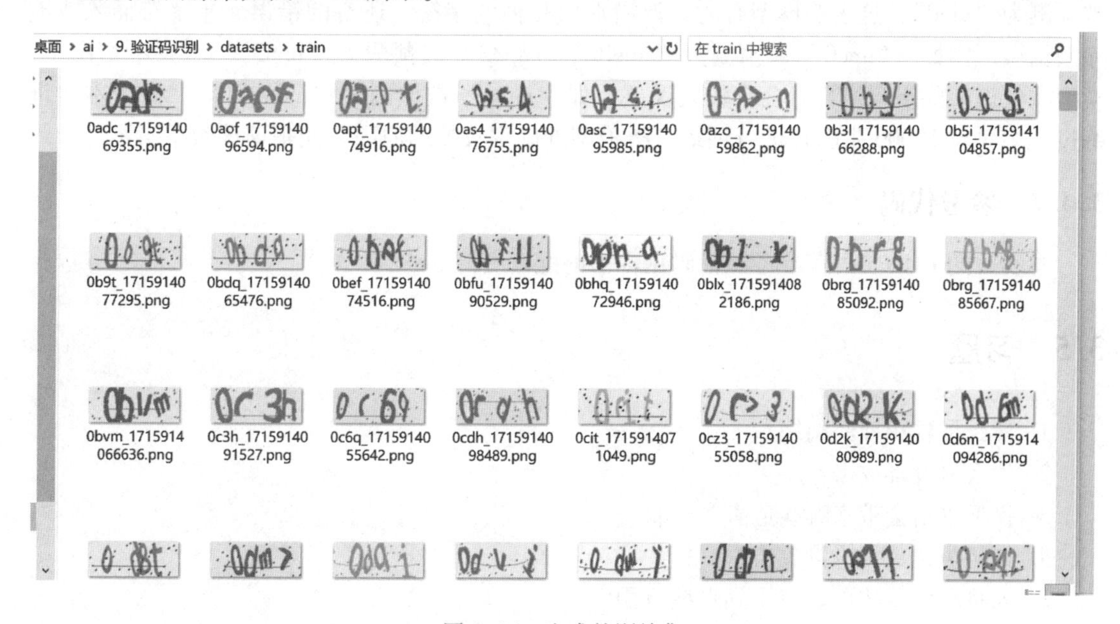

图 3-26　生成的训练集

在 train. py 中使用上面生成的 10000 张图片对模型进行训练，如图 3-27 所示。

训练完成后使用得到的模型对测试集进行测试，观察模型的性能，如图 3-28 所示。

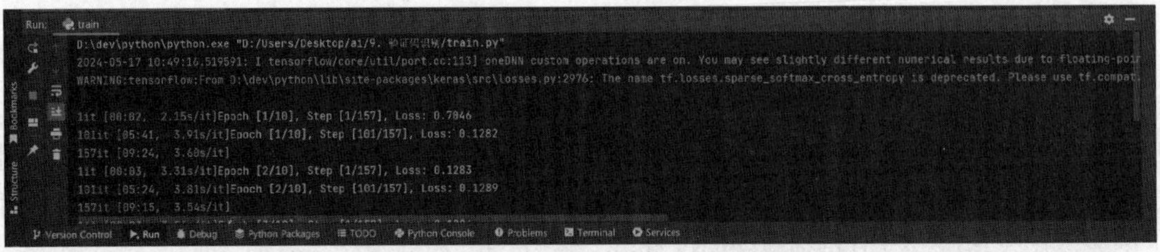

图 3-27　使用生成的 10000 张图片对模型进行训练

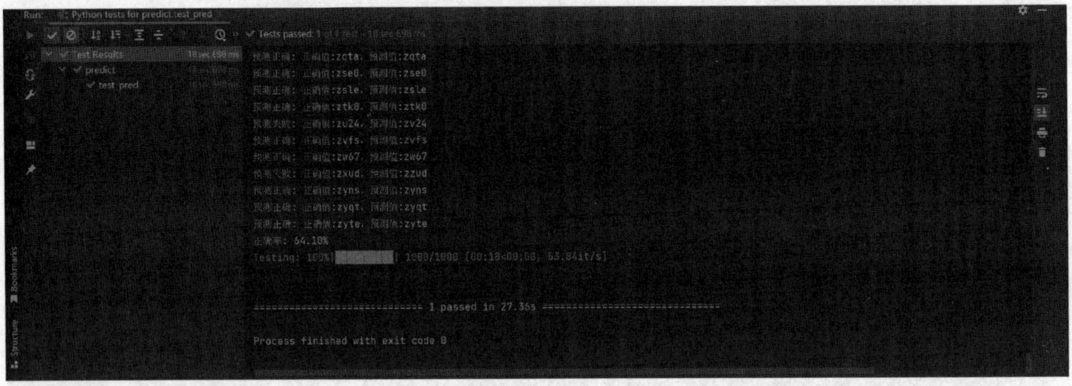

图 3-28　对测试集进行测试

可以看到，模型在预测验证码时的正确率为 64.10%。这意味着模型在大多数情况下可以正确识别验证码，但仍有相当比例会发生错误。大多数错误是个别字符存在误差。例如，“zu24”被预测为“zv24”，“zxud”被预测为“zzud”，“nkyf”被预测为“okyf”，“nlrd”被预测为“nlcd”，这表明模型有时会混淆形状相似的字符。还有的错误属于字符插入或删除型错误。例如，“npc0”被预测为“nnc0”，“np33”被预测为“npo3”。在某些情况下，模型在处理某些字符组合时会有较大误差，如“no8y”被预测为“mo8y”等。由于本次训练过程中只对 10000 张图片进行训练，故模型准确率较差的原因可能是训练数据不足。

3.4.7　参考代码

本实践的 Python 语言参考源代码见本书的配套资源。

3.5　习题

1. 什么是卷积神经网络？
2. 什么是投毒攻击？
3. 投毒攻击会带来哪些危害？
4. 如何防止数据投毒攻击？
5. 人脸活体检测可以应用到哪些方面？
6. 为什么要进行人脸活体检测？
7. 验证码的种类有哪些？
8. 请说明验证码的作用。

第4章　对抗样本生成算法的安全应用

对抗样本生成算法主要用于生成能够欺骗机器学习模型的输入样本。这些算法通过在原始输入数据中添加微小的、难以察觉的扰动，使得模型做出错误的预测。本章介绍如何使用对抗样本生成算法高效生成对抗样本，并将其应用于图像对抗当中，欺骗所使用的神经网络，使其做出与正确答案完全不同的判定。本章将编程实践两个经典的对抗样本生成算法：Fast Gradient Sign Method（FGSM）算法和Projected Gradient Descent（PGD）算法。

知识与能力目标

1）熟练使用对抗样本生成算法。

2）熟悉卷积神经网络模型的应用。

3）了解图像对抗知识。

4）掌握FGSM。

5）掌握PGD算法。

4.1　知识要点

本节主要介绍对抗样本生成算法的基本知识，以及对抗样本生成算法在图形对抗中的应用。

4.1.1　对抗样本生成攻击

在人工智能，特别是深度学习领域，已经有很多神经网络模型的应用，如图像识别、语音处理、自动驾驶等。然而，研究表明，这些看似强大的模型实际上对某些精心设计的输入非常脆弱。对抗样本生成攻击（Adversarial Attack）是通过在输入数据上施加细微扰动，使模型产生错误预测的一类攻击手段。这种攻击表面上看起来无害，但也会导致系统崩溃、误分类，甚至产生严重的安全隐患，例如，在自动驾驶场景中，对抗样本可能导致车辆错误地识别交通标志。

对抗样本生成攻击的一般工作流程如图4-1所示。这里使用的经典案例来源于首次系统研究对抗样本的论文，展示了通过添加微小的噪声使得神经网络将熊猫误分类为长臂猿。

对抗样本生成攻击是人工智能安全性研究中备受关注的一类攻击，从攻击者能获得模型信息的角度可以分类为白盒攻击和黑盒攻击。前者指攻击者能够获知机器学习所使用的算法，以及算法所使用的参数，这种攻击属于人工智能安全中的“内生安全”范畴。后者指攻击者并不知道机器学习所使用的算法和参数，但攻击者仍能与机器学习的系统有所交互，如可以通过传入任意输入来观察输出，判断输出，这种攻击属于人工智能安全中的“衍生安全”范畴。

从攻击目的可以分类为无目标攻击和有目标攻击。前者对于一张图片，生成一个对抗样

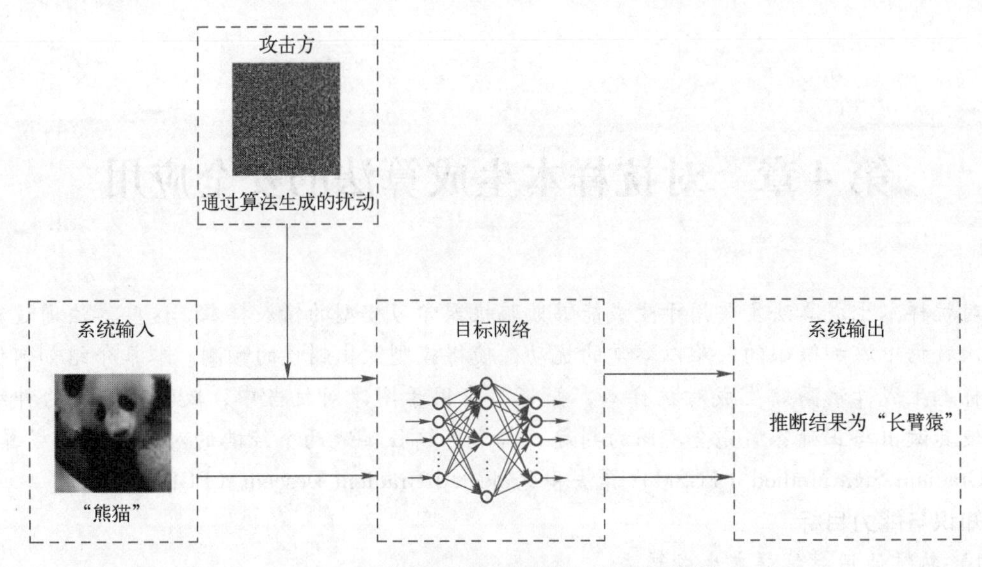

图 4-1　对抗样本生成攻击的一般工作流程

本，使得标注系统在其上的标注与原标注无关，即只要攻击成功就好，对抗样本最终属于哪一类则不做限制；后者对于一张图片，生成一个对抗样本，使得标注系统在其上的标注与目标标注（即原标注）完全一致，即不仅要求攻击成功，还要求生成的对抗样本属于特定的类。

4.1.2　对抗样本生成算法

对抗样本生成算法的核心思想是通过在原始数据上添加微小的扰动，使得机器学习模型对修改后的数据做出错误的判断。这种扰动对人类来说几乎无法察觉，但对机器学习模型却能产生显著的影响。对抗样本的生成通常基于机器学习模型的梯度信息，通过不断地修改输入数据，观察模型输出的变化，逐步生成能够误导模型的样本。

常见的对抗样本生成算法包括快速梯度符号方法（FGSM）、投影梯度下降（PGD）算法、基本迭代方法（BIM）、Carlini & Wagner（C&W）攻击等，下面介绍 FGSM 和 PGD 算法。

1. 快速梯度符号方法（FGSM）

由于白盒攻击已知模型内部的结构和参数，所以最直接有效的白盒攻击算法是对模型输入的梯度进行一定限度的扰动（因为不能让图片有太大变化），使得扰动后的损失函数最大。

设计神经网络时，经常会使用梯度下降算法以使 gradient（梯度）最小，对抗攻击则恰好相反，FGSM 相当于进行梯度上升，以最大化损失函数。用数学语言可以表示为：对于一个微小的扰动量 epsilon（即 ϵ），可以沿着梯度的 l_∞ 范数方向进行一步扰动：

$$x' = x + \epsilon \cdot \text{sign}(\nabla_x L(x, y; \theta))$$

其中，x 为原样本；x′为对抗样本；θ 是模型的权重参数；y 是 x 的真实类别。输入原始样本、权重参数以及真实类别，通过损失函数 L 求得神经网络的损失值，∇_x 表示对 x 求偏导，即损失函数 L 对 x 样本求偏导，sign 是符号函数，epsilon 的值通常是人为规定的，用于保证扰动不被人眼察觉。

2. 投影梯度下降（PGD）算法

PGD 算法是 FSGM 的变体，它是产生对抗样本的攻击算法，也是对抗训练的防御算法。面对一个非线性模型，仅仅做一次迭代，方向是不一定完全正确的，所以在这种情况下，显然不能认为 FGSM 一步的操作就可以达到最优解。

PGD 算法可以在之前的算法基础上多次迭代，以此找到范围内最强的对抗样本。在 PGD 算法中，攻击者会多次小幅度地调整输入，每次调整都会沿着当前对抗样本的损失梯度的方向进行，然后将扰动后的样本投影到允许的扰动空间内。这种方法可以更细致地搜索扰动空间，从而找到更有效的对抗样本。原理公式为

$$x'_{t+1}=\mathrm{Clip}_{x,\epsilon}(x'_t+\alpha\cdot\mathrm{sign}(\nabla_x L(x'_t,y;\theta)))$$

其中，Clip 可以限制扰动的范围不超过之前所约定的 epsilon。

4.2　实践 4-1　基于对抗样本生成算法的图像对抗

本实践主要是利用对抗样本生成算法进行图像对抗。实践使用简单的卷积神经网络模型来实现，模型主要用于对 28×28 像素的灰度图数字图片进行识别，使用 MNIST 数据集进行验证和性能测试。在攻击过程中，使用 FGSM 算法进行攻击；在拓展实践中，使用 PGD 算法进行攻击。

4.2.1　图像对抗

对抗样本是向原始样本中加入一些人眼无法察觉的噪声，这样的噪声不会影响人类的识别，但是却可以很容易地欺骗所使用的神经网络，使其做出与正确答案完全不同的判定。

图像对抗主要是在图像识别系统中，加入对抗样本生成算法生成的噪声数据，从而使得图像识别算法在识别图像的训练中，给出错误的判定。图像对抗的研究揭示了深度学习模型在面对精心设计的对抗数据时可能存在的漏洞，这对于图像识别的安全应用（如自动驾驶、面部识别系统）尤为重要。

4.2.2　实践步骤

实践中，图像对抗的一般步骤如图 4-2 所示。

4.2.3　实践目的

理解图像对抗的基本原理：通过学习图像对抗的基本原理，研究深度学习模型（尤其是用于图像识别的模型）对微小扰动的敏感性，了解模型的潜在脆弱性。

熟悉生成对抗样本的算法及实现：通过具体学习 FGSM 算法和实现代码，从原理上了解对抗样本生成的一般方法，理解算法的特点及应用场景。

比较和分析不同算法的攻击效能：通过动手实现 PGD 算法，比较 FGSM 和 PGD 算法在不同 epsilon 设置下的攻击效果差异，直观地了解不同对抗攻击算法的性能，以及如何评估和优化对抗样本的质量。

4.2.4　实践环境

- Python 版本：3.9 或更高版本。

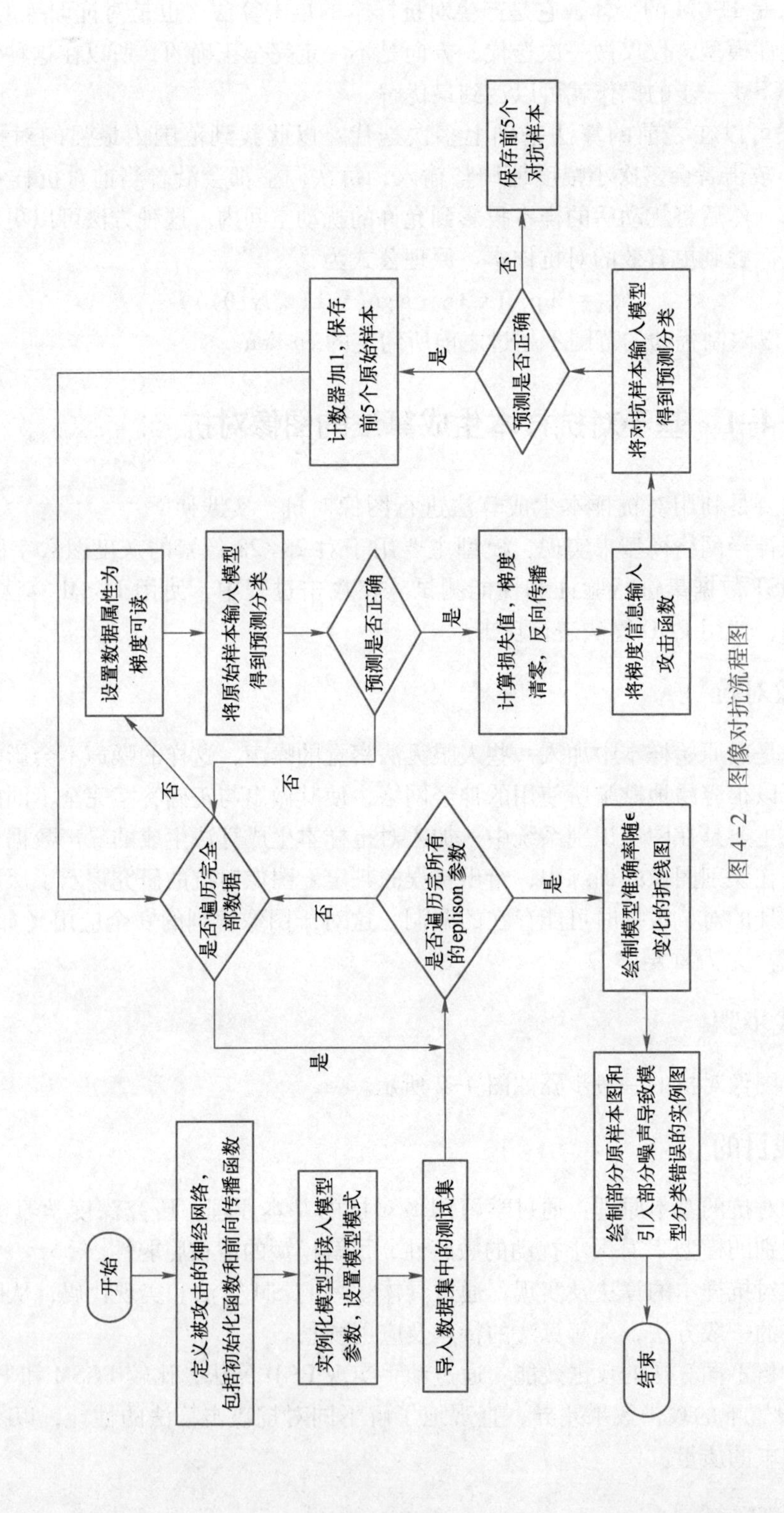
开始
定义被攻击的神经网络，包括初始化函数和前向传播函数
实例化模型并读入模型参数，设置模型模式
导入数据集中的测试集
是否遍历完所有的eplison参数
是否遍历完全部数据
设置数据属性为梯度可读
将原始样本输入模型得到预测分类
预测是否正确
计算损失值，梯度清零，反向传播
将梯度信息输入攻击函数
将对抗样本输入模型得到预测分类
预测是否正确
计数器加1，保存前5个原始样本
保存前5个对抗样本
绘制模型准确率随ϵ变化的折线图
绘制部分原样本图和引入部分噪声导致模型分类错误的实例图
结束
是
否

图 4-2　图像对抗流程图

- 深度学习框架：torch 2.2.1+cu121，Torchvision 0.17.1+cu121。
- 其他库版本：NumPy 1.25.2，Matplotlib。
- 运行平台：Jupyter Notebook（Google Colaboratory）。

4.2.5　实践前准备工作

教师为每个学生安排一台安装有 PyCharm 或者可以在线运行 Python（或者 Jupyter Notebook）文件的计算机，并为每个学生提供样例代码。另外，需要教师提供预训练模型的参数文件。

4.2.6　FGSM 生成数字灰度图对抗样本

实践中被攻击模型为 pytorch/examples/mnist 训练的 MNIST 模型，是 PyTorch 官方提供的一个示例项目，本实践提供可以本地读取的预训练模型，主要用于对 28×28 像素的灰度图数字图片进行识别。使用的对抗样本生成算法为 FGSM，epsilon 参数选取步长为 0.05、范围为 0~0.3 的所有值。

第 1 步： 定义被攻击的白盒神经网络。

定义的类是实践中用于被攻击的白盒神经网络，初始化函数主要定义了后面将用到的各层。

```
class Net(nn.Module):
    def __init__(self):
        super(Net, self).__init__()
        self.conv1 = nn.Conv2d(1, 10, kernel_size = 5)
        self.conv2 = nn.Conv2d(10, 20, kernel_size = 5)
        self.conv2_drop = nn.Dropout2d()
        self.fc1 = nn.Linear(320, 50)
        self.fc2 = nn.Linear(50, 10)
```

网络继承自所有神经网络模块的基类 nn.Module。

super()函数是父类 nn.Module 的构造函数，是一种常见的初始化方式。使用 self.conv1 和 self.conv2 分别定义两个卷积层。nn.Conv2d 表示二维卷积层。1,10,kernel_size=5 表示输入通道数为 1（灰度图），输出通道数为 10，卷积核大小为 5×5。同理，第二个卷积层的输入通道数为 10，输出通道数为 20。使用 self.conv2_drop 定义一个 Dropout 层，用于卷积层，帮助防止过拟合。使用 self.fc1 和 self.fc2 定义两个全连接层。nn.Linear(320,50)表示输入特征数为 320，输出特征数为 50。nn.Linear(50,10)将这 50 个特征映射到最终的 10 个输出类别。

第 2 步： 定义前向传播函数。

前向传播函数主要定义神经网络中各层是如何连接的。

```
def forward(self, x):
    x = F.relu(F.max_pool2d(self.conv1(x), 2))
    x = F.relu(F.max_pool2d(self.conv2_drop(self.conv2(x)), 2))
    x = x.view(-1, 320)
    x = F.relu(self.fc1(x))
    x = F.dropout(x, training=self.training)
    x = self.fc2(x)
    return F.log_softmax(x, dim=1)
```

对于前面定义的第一个卷积层，输出到最大池化层（池化核大小为2），然后应用 ReLU 激活函数；对于第二个卷积层，输出通过 Dropout 层，然后是相同的最大池化层，最后应用 ReLU 激活函数。x=x.view(-1,320)的作用是将数据 x 从二维结构通过 flatten 操作转换为一维结构（全连接层要求输入数据为一维），以匹配全连接层的输入要求，-1 表示自动计算该维度的大小。应用第一个全连接层后，使用 ReLU 激活函数，随后应用 dropout（通过在训练过程中随机将一部分输入单元设为零来实现防止过拟合），training = self.training 表明 dropout 行为取决于是训练模式还是评估模式。最后，通过第二个全连接层。使用 F.log_softmax()计算最终的分类结果的对数概率。dim=1 表示概率计算是沿着特征维度进行的。

第 3 步：模型及数据库导入。

将本地的模型加载到定义好的神经网络实例上，并读取相关数据集用于后面的攻击。

```
# 导入模型及数据集
test_loader = torch.utils.data.DataLoader(datasets.MNIST('../data', train=False, download=True,
                                          transform=transforms.Compose([transforms.ToTensor(), ])),
                                          batch_size=1, shuffle=True)
print("CUDA Available: ", torch.cuda.is_available())
device = torch.device("CUDA" if (use_cuda and torch.cuda.is_available()) else 'cpu')

model = Net().to(device)
model.load_state_dict(torch.load(pretrained_model, map_location='cpu'))
model.eval()
```

使用 DataLoader( )调用数据集，其中，通过 train = False 指定调用测试集；download = True 指定如果本地不存在则从网络下载；transform = transforms.Compose([transforms.ToTensor(),])用于将图像转换为 PyTorch 张量，方便输入神经网络；batch_size = 1 用于指定每个轮次只包含一个图像，适用于逐一评估模型性能；shuffle = True 指定每个轮次开始时，数据会被随机打乱，避免数据顺序引入的偏差。

检查 CUDA（用于 NVIDIA GPU 计算）是否可用，以选择模型运行的设备是 GPU("CUDA")还是 CPU("cpu")。然后创建前面定义 Net 类的实例，使用 .to(device)将模型移动到之前定义的设备上（CPU 或 GPU）。

加载预训练模型，pretrained_model 为加载模型权重的指定路径，map_location ='cpu'用于确保所有的权重都通过 CPU 加载到内存中。将模型设置为评估模式，对训练行为有特定影响的层都会调整其行为，例如，Dropout 层会停止随机丢弃神经元。

第 4 步：定义 FGSM 攻击函数。

```
# FGSM
def fgsm_attack(image, epsilon, data_grad):
    sign_data_grad = data_grad.sign()
    perturbed_image = image + epsilon * sign_data_grad
    perturbed_image = torch.clamp(perturbed_image, 0, 1)
    return perturbed_image
```

计算 data_grad 的符号函数，对于 data_grad 中的每个元素，计算其 sign 函数值，这一步的目的是获取梯度的方向。epsilon * sign_data_grad 计算应该添加到原始图像上的扰动量，其中 epsilon 控制扰动的强度，这样就会将对抗样本沿着增加模型输出误差的方向进行调整。使用 torch.clamp( )函数将扰动后的图像 perturbed_image 的像素值裁剪到[0,1]范围内。

第 5 步：定义测试函数。

测试函数主要是利用攻击函数生成攻击样本，并输入模型分类的正确率，保存部分原始样本和部分对抗样本。

```
# test
def test(model, device, test_loader, epsilon):
    correct = 0
    adv_examples = []
```

初始化正确预测的计数器 correct 和存储成功的对抗样本的列表 adv_examples。

```
for data, target in test_loader:
    data, target = data.to(device), target.to(device)
    data.requires_grad = True
    output = model(data)
    init_pred = output.max(1, keepdim=True)[1]

    if init_pred.item() != target.item():
        continue

    loss = F.nll_loss(output, target)
    model.zero_grad()
    loss.backward()
    data_grad = data.grad

    perturbed_data = fgsm_attack(data, epsilon, data_grad)
    output = model(perturbed_data)
    final_pred = output.max(1, keepdim=True)[1]
    if final_pred.item() == target.item():
        correct += 1
        if (epsilon == 0) and (len(adv_examples) < 5):
            adv_ex = perturbed_data.squeeze().detach().cpu().numpy()
            adv_examples.append((init_pred.item(), final_pred.item(), adv_ex))

    else:
        if len(adv_examples) < 5:
            adv_ex = perturbed_data.squeeze().detach().cpu().numpy()
            adv_examples.append((init_pred.item(), final_pred.item(), adv_ex))
```

编写循环遍历数据集（包括数据及其标签），将数据和标签移动到指定的计算设备（CPU 或 GPU）。设置 data 的 requires_grad 属性为 True，以便在前向传播过程中计算对输入数据的梯度，这对于执行 FGSM 攻击是必需的。通过模型进行前向传播得到输出，并获取概率最高的预测类别。如果模型的初始预测错误，则跳过该样本，不对其执行对抗攻击。为衡量模型预测的概率分布与真实标签分布之间的差异，调用 nll_loss( ) 函数计算负对数似然损失（一种损失函数）。将模型中所有参数的梯度清零。对损失函数执行反向传播，计算梯度。收集输入数据的梯度，使用收集到的梯度和指定的 epsilon，通过 FGSM 攻击方法生成对抗样本。对扰动后的数据再次进行模型预测，并获取预测结果。如果预测正确，则正确分类的计数器加 1，并且如果使用的是原始样本，则记录前 5 个正确分类的原始样本；如果没有预测正确（因为模型本身就分类错误的样本直接跳过了，则一定是对抗样本发挥作用的情况），记录前 5 个错误分类的对抗样本。

```
final_acc = correct / float(len(test_loader))
print("Epsilon: {}\tTest Accuracy = {} / {} = {}".format(epsilon, correct, len(test_loader), final_acc))
return final_acc, adv_examples
```

最后，输出给定 epsilon 下的最终准确率，返回最终准确率和成功的对抗样本。

第 6 步：遍历数据集。

```
for eps in epsilons:
    acc, ex = test(model, device, test_loader, eps)
    accuracies.append(acc)
    examples.append(ex)
```

遍历数据集，收集准确率数据及对抗样本图像信息。

第 7 步：绘制图像。

绘制模型准确率随 epsilon 变化的折线图。

```
# 绘制模型准确率随epsilon变化的折线图
plt.figure(figsize=(5, 5))
plt.plot(epsilons, accuracies, "*-")
plt.yticks(np.arange(0, 1.1, step=0.1))
plt.xticks(np.arange(0, .35, step=0.05))
plt.title("Accuracy vs Epsilon")
plt.xlabel("Epsilon")
plt.ylabel("Accuracy")
filename = './FGSM.png'
plt.savefig(filename)
plt.show()
plt.close()
```

绘制所有 epsilon 下导致模型分类错误的部分样例图。

FGSM 算法在不同 epsilon 下，模型对于对抗样本分类的准确率如图 4-3 所示。

```
Epsilon: 0      Test Accuracy = 9810 / 10000 = 0.981
Epsilon: 0.05   Test Accuracy = 9426 / 10000 = 0.9426
Epsilon: 0.1    Test Accuracy = 8510 / 10000 = 0.851
Epsilon: 0.15   Test Accuracy = 6826 / 10000 = 0.6826
Epsilon: 0.2    Test Accuracy = 4301 / 10000 = 0.4301
Epsilon: 0.25   Test Accuracy = 2082 / 10000 = 0.2082
Epsilon: 0.3    Test Accuracy = 869 / 10000 = 0.0869
```

图 4-3　不同 epsilon 下模型的准确率

模型准确率随对抗样本（FGSM）的 epsilon 变化的折线图如图 4-4 所示。

epsilon=0 时部分原样本图像及模型对其的分类和所有的其他 epsilon 下部分对抗样本（FGSM）的图像及模型对其的分类情况，如图 4-5 所示。

4.2.7　PGD 算法生成数字灰度图对抗样本

使用 PGD 算法实现对上述相同模型的攻击，相比于上一个实践，不同点在于需要修改对应的测试函数，整理攻击效果，包括模型准确率和部分原样本及对抗样本。其中，PGD

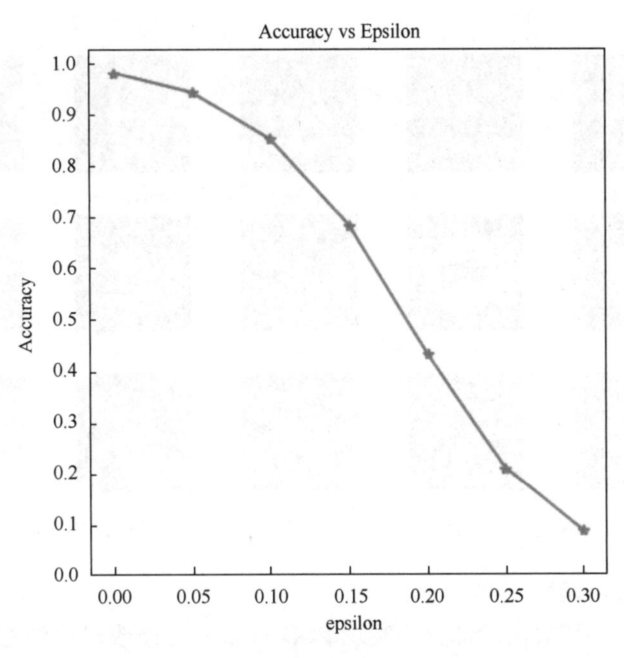

图 4-4　模型准确率随 epsilon 变化的折线图

的 alpha（即单步攻击强度）设置为 epsilon/4 即可，步数设置为 4。保留 PGD 在各 epsilon 下的最终准确率，然后绘制 FGSM 和 PGD 攻击的对比折线图，样式同 4.2 节实践，要求两种算法的折线放在同一张图上，以对比算法效率的不同。最后，绘制 PGD 算法下的部分样本展示图，包含 epsilon 为 0 的正确分类的样本和其他 epsilon 下错误分类的对抗样本，样式同 4.2 节实践即可。其中更改代码的重点如下。

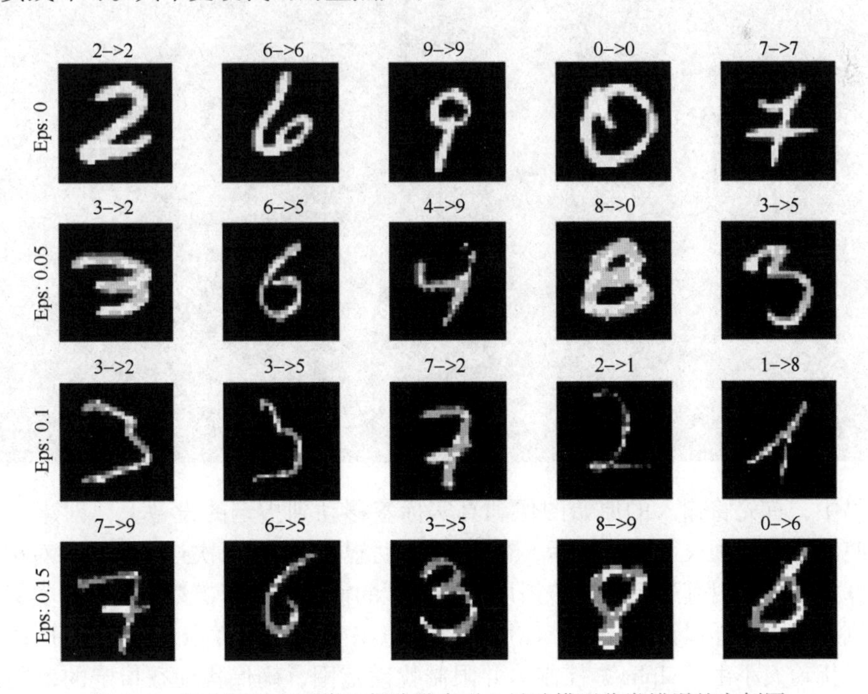

图 4-5　部分原样本图像和部分噪声引入导致模型分类错误的实例图

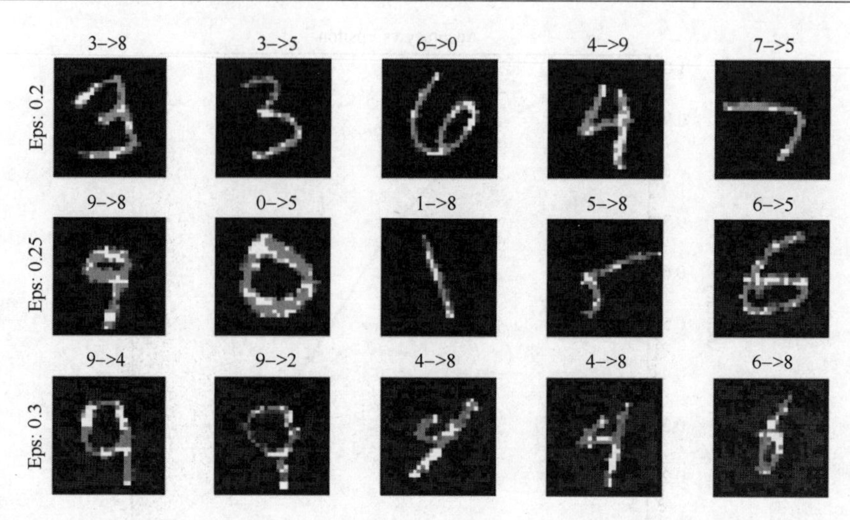

图 4-5　部分原样本图像和部分噪声引入导致模型分类错误的实例图（续）

第 1 步：修改攻击函数。

修改源代码中 FGSM 攻击的部分，实现 PGD 攻击，并修改对应的测试函数。其中 PGD 的 alpha（即单步攻击强度）设置为 epsilon/4，步数设置为 4。

PGD 攻击的思路是通过多次迭代地对输入图像添加微小的扰动，以欺骗模型，并在每次迭代中使用梯度信息来引导扰动的生成，从而生成对抗样本。这样生成的对抗样本可以在一定程度上欺骗模型，使其产生错误的预测。

```
# PGD 攻击
def pgd_attack(model, image, label, epsilon, iters=4) :
    #原图像
    ori_image = image.data
    #使用梯度信息来生成对抗样本，使用PGD攻击公式来添加扰动，扰动大小由 `alpha` 控制；并限制扰动范围，确保扰动在指定的范围内，这里的范围由 `epsilon` 控制
    alpha = epsilon / 4


    for i in range(iters) :
        image.requires_grad = True
        output = model(image)
        loss = F.nll_loss(output, label).to(device)
        model.zero_grad()
        loss.backward()
        #图像+梯度得到对抗样本
        grad = image.grad
        adv_images = image + alpha*grad.sign()
        #限制扰动范围
        eta = torch.clamp(adv_images - ori_image, min=-epsilon, max=epsilon)
        #进行下一轮对抗样本的生成，破坏之前的计算图
        image = torch.clamp(ori_image + eta, min=0, max=1).detach_()

    return image
```

在代码中，首先将输入的原始图像和真实标签移动到指定的设备上，创建一个损失函数，这里使用交叉熵损失函数。然后，迭代生成对抗样本，在每次迭代中，将对抗样本设置为需要计算梯度，并对其进行前向传播以获取模型的输出。计算模型输出与真实标签之间的损失，并执行反向传播以计算梯度。使用梯度信息来生成对抗样本，使用 PGD 攻击公式来添加扰动，扰动大小由“alpha”控制；并限制扰动范围，确保扰动在指定的范围内，这里的范围由“epsilon”控制。将生成的对抗样本应用于原始图像，得到新的对抗样本。重复以上步骤直到达到指定的迭代次数。最后，返回生成的对抗样本。

第 2 步：绘制 FGSM 和 PGD 攻击的对比折线图。

```
plt.figure(figsize=(5,5))
plt.plot(epsilons, accuracies, 'g--', label='FGSM')
plt.plot(epsilons, accuracies_pgd, 'r-', label='PGD')
plt.yticks(np.arange(0, 1.1, step=0.1))
plt.xticks(np.arange(0, .35, step=0.05))
plt.title("Accuracy vs Epsilon")
plt.xlabel("Epsilon")
plt.ylabel("Accuracy")
plt.legend()
filename = './pdg_attack_effect.png'
plt.savefig( filename )
plt.show()
plt.close()
```

保留 PGD 在各 epsilon 下的最终准确率，然后绘制 FGSM 和 PGD 攻击的对比折线图，将两种算法的折线放在同一张图上，以对比算法效率的不同。

第 3 步：绘制 PGD 算法下的部分样本展示图。

```
plt.figure(figsize=(5,5))
plt.plot(epsilons, accuracies, "*-")
plt.yticks(np.arange(0, 1.1, step=0.1))
plt.xticks(np.arange(0, .35, step=0.05))
plt.title("Accuracy vs Epsilon")
plt.xlabel("Epsilon")
plt.ylabel("Accuracy")
filename = './PGD.png'
plt.savefig( filename )
plt.show()
plt.close()
```

仿照样例格式，绘制 PGD 算法下的部分样本展示图，包含 epsilon 为 0 的正确分类的样本和其他 epsilon 下错误分类的对抗样本。

PGD 算法在不同 epsilon 下，模型对于对抗样本分类的准确率如图 4-6 所示。

```
Epsilon: 0      Test Accuracy = 9810 / 10000 = 0.981
Epsilon: 0.05   Test Accuracy = 9337 / 10000 = 0.9337
Epsilon: 0.1    Test Accuracy = 8033 / 10000 = 0.8033
Epsilon: 0.15   Test Accuracy = 5468 / 10000 = 0.5468
Epsilon: 0.2    Test Accuracy = 2251 / 10000 = 0.2251
Epsilon: 0.25   Test Accuracy = 554 / 10000 = 0.0554
Epsilon: 0.3    Test Accuracy = 98 / 10000 = 0.0098
```

图 4-6　不同 epsilon 下模型的准确率

模型准确率随两种对抗样本的 epsilon 变化的折线图如图 4-7 所示。

epsilon=0 时部分原样本图像及模型对其的分类和所有的其他 epsilon 下部分对抗样本（PGD）的图像及模型对其的分类情况如图 4-8 所示。

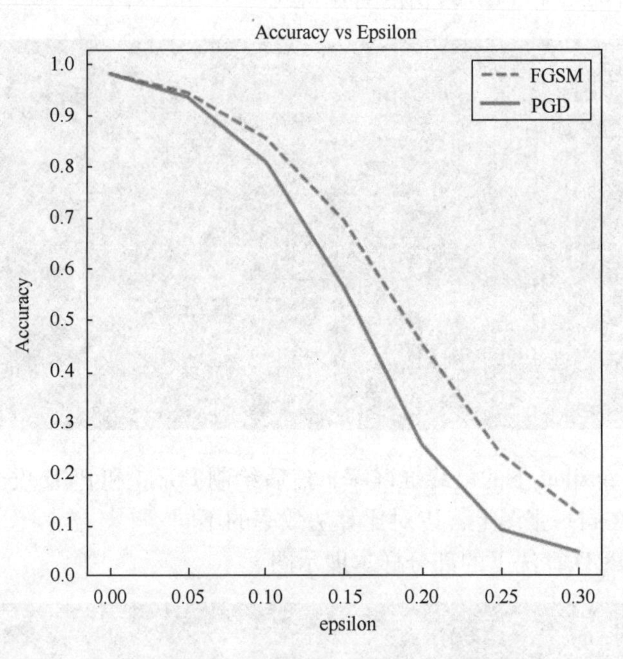

图 4-7　模型准确率随 epsilon 变化的折线图

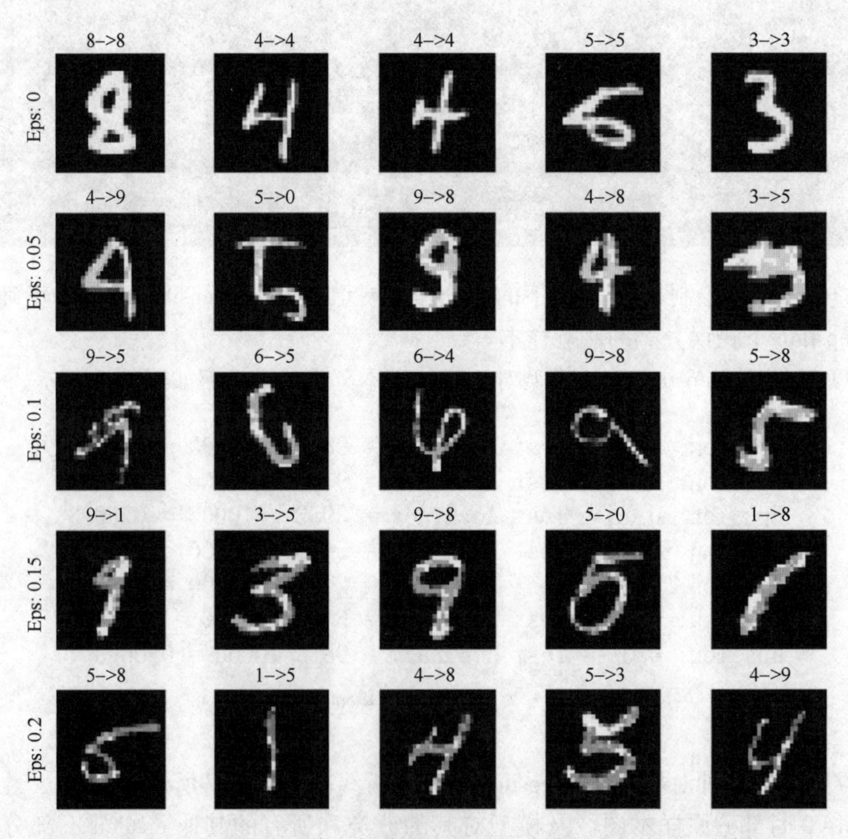

图 4-8　部分原样本图像和部分噪声引入导致模型分类错误的实例图

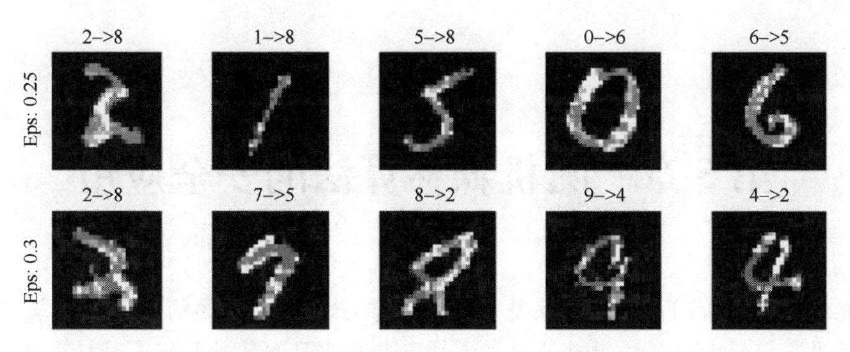

图 4-8　部分原样本图像和部分噪声引入导致模型分类错误的实例图（续）

4.2.8　参考代码

本实践的 Python 语言参考源代码见本书的配套资源。

4.3　习题

1. 什么是对抗生成样本算法?
2. 对抗生成样本攻击与生成对抗网络攻击有何不同?
3. FGSM 与 PGD 算法有什么相同和不同之处?

第5章　随机森林算法的安全应用

随机森林（Random Forest）算法是一种集成学习算法，通过构建多棵决策树并结合它们的预测结果，以提升模型的准确性和鲁棒性。本章学习的基础知识是随机森林算法，它也是常用的机器学习算法之一。在此基础上实践一个基于随机森林算法的图像去噪安全应用系统。

知识与能力目标

1）了解决策树。

2）认知图像去噪。

3）掌握随机森林算法模型。

4）熟悉随机森林算法在图像去噪中的安全应用。

5.1　知识要点

扫码看视频

本节主要介绍随机森林算法的相关知识要点，主要包括随机森林算法的概念、原理、工作流程等。

5.1.1　随机森林算法的概念

随机森林算法是由 Leo Breiman 和 Adele Cutler 在 2001 年提出的一种集成学习方法。随机森林算法既适用于分类任务，也适用于回归问题。随机森林通过引入随机样本和随机特征选择来构建不同的决策树，增加模型的多样性，从而有效减少过拟合风险，特别是在处理高维度特征和噪声数据时表现优异。随机森林算法结构如图 5-1 所示。

决策树（Decision Tree）是一种基于树结构的模型，常用于分类和回归任务。每个内部节点代表对某个特征的测试，分支是不同测试结果的路径，叶子节点则是分类或预测值。尽管决策树易于理解和解释，但单一决策树容易过拟合，尤其在样本量较小或特征复杂的情况下。因此，随机森林通过集成多棵决策树来弥补这一不足，以增强模型的泛化能力。

5.1.2　随机森林算法的原理

随机森林算法的基本思想是通过“随机化”和“集成”的策略来提升单棵决策树的表现，最终构建出一个更加稳健的模型。随机森林是由多棵决策树组成的集成模型，每棵树的构建过程都基于随机样本和随机特征，使得各决策树在训练过程中彼此独立，从而提升整体模型的泛化能力。模型的输出是通过多数投票法（分类任务）或平均法（回归任务）生成最终的预测结果。随机森林算法通过以下两个关键策略来实现“随机化”。

1. 数据集随机化（使用 Bagging 实现）

数据集随机化是随机森林算法的核心思想之一。具体而言，随机森林算法通过自助法

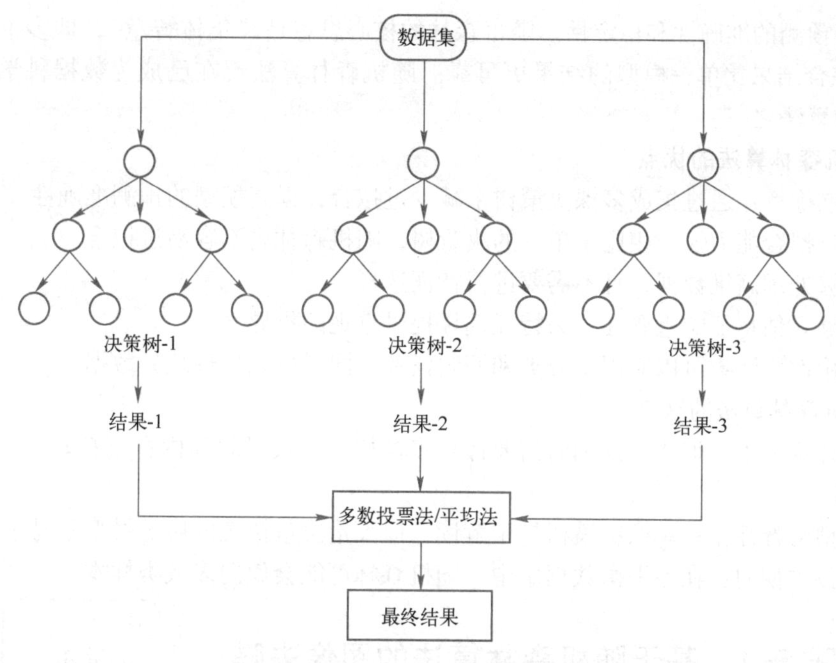

图 5-1　随机森林算法结构图

（Bootstrap），即从原始训练集中有放回地随机抽取样本，生成多个不同的训练子集，每个子集用来训练一棵决策树。这种方法降低了对单一训练集的依赖。

2. 特征随机化

特征随机化是随机森林算法的另一个关键策略。具体而言，在每棵树的构建过程中，随机森林算法并不是基于所有特征进行分裂选择，而是在每个节点上随机选择一部分特征进行分裂决策。通常情况下，选择的特征数目是特征总数的平方根（分类任务）或对数（回归任务）。这种方法避免了强特征主导决策，即某些特征在数据集中非常强大，可能会在每棵树的分裂过程中主导决策。

5.1.3　随机森林算法的工作流程

随机森林算法的一般工作流程如下。

1）选择样本：对原始数据集进行多次抽取（通常采用自助采样法，即有放回地采样），为每棵决策树生成不同的训练子集。

2）随机特征选择：对每个子集构建一棵决策树，在每个决策节点随机选择一部分特征作为特征子集，并仅从这个子集中选择最优特征进行节点分割（这个特征子集的大小通常是特征总数的平方根或者特征总数的三分之一）。

3）构建多棵决策树：重复步骤 1）、步骤 2）。随机森林由多棵决策树组成，每棵树都是独立构建的，树与树之间不存在依赖关系。

4）聚合结果：对于分类任务，随机森林通过多数投票的方式确定最终类别；对于回归任务，则通过平均预测结果来获得最终预测值。

5.1.4　随机森林算法的优缺点

随机森林算法通过构建多棵决策树来进行分类、回归或其他任务，并通过投票或平均的方式来提高预测的准确性和稳定性。随机森林的核心思想是“集体智慧”，即多个模型（决策树）的综合结果比单一模型的结果更可靠。随机森林算法现在已成为数据科学中非常流行和强大的算法之一。

1. 随机森林算法的优点

1）高准确率：通过集成多棵决策树来减少过拟合，提高模型的预测准确性。

2）抗过拟合能力强：相比于单一的决策树，随机森林更不容易过拟合。

3）能够处理高维数据，且不需要进行特征选择。

4）能够评估特征的重要性，为特征选择提供直观的指导。

5）适用性广泛：可以应用于分类和回归任务，同时也能处理缺失数据。

2. 随机森林算法的缺点

1）高计算成本：训练和预测时需要计算多棵树，导致时间和内存消耗较大，尤其在数据集较大时。

2）模型解释性差：单棵决策树易于解读，但大量决策树集成后的模型不易于解读。

3）多数类偏向：在不平衡数据集中，随机森林可能会偏向多数类样本。

5.2 实践 5-1 基于随机森林算法的图像去噪

扫码看视频

本节详细介绍基于随机森林算法的图像去噪。

5.2.1 图像去噪

图像去噪在人工智能安全中扮演着关键角色，它通过清除图像中的噪声，不仅提升了人工智能模型对真实世界数据的处理能力，还增强了模型在面对噪声干扰时的鲁棒性。此外，它对于防御那些旨在通过向数据添加细微噪声来欺骗 AI 系统的对抗性攻击尤为重要。简而言之，图像去噪技术是确保人工智能系统安全、可靠运行的一个重要支撑。

本实践探究基于随机森林算法的图像去噪方法，以提高图片的质量和可读性，为文本分析、信息提取和自然语言处理等任务提供更好的基础支持。

1. 图像噪声

图像噪声是图像中存在的任何不期望的或多余的信息，它会干扰图像的视觉质量。这种噪声并非图像中的物体本身所带有的，它来源于多个环节，包括图像的捕获、传输、处理或压缩。图像噪声是一种非预期产物，是一种不可以完全避免的“边角料”，它的存在会使图像失真或者造成不必要的误差，从而影响图像的质量。

图像噪声所涉及的范围广，大到天文学或射电天文学图片中几乎布满了恶劣的噪声，小到具有良好条件保存的图片中存在极其微小的噪点。在噪声超出正常水平很多的情形下，图像中的物体极有可能无法被准确地辨认，这就需要通过复杂的手段来处理，然而即便这样也只能获取一小部分有用的信息。因此，图像去噪技术成为图像处理中非常重要的一部分。

2. 常见的图像噪声

1）高斯噪声：一种统计上成正态分布的噪声，影响图像中的每个像素，表现为图像上随机分布的灰度变化。高斯噪声通常由电子器件的热噪声、传感器的不完美等因素引起。

2）椒盐噪声：表现为图像上随机分布的亮（白色）或暗（黑色）的像素点。这种噪声通常是由图像传感器、传输错误或其他硬件故障引起的。

3）泊松噪声：是指在成像过程中，由于光子的随机到达导致的一种噪声。其产生根源在于光的量子性质，即光是由离散的光子组成的。

4）量化噪声：在将模拟信号转换为数字信号的过程中由于信号的离散化而引入的误差。这种噪声表现为图像细节的丢失和颜色深度的减少。

3. 图像去噪技术

（1）传统的图像去噪技术

1）平均滤波（均值滤波）：通过将目标像素及其邻域内的像素值求平均来平滑图像。这种方法能有效降低噪声，但可能会使图像变得模糊，损失细节。

2）高斯滤波：一种线性平滑滤波器，根据高斯分布原理对像素周围的邻域像素进行加权平均。它在降噪的同时较好地保持了图像边缘，是处理高斯噪声的常用方法。

3）中值滤波：将每个像素的值替换为其邻域内像素值的中位数。这种非线性的方法对于去除椒盐噪声特别有效，且能较好地保留边缘信息。

（2）基于机器学习的图像去噪技术

1）基于神经网络的图像去噪：通过训练神经网络模型来学习图像噪声的特征和去噪映射关系。这种方法在处理各种类型的噪声时显示出了优异的性能，特别是在保持图像细节方面。

2）基于稀疏表示的图像去噪：稀疏表示是一种把信号变换为略微稀疏的表示方式，从而能够提高信息的利用率以及提取率的方法。在图像处理中，稀疏表示通过学习一组稀疏基函数来表示图像，以实现降噪。

5.2.2　实践目的

本实践的主要目的如下。

1. 深入掌握随机森林在图像去噪中的应用及效果

研究如何应用随机森林算法进行图像去噪，并理解其处理噪声数据的作用原理。评估随机森林去噪算法对图像质量的改善效果，以及它在不同噪声级别下的性能表现。

2. 实践调整随机森林模型参数以优化去噪性能

分析随机森林模型的树结构，包括决策树的深度、节点分裂的随机性和特征选择对去噪效果的影响。

通过调整模型的超参数（如树的数量、树的最大深度、特征子集的大小等），探索提高去噪效果的策略。

3. 可视化模型学习过程和去噪效果评估

利用可视化工具监控模型的学习进度和去噪效果。

5.2.3　实践环境

- Python 版本：3.9 或更高版本。
- 深度学习框架：Torch 2.2.1，Torchvision 0.17.1。
- 其他库版本：NumPy 1.24.3，Imutils 0.5.4，ProgressBar 2.5，Scikit-Learn 1.0，Matplotlib 3.7.2，PyQt5 5.15.10。
- 运行平台：PyCharm。

5.2.4 实践步骤

第1步：访问Python官方网站下载并安装Python 3.9或更高版本。

第2步：安装实践环境。

在命令行或终端中使用下面指令安装其他库。

```
pip install numpy==1.24.3
pip install imutils==0.5.4
pip install PyQt5==5.15.10
pip install progressbar2==2.5
pip install scikit-learn==1.0
pip install matplotlib==3.7.2
```

第3步：配置文件。

```
import os
BASE_PATH = 'denoising-dirty-documents'
TRAIN_PATH = os.path.sep.join([BASE_PATH, 'train'])
CLEANED_PATH = os.path.sep.join([BASE_PATH, 'train_cleaned'])
FEATURES_PATH = 'features.csv'
SAMPLE_PROB = 0.02
MODEL_PATH = 'donoiser.pickle'
```

本实践配置文件中用到的参数定义如下。

1）BASE_PATH：基础路径，用来定位包含所有数据的主文件夹。

2）TRAIN_PATH：脏数据集的路径。

3）CLEANED_PATH：干净数据集的路径。

4）FEATURES_PATH：存储特征数据文件的路径。

5）SAMPLE_PROB：采样概率（控制数据的规模）。

6）MODEL_PATH：训练完成后去噪模型的保存路径。

第4步：使用build_features. py从图像中提取特征和目标值，写入CSV文件。

```
for (i, (trainPath, cleanedPath)) in enumerate(imagePaths):
    trainImage = cv2.imread(trainPath)
    cleanImage = cv2.imread(cleanedPath)
    trainImage = cv2.cvtColor(trainImage, cv2.COLOR_BGR2GRAY)
    cleanImage = cv2.cvtColor(cleanImage, cv2.COLOR_BGR2GRAY)

    trainImage = cv2.copyMakeBorder(trainImage, 2, 2, 2, 2, cv2.BORDER_REPLICATE)
    cleanImage = cv2.copyMakeBorder(cleanImage, 2, 2, 2, 2, cv2.BORDER_REPLICATE)

    trainImage = blur_and_threshold(trainImage)
    cleanImage = cleanImage.astype('float') / 255.0
```

预处理图像数据，使用循环遍历imagePaths列表中的每一对路径(trainPath,cleanedPath)。在每次迭代中读取两张图像，一张作为训练图像，另一张作为清晰图像。将读取的彩色图像转换为灰度图像，并分别对训练图像和清晰图像进行边界复制。随后，对训练图像进行模糊和阈值处理，将清晰图像转换为浮点数，并将其归一化到[0,1]范围内。

```
for y in range(0, trainImage.shape[0]):
    for x in range(0, trainImage.shape[1]):
        trainROI = trainImage[y : y + 5, x : x + 5]
        cleanROI = trainImage[y : y + 5, x : x + 5]
        (rH, rW) = trainROI.shape[:2]
        if rW != 5 or rH != 5:
            continue
```

使用两层循环遍历图像的每个像素点，在图像上滑动一个 5×5 的窗口，提取该区域的像素值作为特征。对于图像中的每个像素点(y,x)，都提取以该点为中心的 5×5 像素的区域。

```
        features = trainROI.flatten()
        target = cleanROI[2,2]
```

提取特征和目标值，使用 features = trainROI. flatten( )，将 5×5 区域（从脏数据集中提取）展平为一个一维数组，这个数组作为机器学习模型的输入特征。使用 target = cleanROI [2, 2]，在 5×5 区域（从干净数据集中提取）中提取中心像素值，作为学习的目标值。

```
        if random.random() <= config.SAMPLE_PROB:
            features = [str(x) for x in features]
            row = [str(target)] + features
            row = ",".join(row)
            csv.write("{}\n".format(row))
```

基于概率采样决定是否保存特征，使用一个随机数与配置中设定的采样概率（SAMPLE_PROB）相比较，决定是否将当前的特征和目标值保存到 CSV 文件中。这种方法可以减少数据的大小，同时保留足够的样本多样性。

按同样的方法处理 imagePaths 列表中的每一张训练图像，将提取到的特征和目标值写入 CSV 文件中。

第 5 步：使用 train_denoiser. py 训练提取到的特征和目标值。

```
for row in open(config.FEATURES_PATH):
    row = row.strip().split(",")
    row = [float(x) for x in row]
    target = row[0]
    pixels = row[1:]

    features.append(pixels)
    targets.append(target)
```

首先，进行数据加载和准备。通过读取 CSV 文件加载数据集，每一行代表一个数据点，其中第一个值是目标值（干净图像的局部区域像素值），后面的值是特征（脏图像的局部区域像素值）。

```
features = np.array(features, dtype='float')
target = np.array(targets, dtype='float')
```

然后，进行数据预处理。将特征和目标值从列表转换为 NumPy 数组，以便更高效地进行后续的数据处理和模型训练。

```
(trainX, testX, trainY, testY) = train_test_split(features, target, test_size=0.25, random_state=42)
```

接下来分割数据集。使用 train_test_split( ) 函数将数据集分为训练集和测试集，其中测试集占总数据的 25%。随机种子设置为 42 以确保结果的可重复性。

```
print("Training model...")
# Create and train the Random Forest model
model = RandomForestRegressor(n_estimators=80)
model.fit(trainX, trainY)
```

随后，创建随机森林回归模型并训练模型。model = RandomForestRegressor(n_estimators = 80) 中的参数 80 代表 80 棵决策树；model. fit(trainX, trainY) 中的 trainX 和 trainY 分别代表训练集的特征和训练集的目标值。注：采用英文编程。

```
print("Evaluating model...")
# Make predictions and evaluate the model
preds = model.predict(testX)
rmse = np.sqrt(mean_squared_error(testY, preds))
print(f"rmse: {rmse}")
```

训练完模型后可以进行模型评估。使用测试集 testX（测试集的特征）对模型进行预测。计算预测值与实际值之间的均方根误差（RMSE），作为性能评价指标。

```
# Save the trained model to disk
f = open(config.MODEL_PATH, "wb")
f.write(pickle.dumps(model))
f.close()
```

最后，使用 pickle. dumps 序列化模型，并将模型保存到文件中。

第 6 步：使用 denoise_document. py 对测试集进行去噪。

```
ap = argparse.ArgumentParser()
ap.add_argument(
    "-t", "--testing", required=True, help="path to directory of testing images"
)
ap.add_argument(
    "-s", "--sample", type=int, default=10, help="sample size for testing images"
)

args = vars(ap.parse_args())
```

首先，设置命令行参数。ap = argparse. ArgumentParser( )，初始化，用于处理命令行参数。ap. add_argument，添加一个必需的命令行参数--testing，用于指定测试图像所在的目录路径；添加一个可选的命令行参数--sample，用于指定处理的测试图像数量，默认值为 10。之后，解析命令行参数，并将参数存储为字典。设置后在命令行输入命令 python denoise_document. py -t <testing_images_directory> [-s <sample_size>] 即可运行该文件。

```
model = pickle.loads(open(config.MODEL_PATH, "rb").read())

imagePaths = list(paths.list_images(args["testing"]))
random.shuffle(imagePaths)
imagePaths = imagePaths[: args["sample"]]
```

然后，加载模型和准备图像路径。从配置指定的路径加载序列化的模型文件，并反序列化为模型对象。分析命令行参数，根据 --testing 获得测试图像所在的目录路径，根据 --sample 从测试图像中随机抽取指定数量的图像。

```
i = 0
for imagePath in imagePaths:
    print("Processing {}".format(imagePath))
    image = cv2.imread(imagePath)
    image = cv2.cvtColor(image, cv2.COLOR_BGR2GRAY)
    orig = image.copy()

    image = cv2.copyMakeBorder(image, 2, 2, 2, 2, cv2.BORDER_REPLICATE)
    image = blur_and_threshold(image)
```

接下来，加载好路径后即可预处理测试图像。遍历上一步中抽取的图像，使用 cv2. imread、cv2. cvtColor 读取图像并将其转换为灰度图。使用 cv2. copyMakeBorder 对图像边缘进行复制扩展，使得处理边缘像素时能够考虑到邻域信息。使用 blur_and_threshold 对测试数据集应用模糊和阈值处理来提取特征。

```
    roiFeatures = []
    for y in range(0, image.shape[0]):
        for x in range(0, image.shape[1]):
            roi = image[y : y +5, x : x + 5]
            (rH, rW) = roi.shape[:2]
            if rW != 5 or rH != 5:
                continue

            features = roi.flatten()
            roiFeatures.append(features)
```

随后，提取测试集特征。循环遍历图像的每个像素点，在图像上滑动一个 5×5 的窗口，提取该区域的像素值作为特征。将提取的 5×5 区域展平为一个一维数组，并添加到特征列表中。

```
    pixels = model.predict(roiFeatures)
    pixels = pixels.reshape(orig.shape)
    output = (pixels*255).astype("uint8")

    cv2.imwrite("Original_" + str(i) + ".jpg", orig)
    cv2.imwrite("Output_" + str(i) + ".jpg", output)
    i += 1
```

最后，使用模型进行预测。model. predict 命令使用训练好的模型对提取的特征（roiFeatures）进行预测。使用 pixels. reshape 将预测结果从一维数组重塑（reshape）为与原图像相同的二维形状。然后将重塑后的像素值（目前范围为 0~1）缩放回 0~255 的范围，以匹配原始图像的像素值范围。最后保存原始图像和去噪后的图像。

第 7 步： 通过命令行执行程序。

程序的执行过程如图 5-2 所示。

```
(myenv) PS D:\denoise\Ocr-Denoiser-main> python build_features.py
Creating Features: 100% |########################################| Time: 0:00:41
(myenv) PS D:\denoise\Ocr-Denoiser-main> python train_denoiser.py
Loading dataset...
Training model....
Processing denoising-dirty-documents/test\211.png
Processing denoising-dirty-documents/test\22.png
Processing denoising-dirty-documents/test\10.png
Processing denoising-dirty-documents/test\196.png
Processing denoising-dirty-documents/test\40.png
Processing denoising-dirty-documents/test\115.png
Processing denoising-dirty-documents/test\142.png
Processing denoising-dirty-documents/test\148.png
Processing denoising-dirty-documents/test\175.png
Processing denoising-dirty-documents/test\103.png
(myenv) PS D:\denoise\Ocr-Denoiser-main>
```

图 5-2　程序执行过程

5.2.5　实践结果

去噪前的图片如图 5-3 所示。去噪后的图片如图 5-4 所示。从图 5-3 和图 5-4 可以看出，去噪后的图片更为清晰。

```
  A new offline handwritten database for the
which contains full Spanish sentences, has re
the Spartacus database (which stands for Span
Task of Cursive Script).  There were two main
this corpus.  First of all, most databases do
sentences, even though Spanish is a widesprea
important reason was to create a corpus from
tasks.  These tasks are commonly used in prac
use of linguistic knowledge beyond the lexico
process.
  As the Spartacus database consisted mainly
and did not contain long paragraphs, the writ
a set of sentences in fixed places:  dedicate
the forms.  Next figure shows one of the form
process.  These forms also contain a brief se
```

a)

图 5-3　去噪前的图片

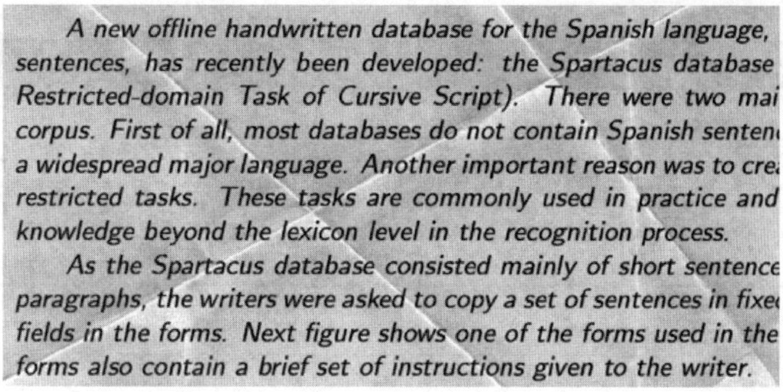

A new offline handwritten database for the Spanish language,
sentences, has recently been developed: the Spartacus database
Restricted-domain Task of Cursive Script). There were two mai
corpus. First of all, most databases do not contain Spanish senten
a widespread major language. Another important reason was to cre
restricted tasks. These tasks are commonly used in practice and
knowledge beyond the lexicon level in the recognition process.
As the Spartacus database consisted mainly of short sentence
paragraphs, the writers were asked to copy a set of sentences in fixe
fields in the forms. Next figure shows one of the forms used in the
forms also contain a brief set of instructions given to the writer.

b)

图 5-3　去噪前的图片（续）

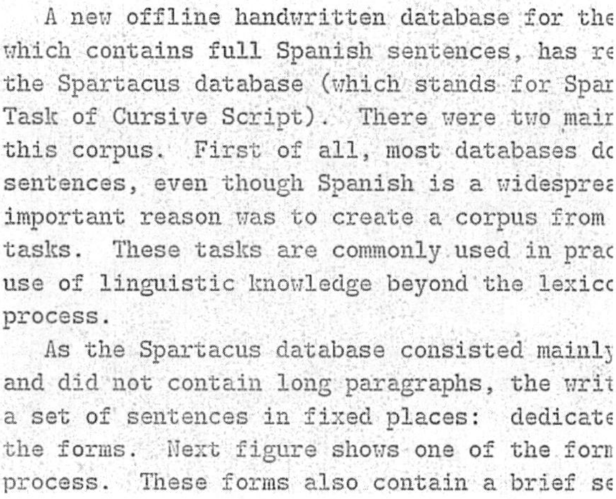

A new offline handwritten database for the
which contains full Spanish sentences, has re
the Spartacus database (which stands for Spar
Task of Cursive Script). There were two mair
this corpus. First of all, most databases dc
sentences, even though Spanish is a widesprea
important reason was to create a corpus from
tasks. These tasks are commonly used in prac
use of linguistic knowledge beyond the lexicc
process.
As the Spartacus database consisted mainly
and did not contain long paragraphs, the writ
a set of sentences in fixed places: dedicate
the forms. Next figure shows one of the forn
process. These forms also contain a brief se

a)

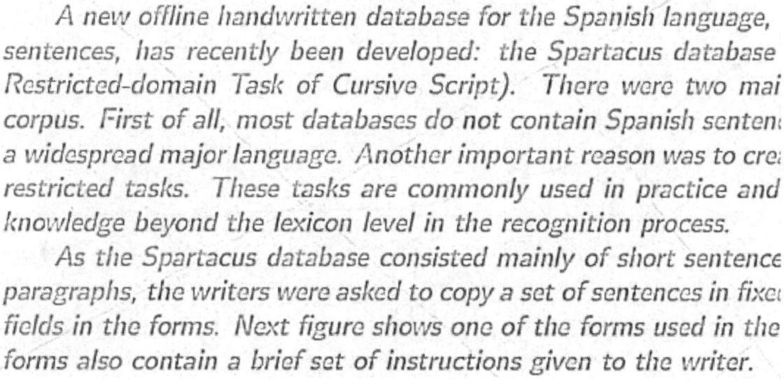

A new offline handwritten database for the Spanish language,
sentences, has recently been developed: the Spartacus database
Restricted-domain Task of Cursive Script). There were two mai
corpus. First of all, most databases do not contain Spanish senten
a widespread major language. Another important reason was to cre
restricted tasks. These tasks are commonly used in practice and
knowledge beyond the lexicon level in the recognition process.
As the Spartacus database consisted mainly of short sentence
paragraphs, the writers were asked to copy a set of sentences in fixe
fields in the forms. Next figure shows one of the forms used in the
forms also contain a brief set of instructions given to the writer.

b)

图 5-4　去噪后的图片

图像去噪编程实践训练所需时间和模型效果见表 5-1。训练所需时间折线图如图 5-5 所示。模型效果折线图如图 5-6 所示。

表 5-1　训练所需时间和模型效果

n_estimators	RMSE×10^{-5}	Time(s)
5	6.10	13.08
10	5.68	21.00

（续）

n_estimators	RMSE×10^{-5}	Time(s)
20	4.83	37.02
40	4.14	69.70
60	4.06	100.58
80	3.51	133.31

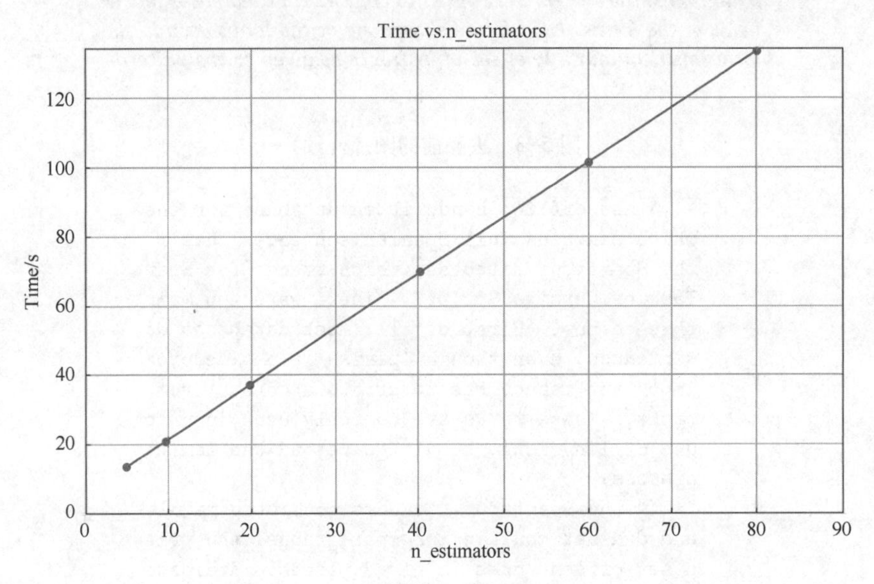

图 5-5　训练所需时间折线图

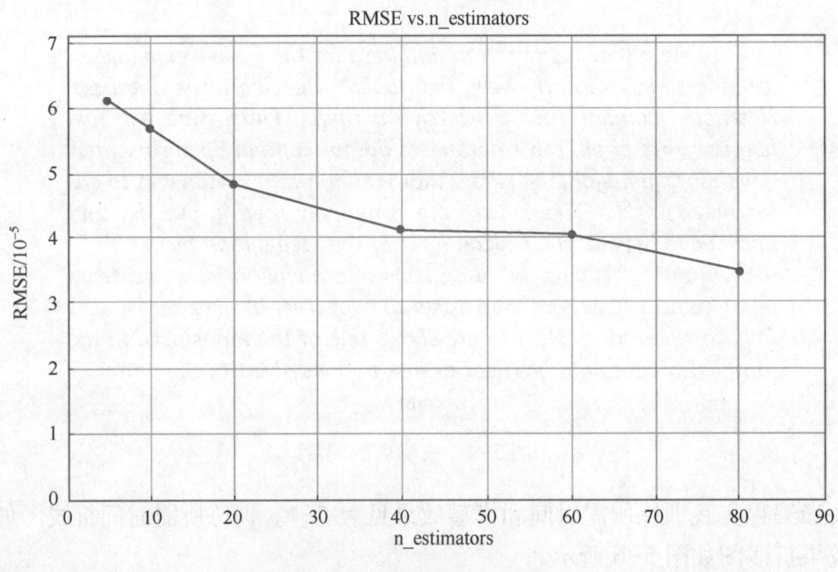

图 5-6　模型效果折线图

5.2.6　实践要求

1）要求通过控制台或终端运行 build_features. py、train_denoiser. py、denoise_document. py

这三个文件，并对控制台的输出截图。

2）要求修改决策树的数量（分别为 5、10、30、50、70、90），绘制表格和折线图，并分析最优决策树数量。

3）要求优化 denoise_document. py（目前该文件只能通过控制台或终端运行，并且每次运行时都需要给出文件的目录地址）。

- 优化 1：直接在代码中指定测试文件的目录地址和采样数量。
- 优化 2：通过 PyQt5 等工具，对该文件的运行进行可视化处理。

5.2.7　参考代码

本实践的 Python 语言参考源代码见本书的配套资源。

5.3　习题

1. 什么是随机森林算法？
2. 图像去噪的作用是什么？

第6章　贝叶斯和SVM分类算法的安全应用

本章主要讲述机器学习里两个经典的分类算法：贝叶斯分类算法和SVM分类算法，以及它们在网络空间安全领域的应用。在实践部分，主要讲述基于贝叶斯分类算法和SVM分类算法的垃圾邮件过滤。

知识与能力目标

1）了解垃圾邮件。

2）认知垃圾邮件的过滤方法。

3）掌握贝叶斯分类算法。

4）掌握SVM分类算法。

5）熟悉基于贝叶斯分类算法的垃圾邮件过滤方法。

6）熟悉基于SVM分类算法的垃圾邮件过滤方法。

6.1　知识要点

扫码看视频

很多人打开计算机经常会查看电子邮件，看看有没有什么重要的事情。然而现实是，电子邮箱里会有很多垃圾邮件，因此，对垃圾邮件进行过滤就是一件很重要的事了。垃圾邮件过滤通常使用机器学习领域的分类算法来实现。

6.1.1　贝叶斯分类算法

朴素贝叶斯分类器（Naive Bayes Classifier）是一种基于贝叶斯定理的分类算法。它是一种简单而高效的分类方法，在文本分类等领域有着广泛应用。朴素贝叶斯分类器假设特征之间相互独立，这是一个“朴素”的假设，因此称为朴素贝叶斯分类器，它的基本思想如下。

根据已知类别的训练样本学习先验概率和条件概率，然后利用贝叶斯定理对新样本进行分类。朴素贝叶斯分类器的核心假设是特征之间相互独立，即给定类别下的特征条件独立。这个假设使得朴素贝叶斯分类器的计算效率非常高，但也造成了一定的分类误差。尽管这个假设在实际问题中往往不成立，但朴素贝叶斯分类器在许多实际应用中仍然表现良好。

朴素贝叶斯分类器训练基本步骤如图6-1所示。

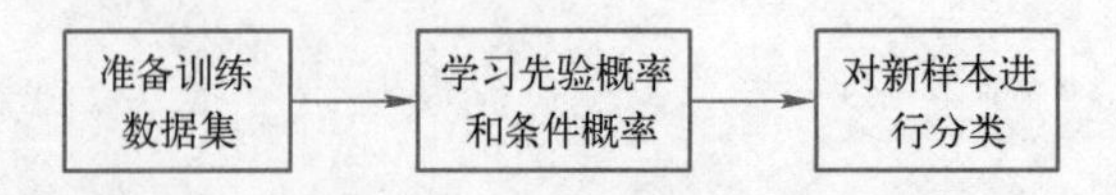

图6-1　朴素贝叶斯分类器训练基本步骤

1）准备一组已知类别的训练样本，每个样本由一组特征值和对应的类别标签组成。

2）根据训练样本，计算每个类别的先验概率，即在整个训练集中每个类别出现的概率。然后，计算每个特征在给定类别下的条件概率，即在该类别下每个特征值出现的概率。

3）对于一个新的样本，根据学习到的先验概率和条件概率，计算该样本属于每个类别的后验概率。然后，根据后验概率选择概率最大的类别作为分类结果。

贝叶斯分类算法的适用场景包括文本分类、垃圾邮件过滤、情感分析等。在实践中，朴素贝叶斯分类器可以通过不同的概率分布模型来对特征的条件概率进行建模，如多项式模型（MultinomialNB）用于文本分类，高斯模型（GaussianNB）用于连续特征的分类，以及伯努利模型（BernoulliNB）用于二值特征的分类。这些不同的模型适用于不同类型的数据和特征分布，如在垃圾邮件过滤实践中，使用的便是多项式模型。

贝叶斯分类算法的优点是简单、高效，对于大规模数据集和高维特征空间也有良好的适应性。

贝叶斯分类算法的缺点是朴素贝叶斯分类器对于特征之间的依赖关系较为敏感，对于相关性较强的特征可能表现不佳。

6.1.2　SVM 分类算法

支持向量机（Support Vector Machine，SVM）分类算法是一种常用的监督学习算法，用于解决二分类和多分类问题。

SVM 分类算法是一种用于分类和回归问题的机器学习算法，其基本思想是在特征空间中找到一个最优的超平面，将不同类别的样本实例分隔开。

SVM 分类算法通过寻找具有最大间隔的超平面来实现分类任务，这个超平面可以将不同类别的样本分隔开。通过使用支持向量机和核函数，SVM 可以处理非线性问题，并且通过解决优化问题来确定最优的超平面。支持向量机训练基本步骤如图 6-2 所示。

图 6-2　支持向量机训练基本步骤

SVM 分类算法的目标是寻找一个最优的超平面，将不同类别的样本点分开。

SVM 分类算法使用了一种称为合页损失（Hinge Loss）的函数来衡量分类误差。

SVM 分类算法的最优化问题可以转化为求解一个凸二次规划问题。

在实际应用中，当数据集不是线性可分的时候，SVM 可以通过引入核函数来将低维特征映射到高维特征空间，从而实现非线性分类。常用的核函数有线性核、多项式核、高斯核等。

1. SVM 分类算法的适用场景

SVM 分类算法在许多领域都有广泛的应用，包括文本分类、图像识别、生物信息学、金融风险分析等，其强大的泛化能力和对高维数据的处理能力使得它成为机器学习中常用的分类算法之一。

2. SVM 分类算法的优缺点

SVM 分类算法只依赖于一部分训练样本，这使得它对于噪声和异常值都具有鲁棒性。

SVM 分类算法的决策函数仅与支持向量机有关，而不依赖于整个训练数据集的规模，这使得它在存储和预测时的计算效率较高。

SVM 分类算法的训练时间复杂度随着数据集的规模增加而增加，尤其是在非线性核函数和高维特征空间的情况下。对于大规模数据集，训练时间可能会很长，甚至无法应用于实时或在线学习任务。

6.1.3 垃圾邮件过滤

垃圾邮件过滤是一种用于检测和过滤无用邮件的技术，同时也是文档分类技术的一个典型应用。随着电子邮件的普及，垃圾邮件成为一个严重的问题，给用户带来了许多不便和安全风险。电子邮箱中的垃圾邮件如图 6-3 所示。

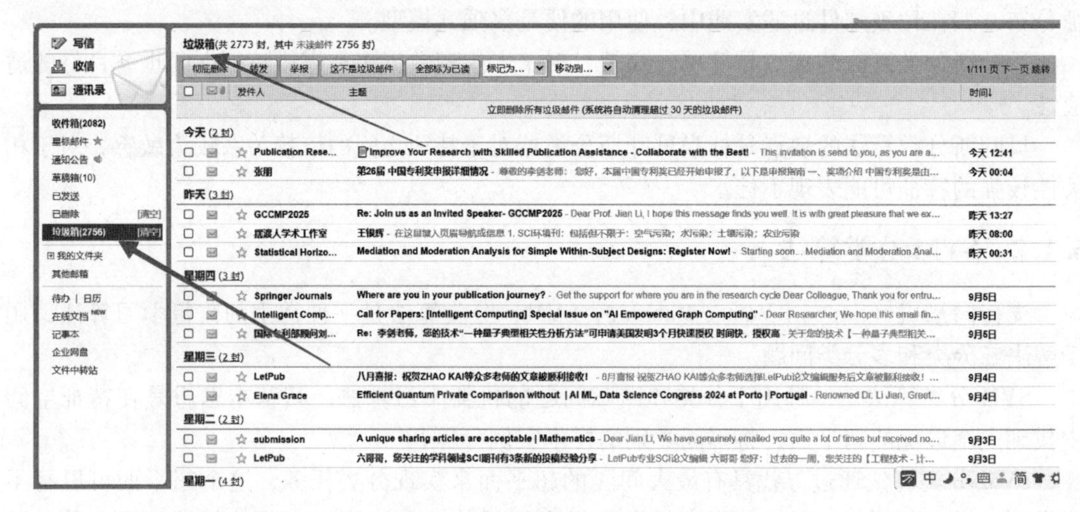

图 6-3 电子邮箱中的垃圾邮件

图 6-3 的电子邮箱中包含 2773 封垃圾邮件。垃圾邮件困扰着人们的生活，甚至有些垃圾邮件里包含一些很明显的诈骗信息，如图 6-4 所示。

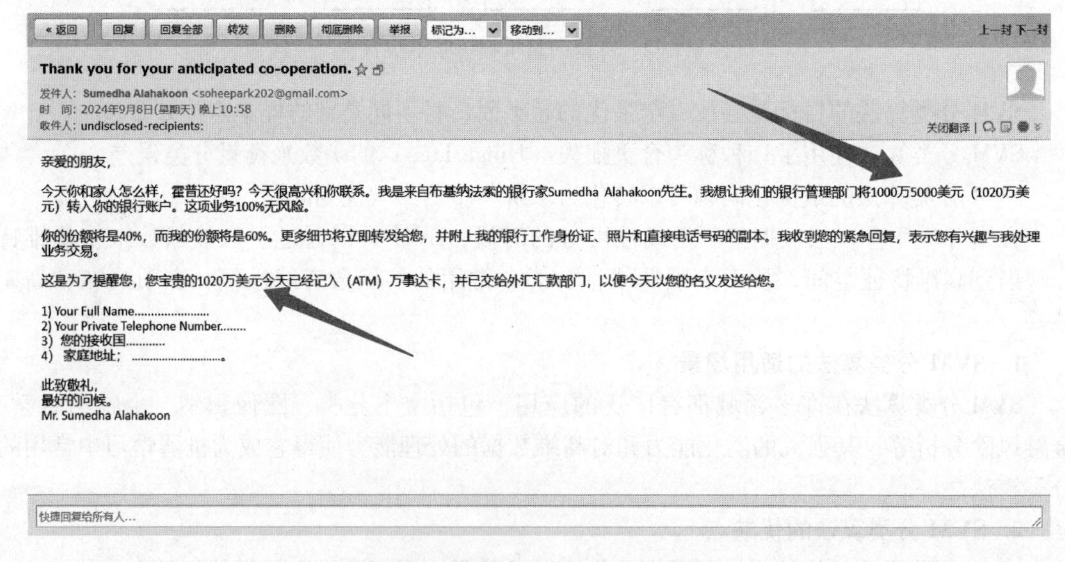

图 6-4 含有诈骗信息的垃圾邮件

垃圾邮件过滤技术的目标是通过自动化的方式，将电子邮件分类为垃圾邮件或非垃圾邮件（又称火腿邮件），并将垃圾邮件从用户的收件箱中过滤出去，使用户只接收到有用的邮件，Gmail 账户中的垃圾邮件箱就是很好的例子。

1. 常见方法

1）关键词过滤：该方法通过检查邮件内容中是否包含特定的关键词或短语来确定其是否是垃圾邮件，这些关键词可能是与广告、促销、赌博等相关的词汇。

2）黑名单过滤：黑名单过滤使用预先定义的黑名单，其中包含已知的垃圾邮件发送者的信息，如 IP 地址、域名等，如果邮件的发送者在黑名单中，那么该邮件就会被过滤。

3）白名单过滤：与黑名单过滤相反，白名单过滤使用预先定义的白名单，其中包含可以信任的发送者的信息，只有在白名单中的发送者才能将邮件发送到用户的收件箱。

4）基于规则的过滤：这种方法使用预先定义的规则集来识别垃圾邮件，这些规则可以包括邮件头信息、邮件内容结构、URL 链接等方面的规则。

5）机器学习过滤：机器学习在垃圾邮件过滤中扮演着重要的角色。通过对已知的垃圾邮件和非垃圾邮件进行训练，机器学习算法可以学习到垃圾邮件的模式和特征，并根据这些特征对新的邮件进行分类。

2. 应用场景

1）电子邮件服务提供商：大多数电子邮件服务提供商（如 Gmail、Outlook 等）都使用垃圾邮件过滤技术来保护用户的收件箱免受垃圾邮件的侵扰。这些服务提供商会使用多种垃圾邮件过滤方法来自动识别和过滤垃圾邮件，确保用户只接收到有用的邮件。

2）企业邮件系统：企业通常会使用垃圾邮件过滤技术来保护员工的电子邮件系统免受垃圾邮件的干扰。垃圾邮件过滤技术可以帮助企业过滤掉恶意软件、网络钓鱼邮件和其他威胁，从而保护企业的网络和敏感信息。

3）电子商务平台：电子商务平台经常面临垃圾邮件的问题，如促销广告、欺诈信息等。垃圾邮件过滤技术可以帮助这些平台自动识别并过滤掉不需要的邮件，提高用户的购物体验和安全性。

4）社交媒体平台：社交媒体平台也常常是垃圾邮件的目标。通过垃圾邮件过滤技术，平台可以识别和过滤掉垃圾邮件，减少滥用、欺诈和垃圾信息对用户的干扰。

6.2　实践 6-1　基于贝叶斯和 SVM 分类算法的垃圾邮件过滤

本实践分别采用机器学习里面两个经典算法（即贝叶斯分类算法和 SVM 分类算法）实现对垃圾邮件的过滤。

扫码看视频

6.2.1　实践目的

本实践的目的如下。

1）熟悉垃圾邮件过滤的一般性流程，理解分类器的基本原理。

2）设计简易的垃圾邮件分类器，完成程序设计。

3）采用不同的分类器，对性能结果进行比较。

6.2.2　实践流程

1）数据准备。

2）构建字典。

3）将邮件文本提取成特征矩阵。

4）对朴素贝叶斯分类器和支持向量机进行训练。

5）使用测试集得到预测结果。

6）对模型性能进行对比评估。

6.2.3 实践环境

本实践的环境需求如下。

- Python 版本：3.9 或更高版本。
- 深度学习框架：PyTorch 1.7.0。
- 运行平台：PyCharm。
- 其他库版本：NumPy 1.24.3，Scikit-Learn 1.2.2，Matplotlib 3.7.1，Pandas 1.5.3。
- 数据集：本实践采用的数据集为实践前已预提供的特定数据集，见本书的配套资源。

6.2.4 实践步骤

第 1 步： 导入第三方库。

首先导入 Python 中处理数据科学、机器学习和统计相关的几个重要库与模块。下面按照导入第三方库的顺序进行详细介绍。

```
import os
import numpy as np
from collections import Counter
from sklearn.svm import LinearSVC
from sklearn.metrics import confusion_matrix
from sklearn.naive_bayes import MultinomialNB
```

1）导入 Python 的 os 模块。os 模块提供了许多与操作系统交互的功能，如文件路径操作、环境变量操作、进程管理等。

2）导入 NumPy 库，并将其重命名为 np。NumPy 是 Python 的一个库，提供了大量的数学函数处理以及高效的多维数组对象。

3）从 collections 模块中导入 Counter 类。Counter 是一个字典的子类，用于计数可哈希对象。它是一个容器，其中的元素被存储为字典的键，它们的计数作为字典的值。

4）从 Scikit-Learn（机器学习库）的 svm（支持向量机）模块中导入 LinearSVC 类。LinearSVC 实现了线性支持向量机分类器，它基于 liblinear 库，支持密集和稀疏数据输入，并提供了多种分类功能。

5）从 Scikit-Learn 的 metrics 模块中导入 confusion_matrix 函数。confusion_matrix 函数用于计算分类模型的混淆矩阵。混淆矩阵是一个表格，用于描述分类模型的性能，特别是将实际类别与模型预测的类别进行比较。

6）从 Scikit-Learn 的 naive_bayes 模块中导入 MultinomialNB 类。MultinomialNB 实现了多项式朴素贝叶斯算法，适用于特征表示为出现次数或频率的离散数据。

第 2 步： 定义构建字典函数。

定义一个名为 create_word_dictionary 的函数，该函数接收一个参数 train_directory，该参数是一个包含电子邮件文件的目录的路径。函数的目的是从这个目录的所有电子邮件文件中提取单词，创建一个单词字典，该字典包含最常见的 3000 个非数字、非单字母的单词及单词的出现次数。下面是对该函数实现方式的详细解释。

```
def create_word_dictionary(train_directory):
    email_files = [os.path.join(train_directory, file) for file in os.listdir(train_directory)]
    all_words = []

    for email_file in email_files:
        with open(email_file) as f:
            for i, line in enumerate(f):
                if i == 2:
                    words = line.split()
                    all_words += words

    word_dictionary = Counter(all_words)
    words_to_remove = list(word_dictionary.keys())

    for word in words_to_remove:
        if not word.isalpha() or len(word) == 1:
            del word_dictionary[word]

    word_dictionary = word_dictionary.most_common(3000)
    return word_dictionary
```

1）首先，定义 create_word_dictionary 函数，输入为训练邮件的目录。使用 os. listdir 获取 train_directory 目录下所有文件的名称。然后，使用 os. path. join 将它们与目录路径拼接成完整路径，并存储在 email_files 列表中。并且初始化一个空列表，用于存储从所有电子邮件中提取的单词。

```
def create_word_dictionary(train_directory):
    email_files = [os.path.join(train_directory, file) for file in os.listdir(train_directory)]
    all_words = []
```

2）读取每封邮件并提取词汇。首先，遍历每个邮件文件，使用 with 语句打开文件，确保文件正确关闭。随后，枚举文件的每一行，i 为行号，line 为行内容，并且只处理邮件的第三行（因为邮件正文从第三行开始）。使用 split( )方法按空格分割行内容，得到单词列表，将分割得到的单词列表添加到 all_words 列表中。

```
    for email_file in email_files:
        with open(email_file) as f:
            for i, line in enumerate(f):
                if i == 2:
                    words = line.split()
                    all_words += words
```

3）词频统计和清洗词汇准备。使用 Counter 对象统计 all_words 列表中每个单词的出现次数，并且获取所有单词的列表，准备移除不符合条件的单词。

```
    word_dictionary = Counter(all_words)
    words_to_remove = list(word_dictionary.keys())
```

4）移除无效词汇。遍历 words_to_remove 列表，通过 word. isalpha( )检查单词是否仅由字母组成，排除数字或特殊符号，并且排除长度为 1 的单词。如果满足上述条件，则将单词从 word_dictionary 中删除。

```
    for word in words_to_remove:
        if not word.isalpha() or len(word) == 1:
            del word_dictionary[word]
```

5）使用 most_common(3000) 方法获取出现次数最多的 3000 个单词及其出现次数，作为最终的单词字典返回。

```
    word_dictionary = word_dictionary.most_common(3000)
    return word_dictionary
```

第 3 步：定义提取特征函数。

定义一个名为 extract_features 的函数，它接收两个参数：mail_directory 和 word_dictionary。函数的目的是从指定目录的每个邮件文件中提取特征，并将这些特征表示为一个特征矩阵，其中每行代表一个邮件文件的特征向量，每列代表一个单词在单词字典中的索引，矩阵中的值表示该单词在邮件文件中出现的次数。对该函数实现方式的详细解释如下。

```
def extract_features(mail_directory, word_dictionary):
    files = [os.path.join(mail_directory, file) for file in os.listdir(mail_directory)]
    features_matrix = np.zeros((len(files), 3000))
    doc_id = 0

    for file in files:
        with open(file) as f:
            for i, line in enumerate(f):
                if i == 2:
                    words = line.split()
                    for word in words:
                        word_id = 0
                        for i, d in enumerate(word_dictionary):
                            if d[0] == word:
                                word_id = i
                                features_matrix[doc_id, word_id] = words.count(word)
        doc_id += 1
    return features_matrix
```

1）定义 extract_features 函数，输入为邮件目录和单词字典。随后，列出指定目录下的所有文件，并将它们与目录路径拼接成完整路径。然后，创建一个零矩阵，行数为邮件数量，列数为字典中的单词数（3000），用于存储特征，并且初始化文档索引，跟踪当前处理的文件。

2）遍历邮件文件，对于每个文件，打开并读取其内容。

3）使用 enumerate 函数遍历文件 f 的每一行，同时获取行号（i）和行内容（line）。检查当前行号是否为 2，即文件的第三行（因为索引从 0 开始），如果是，将当前行按空白字符分割成单词列表，并存储在 words 列表中。

4）遍历 words 列表中的每个单词，对于每个单词，首先将 word_id 初始化为 0。

5）遍历字典 word_dictionary 以找到该单词的索引（ID）。如果在 word_dictionary 中找到了单词，则将该单词在第三行中出现的次数记录在 features_matrix 的相应位置。

6）更新文档 ID，每处理完一个文件，将 doc_id 加 1，以便在 features_matrix 中为下一个文件分配正确的行。最后，返回填充好的特征矩阵。

第 4 步：指定训练集目录并创建单词字典。

首先，指定存放训练邮件文件的目录"data/train-mails"。然后，调用 create_word_dictionary()函数，读取训练邮件并提取单词。最终，生成包含 3000 个最常用单词的字典 word_dictionary。

```
train_directory = "data/train-mails"
word_dictionary = create_word_dictionary(train_directory)
```

第 5 步：定义训练标签。

使用 NumPy 库创建一个长度为 702 的全零数组 train_labels。这个数组用于存储训练集的标签。随后，将索引 351~700（共 350 个元素）的标签设置为 1，即将这些样本标记为“垃圾邮件”。

```
train_labels = np.zeros(702)
train_labels[351:701] = 1
```

第 6 步：提取训练集特征。

使用预先定义好的 extract_features()函数从训练数据集中提取特征。根据提取到的单词和之前创建的单词字典，构建特征矩阵。

```
train_matrix = extract_features(train_directory, word_dictionary)
```

第 7 步：初始化线性支持向量机模型。

从 Scikit-Learn 库中创建一个线性支持向量机（SVM）分类器的实例 svm_model。这个分类器用来进行垃圾邮件分类。

```
svm_model = LinearSVC()
```

第 8 步：初始化朴素贝叶斯模型。

从 Scikit-Learn 库中创建一个多项式朴素贝叶斯分类器的实例 naive_bayes_model。

```
naive_bayes_model.fit(train_matrix, train_labels)
```

第 9 步：训练支持向量机模型。

调用 fit() 函数，支持向量机模型 svm_model 使用训练特征 train_matrix 和训练标签 train_labels 进行模型训练。

```
svm_model.fit(train_matrix, train_labels)
```

第 10 步：训练朴素贝叶斯模型。

与第 9 步一样，调用 fit() 函数，多项式朴素贝叶斯模型 naive_bayes_model 使用训练数据进行模型训练。

```
naive_bayes_model.fit(train_matrix, train_labels)
```

第 11 步：指定测试集。

指定测试集目录 test_directory，调用 extract_features()函数从测试数据集中提取特征。根据提取到的单词和之前创建的单词字典，构建特征矩阵。

```
test_directory = "data/test-mails"
test_matrix = extract_features(test_directory, word_dictionary)
```

第12步：定义测试集标签。

创建一个长度为260的全零数组，用于存储测试样本的标签。test_labels[130:260]=1表示将索引130~259（共130个元素）的标签设置为1，即这些样本被标记为“垃圾邮件”。

```
test_labels = np.zeros(260)
test_labels[130:260] = 1
```

第13步：使用SVM模型进行预测。

调用之前训练好的SVM模型svm_model的predict()方法对测试集的特征矩阵test_matrix进行预测，并将预测结果存储在svm_result数组中。这个数组包含了模型对每封测试电子邮件的分类预测。

```
svm_result = svm_model.predict(test_matrix)
```

第14步：使用朴素贝叶斯模型进行预测。

与第13步类似，调用之前训练好的朴素贝叶斯模型naive_bayes_model的predict()方法对相同的测试集特征矩阵test_matrix进行预测，并将预测结果存储在naive_bayes_result数组中。

```
naive_bayes_result = naive_bayes_model.predict(test_matrix)
```

第15步：打印混淆矩阵。

调用confusion_matrix()函数来计算并打印SVM模型、朴素贝叶斯模型预测结果的混淆矩阵。混淆矩阵是一个表格，用于描述分类模型的性能，以及它如何混淆不同的类别。它比较了SVM模型的预测标签svm_result与测试集真实标签test_labels，还比较了朴素贝叶斯模型的预测标签naive_bayes_result与相同的测试集真实标签test_labels。

```
print(confusion_matrix(test_labels, svm_result))
print(confusion_matrix(test_labels, naive_bayes_result))
```

6.2.5 实践结果

1. 运行结果示例

程序运行结果示例如图6-5所示。

```
[[126   4]
 [  6 124]]
[[129   1]
 [  9 121]]

进程已结束,退出代码0
```

图6-5 程序运行结果

结果表明，线性支持向量机模型的混淆矩阵为$\begin{bmatrix}[126 & 4]\\ [6 & 124]\end{bmatrix}$，即真实为“Ham”（正常邮件）且被模型预测为“Ham”的邮件数量为 126，真实为“Ham”但被模型预测为“Spam”的数量为 4，真实为“Spam”但被模型预测为“Ham”的数量为 6，真实为“Spam”且被模型预测为“Spam”的数量为 124。朴素贝叶斯模型的混淆矩阵为$\begin{bmatrix}[129 & 1]\\ [9 & 121]\end{bmatrix}$，即真实为“Ham”且被模型预测为“Ham”的邮件数量为 129，真实为“Ham”但被模型预测为“Spam”的数量为 1，真实为“Spam”但被模型预测为“Ham”的数量为 9，真实为“Spam”且被模型预测为“Spam”的数量为 121。

2. 对模型结果进行评估，绘制 SVM 和朴素贝叶斯效果对比图

SVM 和朴素贝叶斯的混淆矩阵已经打印出来了，现在要使用 Pandas 和 Matplotlib 库绘制混淆矩阵的表格，使得 SVM 和朴素贝叶斯分类器的性能可以被可视化展示出来。可视化实现代码的详细解释如下。

```
# 绘制SVM混淆矩阵表格
import pandas as pd
import matplotlib.pyplot as plt
from sklearn.metrics import confusion_matrix

# 绘制SVM(Linear)混淆矩阵表格
svm_df = pd.DataFrame(confusion_matrix(test_labels, svm_result), index=['Ham', 'Spam'], columns=['Ham', 'Spam'])
cell_text = [['SVM(Linear)', 'Ham', 'Spam']]
for row_label, row in zip(['Ham', 'Spam'], svm_df.values):
    cell_text.append([row_label] + list(row))
fig, ax = plt.subplots()
ax.axis('tight')
ax.axis('off')
tbl = ax.table(cellText=cell_text, loc='center', cellLoc='center')
plt.show()
```

第 1 步：导入第三方库。

首先导入 Python 中绘制混淆矩阵表格的几个重要库和模块。下面按照导入第三方库的顺序进行详细介绍。

1）导入 Python 的 Pandas 库，并将其简称为 pd。Pandas 是一个强大的数据分析和操作库，它提供了快速、灵活和表达式丰富的数据结构，旨在使“关系”或“标签”数据的处理既简单又直观。这里它被用来处理或展示分类结果的数据。

2）导入 Matplotlib 的 pyplot 模块，并将其重命名为 plt。Matplotlib 是 Python 的一个绘图库、数据可视化库，用于绘制图形。

3）从 Scikit-Learn 的 metrics 模块中导入 confusion_matrix( ) 函数。该函数用于计算分类模型的混淆矩阵。混淆矩阵是一个表格，用于描述分类模型的性能，可以对实际类别与模型预测的类别进行比较。

第 2 步：生成混淆矩阵 DataFrame。

计算 test_labels（真实标签）和 svm_result（SVM 模型预测标签）之间的混淆矩阵。并将混淆矩阵（NumPy 数组）转换为一个 Pandas DataFrame，以便进行更方便的数据操作。这里，我们设置 index = ['Ham', 'Spam'] 和 columns = ['Ham', 'Spam'] 来明确指定行和列的标签。

第 3 步：准备表格的单元格文本。

首先，初始化一个列表，作为表格的单元格文本。第一行是表格的标题行，包含分类器名称（"SVM(Linear)"）和混淆矩阵的列标题（"Ham"，"Spam"）。随后，遍历混淆矩阵的每一行。将行标签（'Ham', 'Spam'）和混淆矩阵的数值行（svm_df. values）组合在一起，以便同时访问它们。在循环内部，对于每一行，将行标签和该行的数值组合成一个新的列表，并添加到 cell_text 列表中。这样，cell_text 就包含了整个表格的单元格文本。

第 4 步： 创建图形和表格。

首先，创建一个图形（fig）和一个坐标轴（ax），这是 Matplotlib 中绘制图形的基本方式。然后，设置坐标轴的边界为“tight”，即紧密围绕数据，并关闭坐标轴显示，因为我们只想显示表格而不显示坐标轴。随后，在 ax 上创建一个表格。cellText=cell_text 指定了表格的单元格文本，loc='center'将表格定位在坐标轴的中心，cellLoc='center'将单元格内的文本居中显示。最后，显示图形，此时绘制 SVM(Linear)混淆矩阵表格完成。

第 5 步： 绘制朴素贝叶斯混淆矩阵表格。

绘制朴素贝叶斯混淆矩阵表格与绘制 SVM 混淆矩阵表格的步骤类似，这里就不再赘述，详情参照第 1~4 步。

```
# 绘制MultinomialNB混淆矩阵表格
MultinomialNB_df = pd.DataFrame(confusion_matrix(test_labels, naive_bayes_result), index=['Ham', 'Spam'], columns=['Ham', 'Spam'])
cell_text = [['Multinomial NB', 'Ham', 'Spam']]
for row_label, row in zip(['Ham', 'Spam'], MultinomialNB_df.values):
    cell_text.append([row_label] + list(row))  # 行标签加上对应的行数据
fig, ax = plt.subplots()
ax.axis('tight')
ax.axis('off')
tbl = ax.table(cellText=cell_text, loc='center', cellLoc='center')
plt.show()
```

在本实践中，线性支持向量机模型和朴素贝叶斯模型的性能效果图分别如图 6-6 和图 6-7 所示。

SVM(Linear)	Ham	Spam
Ham	126	4
Spam	6	124

图 6-6　线性支持向量机模型性能效果图

Multinomial NB	Ham	Spam
Ham	129	1
Spam	9	121

图 6-7　朴素贝叶斯模型性能效果图

根据混淆矩阵，可以通过数学公式计算出模型的准确率、召回率、精确率和 F1 分数等相关指标。

使用下面的代码计算并打印两种机器学习模型（支持向量机和朴素贝叶斯）在相同测试集上的性能指标。具体来说，它计算了每个模型的准确率（accuracy）、召回率（recall）、精确率（precision）和 F1 分数（F1 score），并将这些指标分别打印出来以对比模型的性能。具体代码的详细解释如下。

```
# 计算相关性能指标并打印
from sklearn.metrics import accuracy_score, precision_score, recall_score, f1_score

svm_accuracy = accuracy_score(test_labels, svm_result)
svm_precision = precision_score(test_labels, svm_result)
svm_recall = recall_score(test_labels, svm_result)
svm_f1 = f1_score(test_labels, svm_result)
nb_accuracy = accuracy_score(test_labels, naive_bayes_result)
nb_precision = precision_score(test_labels, naive_bayes_result)
nb_recall = recall_score(test_labels, naive_bayes_result)
nb_f1 = f1_score(test_labels, naive_bayes_result)
print("SVM模型的性能指标：")
print("准确率：", svm_accuracy)
print("召回率：", svm_recall)
print("精确率：", svm_precision)
print("F1 分数：", svm_f1)
print("朴素贝叶斯模型的性能指标：")
print("准确率：", nb_accuracy)
print("召回率：", nb_recall)
print("精确率：", nb_precision)
print("F1分数：", nb_f1)
```

第 1 步： 导入第三方库。

导入四个函数，这些函数用于评估分类模型的性能。accuracy_score( ) 函数用于计算准确率，即正确预测的样本数占总样本数的比例。precision_score( ) 函数用于计算精确率，即被模型预测为正类的样本中，真实为正类的样本的比例。recall_score( ) 函数用于计算召回率，即实际为正类的样本中，被模型预测为正类的样本的比例。f1_score( ) 函数用于计算 F1 分数，它是精确率和召回率的调和平均，用于综合评估模型的性能。

第 2 步： 计算 SVM 模型的性能指标。

使用上述四个函数计算 SVM 模型在测试集上的性能指标。对计算 SVM 模型在测试集上的性能指标的详细解释如下。

1）调用 accuracy_score( ) 函数计算 SVM 模型在测试集上的准确率。其中参数 test_labels 是测试集的真实标签，svm_result 是 SVM 模型对测试集的预测结果。

2）调用 precision_score( ) 函数计算 SVM 模型在测试集上的精确率，精确率是被模型预测为正类的样本中，真实为正类的样本的比例。其中参数的含义同上。

3）调用 recall_score( ) 函数计算 SVM 模型在测试集上的召回率，召回率是真实为正类的样本中，被模型预测为正类的样本的比例。

4）调用 f1_score( ) 函数计算 SVM 模型在测试集上的 F1 分数，F1 分数是精确率和召回率的调和平均，用于综合评估模型的性能。

第 3 步： 计算朴素贝叶斯模型的性能指标。

使用上述四个函数计算朴素贝叶斯模型在测试集上的性能指标。其中具体内容与第 2 步计算 SVM 模型的性能指标类似，只是使用的参数有所不同，这里使用的参数 test_labels 是真实标签，naive_bayes_result 是朴素贝叶斯模型对测试集的预测结果。

第 4 步： 打印性能指标。

通过 print 函数打印两个模型（SVM 和朴素贝叶斯）的性能指标，包括准确率、召回率、精确率和 F1 分数。

运行结果如图 6-8 所示。

```
SVM模型的性能指标：
准确率： 0.9615384615384616
召回率： 0.9538461538461539
精确率： 0.96875
F1 分数： 0.9612403100775193
朴素贝叶斯模型的性能指标：
准确率： 0.9615384615384616
召回率： 0.9307692307692308
精确率： 0.9918032786885246
F1分数： 0.9603174603174605

进程已结束,退出代码0
```

图 6-8　SVM 和朴素贝叶斯模型的性能指标

通过对比两个模型的性能指标，可以得出：SVM 模型的准确率与朴素贝叶斯模型的准确率都是 96.15%，这表明这两个模型在整体预测上的准确率一样。SVM 模型的召回率为 95.38%，高于朴素贝叶斯模型的召回率（93.08%），这意味着 SVM 模型能够更好地捕获正类别（垃圾邮件）样本，减少漏报的情况。朴素贝叶斯模型的精确率为 99.18%，高于 SVM 模型的精确率（96.88%），这表示朴素贝叶斯模型在所有被预测为正类别的样本中更少地出现了假阳性。SVM 模型的 F1 分数为 0.9612，略高于朴素贝叶斯模型的 F1 分数 0.9603。F1 分数综合考虑了精确率和召回率的指标，因此 SVM 模型在平衡了精确率和召回率后表现稍好。

综上所述，两个模型在性能展现上各有千秋：SVM 模型在捕捉目标类别（如垃圾邮件）方面表现优异，而朴素贝叶斯模型则在减少非目标类别被错误分类为目标的情况下更为出色。因此，选择哪个模型应根据实际应用场景的需求来定：若强调垃圾邮件的识别率，SVM 模型是更佳选择；若优先考虑减少误报，则朴素贝叶斯模型更为适合。

6.2.6　库文件和数据集

本实践的 Python 语言参考源代码见本书的配套资源。

6.3　习题

1. 简述朴素贝叶斯分类算法的原理。
2. 简述 SVM 分类算法的原理。
3. 常见的垃圾邮件过滤方法有哪些？

第7章　长短期记忆网络的安全应用

本章主要讲述了利用双向长短期记忆网络（Long Short-Term Memory，LSTM）模型，该模型是人工智能领域中常见的机器学习方法之一。在实践中主要讲述如何利用 LSTM 模型对网络流量进行攻击检测。

知识与能力目标

1）了解双向长短期记忆网络。

2）认知网络攻击的概念。

3）了解网络攻击检测的分类。

4）了解网络攻击检测的过程。

5）掌握双向 LSTM 模型对网络攻击进行检测的方法。

7.1　知识要点

扫码看视频

本节主要介绍网络攻击检测的基本知识和本章用到的网络攻击检测方法。

7.1.1　网络安全概述

当今数字化时代，网络攻击成为一个严重的威胁。为了保护信息系统的安全，网络攻击检测起到了至关重要的作用。网络攻击检测是一种技术和方法的综合应用，旨在及时识别和防御网络中的恶意活动。

网络攻击检测的目标是监测网络流量和系统行为，以检测和警告各种类型的网络攻击。它通过分析网络数据包、系统日志、入侵检测系统（IDS）等的警报信息来发现潜在的攻击行为。网络攻击检测可以分为以下几类方法。

1）基于特征的方法（Signature-Based Detection）：使用预定义的攻击模式或特征库进行匹配，以识别已知的攻击。它通过与已知攻击的特征进行比较，当检测到匹配时触发警报。这种方法对于已知攻击的检测非常有效，但对于新型攻击或其变种可能不太敏感。

2）基于异常的方法（Anomaly-Based Detection）：通过建立正常网络行为的基准模型，检测与该模型不符的异常行为。它依赖于对正常网络流量和系统行为的学习与分析，以检测潜在的异常活动。这种方法对于未知攻击具有较高的灵敏度，但也可能产生误报。

3）基于统计的方法：利用统计模型分析网络流量特征和行为，识别潜在攻击。

4）基于机器学习的方法：利用机器学习算法自动学习网络流量特征和模式，从而检测攻击。这种方法在处理复杂和变异攻击方面表现出色。

网络攻击检测系统通常包括以下组件。

1）数据采集：收集网络流量、系统日志和其他相关数据。

2）数据预处理：对采集到的数据进行清洗、过滤和格式化，以便于后续分析。

3）分析和检测：应用特征匹配、机器学习、行为分析等技术，对数据进行分析和检测潜在的攻击行为。

4）警报和响应：当检测到攻击时，发出警报通知相关人员，并触发相应的响应措施，如阻止攻击流量或隔离受感染的系统。

7.1.2 LSTM 模型

长短期记忆网络是一种特殊的递归神经网络（RNN），旨在解决传统 RNN 在处理长序列数据时所面临的梯度消失和梯度爆炸问题。LSTM 通过引入一组门（Gate）结构来控制信息的流动，从而能够有效地学习并记忆长时间跨度的信息。LSTM 的核心部件如下。

1）遗忘门（Forget Gate）：决定哪些过去的信息需要被遗忘。通过一个 Sigmoid 层，根据输入的当前数据和上一个时刻的隐状态，输出一个 0~1 的值，表示某些信息被遗忘的程度。

2）输入门（Input Gate）：控制哪些新的信息需要被存储到记忆单元中。输入门包含一个 Sigmoid 层和一个 Tanh 层，Sigmoid 层决定哪些值需要更新，Tanh 层生成候选值，通过这两个层的结合，更新记忆单元的状态。

3）输出门（Output Gate）：决定哪些信息需要被输出。通过一个 Sigmoid 层控制输出，同时结合记忆单元的状态生成最终的输出。

这种设计使 LSTM 能够保持长期依赖关系，同时在每个时间步中有效地更新记忆，从而适应各种复杂的时间序列任务，如语言模型、语音识别、网络流量分析、网络安全检测等。

7.1.3 双向 LSTM 模型

1. 基本介绍

双向 LSTM（Bidirectional LSTM，BiLSTM）是在标准 LSTM 基础上的改进，旨在更全面地捕捉序列数据中的特征。传统的 LSTM 仅在时间序列的一个方向上处理数据（通常是从过去到未来），而双向 LSTM 在时间序列的两个方向上同时处理数据，即前向和后向。具体来说：前向 LSTM 从序列的开头到结尾依次处理数据，这个方向的 LSTM 可以捕捉到从过去到当前时刻的所有依赖关系；后向 LSTM 从序列的结尾到开头依次处理数据，这个方向的 LSTM 可以捕捉到从未来到当前时刻的所有依赖关系。

2. 实现步骤

双向 LSTM 的结构由两个相反方向的 LSTM 层组成，这两个 LSTM 层的输出通常会在某一层进行合并或连接，形成最终的输出，具体步骤如下。

1）前向 LSTM 处理：这个 LSTM 从序列的第一个时间步开始，逐步处理到最后一个时间步。它输出的隐状态包含从过去到当前时间步的所有重要信息。

2）后向 LSTM 处理：这个 LSTM 从序列的最后一个时间步开始，逐步处理到第一个时间步。它输出的隐状态包含从未来到当前时间步的所有重要信息。

3）连接层：前向 LSTM 和后向 LSTM 的输出在时间维度上合并，通常是将两个输出向量进行拼接或求和，从而形成一个新的输出向量。这个新的输出向量同时包含从过去到当前和从未来到当前的上下文信息。

4）数据预处理：收集网络流量数据，包括正常流量和攻击流量。提取网络流量的特征，如包长度、协议类型、IP 头长度、TCP 端口号等。将数据标准化，使特征值具有相同的尺度。

5）数据格式转换：将网络流量数据转换为适合 LSTM 输入的三维格式，通常包括样本数量、时间步长和特征数量。

6）模型创建：创建一个双向 LSTM 模型，包含前向和后向两个 LSTM 层，分别处理序列数据的两个方向。在 LSTM 层之后添加全连接层，用于输出分类结果。

7）模型训练：使用训练数据集训练双向 LSTM 模型，通过最小化损失函数（如二元交叉熵）来优化模型参数。在训练过程中监控模型的准确率和损失，防止过拟合。

8）模型评估：使用测试数据集评估模型的性能，计算准确率、召回率、F1 分数等指标。绘制混淆矩阵，展示模型在检测正常流量和攻击流量方面的表现。

9）模型应用：将训练好的双向 LSTM 模型应用于实时网络流量检测，识别潜在的攻击行为。根据检测结果采取相应的安全措施，如阻止恶意流量、报警等。

7.2　实践 7-1　基于双向 LSTM 模型的网络攻击检测

本实践主要是使用双向 LSTM 模型对网络攻击进行检测，并给出结果。

7.2.1　实践内容

实践的过程如下。

1）首先需要进行实践环境的配置，指定 Python 版本、库版本和运行平台等信息，确保实践环境的一致性。

2）从 CSV 文件中加载攻击流量和正常流量数据集，各取 50000 条样本，删除不需要的列，并对特征数据进行标准化处理，将标签转换为二进制格式。

3）创建一个双向 LSTM 模型，包括一个双向 LSTM 层、一个全连接层和一个输出层，使用二元交叉熵作为损失函数、Adam 作为优化器进行训练。

4）使用训练好的模型对测试集进行预测，计算并绘制混淆矩阵，展示模型在检测正常流量和攻击流量方面的表现。

5）保存训练好的模型及其预测结果，评估模型性能并保存为 CSV 文件。

实践框架如图 7-1 所示。主要分为 5 个模块：数据预处理、模型创建、模型训练、模型评估、结果保存。

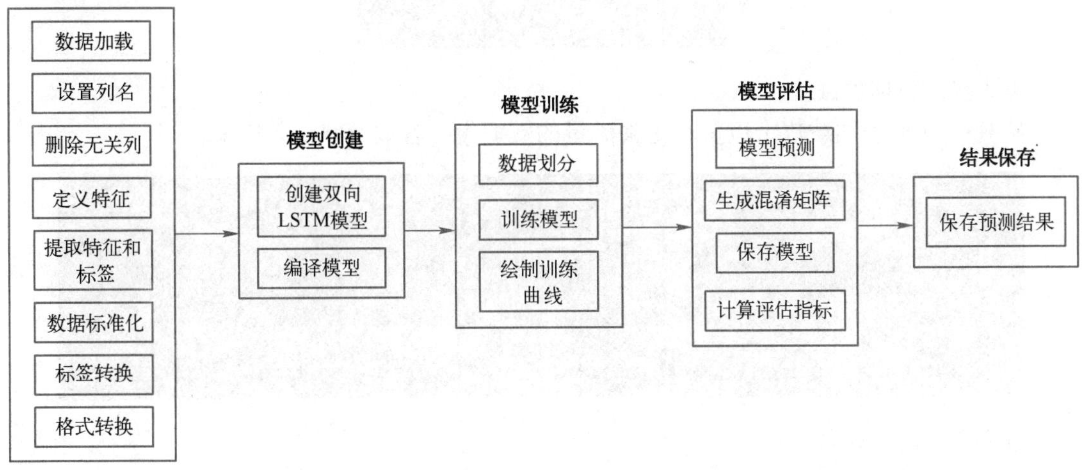

图 7-1　实践框架

7.2.2 实践目的

本实践的目的如下。

1）熟悉网络攻击检测的一般流程，理解双向 LSTM 的基本原理。
2）设计简易的双向 LSTM 模型，完成程序设计。
3）结果可视化，对性能结果进行观察。

7.2.3 实践环境

- Python 版本：3.9 或更高版本。
- 其他库版本：NumPy 1.19.5，Pandas 1.4.4，Matplotlib 3.7.1，Keras 2.4.3。
- 运行平台：VSCode。

7.2.4 实践步骤

第 1 步：导入相关库和函数。

```
import numpy as np
import pandas as pd
import matplotlib.pyplot as plt
import seaborn as sns; sns.set()

from keras.models import Sequential
from keras.layers import Dense, LSTM, Bidirectional
from sklearn.model_selection import train_test_split
from sklearn.preprocessing import StandardScaler
from sklearn.metrics import confusion_matrix
```

第 2 步：定义常量。

- NUMBER_OF_SAMPLES：定义要从每个数据集中读取的样本数量。
- TRAIN_LEN：定义 LSTM 模型的输入序列长度（时间步数）。

```
NUMBER_OF_SAMPLES=50000
TRAIN_LEN=25
```

第 3 步：数据加载。

从 CSV 文件中加载攻击流量和正常流量的数据集，各取 50000 条样本。

```
# 数据加载,从CSV文件中加载攻击流量和正常流量的数据集，各取50000条样本
dataset_attack = input("输入攻击流量的路径：")
dataset_normal = input("输入正常流量的路径：")
data_attack = pd.read_csv(dataset_attack, nrows=NUMBER_OF_SAMPLES)
data_normal = pd.read_csv(dataset_normal, nrows=NUMBER_OF_SAMPLES)
# data_attack = pd.read_csv('D:/dataset_attack.csv', nrows=NUMBER_OF_SAMPLES)
# data_normal = pd.read_csv('D:/dataset_normal.csv', nrows=NUMBER_OF_SAMPLES)
```

第 4 步：设置列名。

为数据集设置明确的列名，便于后续处理和分析。

```
# 设置列名
columns = ['frame.len', 'frame.protocols', 'ip.hdr_len', 'ip.len', 'ip.flags.rb', 'ip.flags.df', 'p.flags.mf',
           'ip.frag_offset', 'ip.ttl', 'ip.proto', 'ip.src', 'ip.dst', 'tcp.srcport', 'tcp.dstport', 'tcp.len',
           'tcp.ack', 'tcp.flags.res', 'tcp.flags.ns', 'tcp.flags.cwr', 'tcp.flags.ecn', 'tcp.flags.urg',
           'tcp.flags.ack', 'tcp.flags.push', 'tcp.flags.reset', 'tcp.flags.syn', 'tcp.flags.fin', 'tcp.window_size',
           'tcp.time_delta', 'class']
data_normal.columns = columns
data_attack.columns = columns
```

第 5 步： 删除无关列。

删除不需要的列（如 IP 地址和协议列），这些列可能不会对攻击检测有显著贡献。

```
# 删除无关列
drop_columns = ['ip.src','ip.dst','frame.protocols']
data_normal.drop(columns=drop_columns, inplace=True)
data_attack.drop(columns=drop_columns,inplace=True)
```

第 6 步： 定义特征。

定义用于模型训练的特征列，这些特征是网络流量中的各种统计信息。

```
# 定义特征,定义用于模型训练的特征列, 这些特征是网络流量中的各种统计信息
features = ['frame.len', 'ip.hdr_len', 'ip.len', 'ip.flags.rb', 'ip.flags.df', 'p.flags.mf', 'ip.frag_offset',
            'ip.ttl', 'ip.proto', 'tcp.srcport', 'tcp.dstport', 'tcp.len', 'tcp.ack', 'tcp.flags.res', 'tcp.flags.ns',
            'tcp.flags.cwr', 'tcp.flags.ecn', 'tcp.flags.urg', 'tcp.flags.ack', 'tcp.flags.push', 'tcp.flags.reset',
            'tcp.flags.syn', 'tcp.flags.fin', 'tcp.window_size', 'tcp.time_delta']
```

第 7 步： 提取特征（x）和标签（Y）。

从数据集中提取特征（x）和标签（Y），并将攻击流量和正常流量的数据合并。

```
# 提取特征x和标签Y
x = np.concatenate((data_normal[features].values,data_attack[features].values))
Y = np.concatenate((data_normal['class'].values, data_attack['class'].values))
```

第 8 步： 标准化。

对特征数据进行标准化处理，使其均值为 0，标准差为 1，有助于提高模型训练效果和收敛速度。

```
#标准化
scaler = StandardScaler()
X= scaler.fit_transform(x)
```

第 9 步： 转换标签。

将标签转换为二进制格式：攻击流量标签为 0，正常流量标签为 1。

```
#转换标签
Y = np.where(Y == "attack", 0,1)
```

第 10 步： 准备 LSTM 输入数据。

将数据转换为适合 LSTM 输入的三维格式。每个输入样本包含 25 个时间步，每个时间步包含所有特征的数据。

```
#准备LSTM输入数据
samples = X.shape[0]
input_len = samples -TRAIN_LEN
I = np.array([X[i:i +TRAIN_LEN] for i in range(input_len)])
```

第 11 步： 划分训练集和测试集。

将数据集划分为训练集和测试集，测试集占 20%。train_indices 和 test_indices 记录了训练集和测试集的索引，用于后续分析。

```
#划分训练集和测试集
X_train, X_test,Y_train,Y_test,train_indices,test_indices = train_test_split(I,Y[TRAIN_LEN:],range(len(Y[TRAIN_LEN:])),test_size=0.2, random_state=42)
```

第 12 步： 创建模型。

定义并创建一个双向 LSTM 模型，模型包括以下几个部分。

1）一个双向 LSTM 层，包含 64 个单元，使用'tanh'激活函数和 L2 正则化。

2）一个全连接层，包含 128 个单元，使用'relu'激活函数和 L2 正则化。

3）一个输出层，包含 1 个单元，使用'sigmoid'激活函数和 L2 正则化。

4）使用二元交叉熵作为损失函数，Adam 作为优化器，评估指标为准确率。

```
#创建模型
def create_baseline():
    model = Sequential([Bidirectional(LSTM(64,activation='tanh',kernel_regularizer='l2')),
                        Dense(128, activation='relu', kernel_regularizer='l2'),
                        Dense(1, activation='sigmoid', kernel_regularizer='l2')])
    model.compile(loss='binary_crossentropy', optimizer='adam', metrics=['accuracy'])
    return model

model = create_baseline()
```

第 13 步： 训练模型。

使用训练集数据训练双向 LSTM 模型，并记录训练过程中的准确率和损失。训练过程分为 5 个轮次（epoch），并使用 20%的训练数据作为验证集。

```
# 训练模型
history = model.fit(X_train,Y_train, epochs=5,validation_split=0.2,verbose=1)
```

第 14 步： 绘制准确率和损失曲线图。

定义一个函数 plot_metrics，用于绘制模型训练过程中的准确率和损失曲线图，并将其保存为图片文件。

绘制并保存训练和验证集的准确率与损失曲线图。

```
# 绘制准确率和损失曲线图
def plot_metrics(history, metric, title, ylabel, save_as):
    plt.figure()
    plt.plot(history.history[metric])
    plt.plot(history.history['val_' + metric])
    plt.title(title)
    plt.ylabel(ylabel)
    plt.xlabel('Epoch' )
    plt.legend(['Train', 'validation'], loc='best' )
    plt.savefig(save_as)
    plt.show( )

plot_metrics(history, 'accuracy', 'BRNN Model Accuracy', 'Accuracy', 'BRNN_Model_Accuracy.png')
plot_metrics(history, 'loss', 'BRNN Model Loss', 'Loss', 'BRNN_Model_Loss.png')
```

第 15 步：模型预测。

使用训练好的模型对测试集进行预测，输出预测结果并将其转换为二进制格式（0 或 1）。

```
#模型预测
predictions = model.predict(X_test, verbose=1).flatten().round()
```

第 16 步：混淆矩阵。

计算并绘制混淆矩阵，展示模型在检测正常流量和攻击流量方面的表现。混淆矩阵的行和列分别表示实际标签和预测标签的频数。

```
# 混淆矩阵
conf_matrix = confusion_matrix(Y_test, predictions)
conf_matrix_df = pd.DataFrame(conf_matrix, index=['Attack', 'Normal'], columns=['Attack', 'Normal'])
sns.heatmap(conf_matrix_df, annot=True, fmt='d', cmap='Blues' )
plt.title('Confusion Matrix')
plt.savefig('Confusion_Matrix_BRNN.png', dpi=400)
plt.show()
```

第 17 步：保存模型。

将训练好的模型保存为文件，以便后续使用和加载。

```
# 保存模型
model.save('brnn_model.keras')
```

第 18 步：评估模型。

评估模型在测试集上的表现，计算并输出准确率和召回率。召回率是指模型在检测到的所有攻击流量中实际为攻击的比例。

```
#评估模型
scores = model.evaluate(X_test, Y_test, verbose=0)
recall = conf_matrix[1, 1]/ (conf_matrix[1, 1]+ conf_matrix[1, 0])
print(f"Accuracy: {scores[1]*100:.2f}%")
print(f"Recall: {recall:.2f}")
```

第 19 步：保存预测结果。

将预测结果转换为 DataFrame，并将 0 和 1 映射为'attack'和'normal'。

提取原始数据集中测试集部分的前 10 列数据，并将其与预测结果合并，保存为 CSV 文件 result. csv。

```
# 保存预测结果
predictions_df = pd.DataFrame({'Predicted': predictions, 'Actual': Y_test})
predictions_df['Predicted']= predictions_df['Predicted'].map({0: 'attack', 1: 'normal'})
predictions_df['Actual'] = predictions_df['Actual'].map({0: 'attack', 1: 'normal'})

# 合并测试集数据和预测结果
test_data_subset = pd.concat([data_normal,data_attack]).iloc[test_indices, :10]
result_df = pd.concat([test_data_subset.reset_index(drop=True),predictions_df.reset_index(drop=True)],axis=1)
result_df.to_csv('result.csv',index=False)
```

7.2.5 实践结果

对模型结果进行评估，测试并给出准确率、损失率以及混淆矩阵。

运行 brnn_classifier. py 文件。

```
Run: brnn_classifier
2000/2000 [==============================] - 37s 17ms/step - loss: 0.3002 - accuracy: 0.9327 - val_loss: 0.2597 - val_accuracy: 0.9035
Epoch 2/5
2000/2000 [==============================] - 32s 16ms/step - loss: 0.1827 - accuracy: 0.9540 - val_loss: 0.1852 - val_accuracy: 0.9492
Epoch 3/5
2000/2000 [==============================] - 34s 17ms/step - loss: 0.1609 - accuracy: 0.9610 - val_loss: 0.1613 - val_accuracy: 0.9611
Epoch 4/5
2000/2000 [==============================] - 30s 15ms/step - loss: 0.1527 - accuracy: 0.9634 - val_loss: 0.1691 - val_accuracy: 0.9535
Epoch 5/5
2000/2000 [==============================] - 30s 15ms/step - loss: 0.1475 - accuracy: 0.9632 - val_loss: 0.1429 - val_accuracy: 0.9680
625/625 [==============================] - 2s 2ms/step
Accuracy: 97.25%
Recall: 0.99

Process finished with exit code 0

Version Control  Run  Python Packages  TODO  Python Console  Problems  Terminal  Services
```

可以看到，模型在测试集上的评估结果为：准确率（Accuracy）为 97.25%，召回率（Recall）为 99%。准确率和损失的训练过程如图 7-2 和图 7-3 所示。

训练过程中准确率和验证准确率都在逐渐上升，表明模型在逐步学习并改进其对数据的预测能力。训练损失和验证损失则在逐渐下降，表明模型在减少训练数据和验证数据上的预测误差。

验证准确率和训练准确率都保持在较高水平，并且两者之间的差距不大。这表明模型在验证数据上的表现与在训练数据上的表现相当，没有明显的过拟合现象。验证损失与训练损失在大多数轮次中同步下降，表明模型在验证数据上的误差也在减少，没有明显的过拟合迹象。

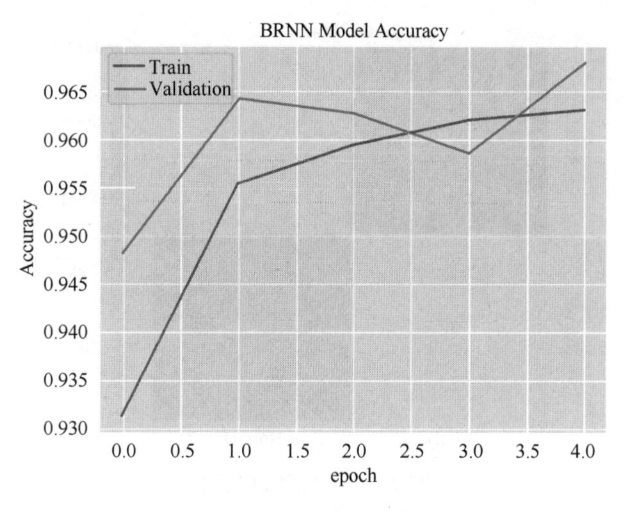

图 7-2　训练过程中准确率的变化

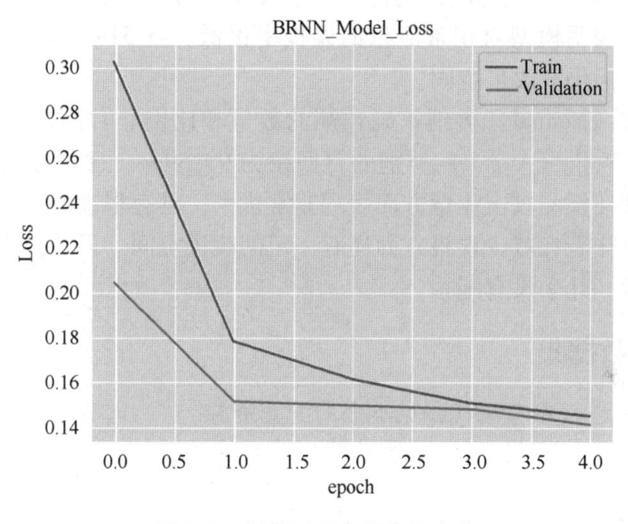

图 7-3　训练过程中损失的变化

模型在训练数据上的准确率在逐渐提高，表明模型在有效地学习训练数据的特征。验证准确率也在逐渐提高，最终达到 96.80%，这表明模型在未见过的数据上的表现也很好。也就是说，模型在训练过程中表现良好，学习有效，且能够在未见过的数据上保持高性能。生成的混淆矩阵热图如图 7-4 所示。

混淆矩阵显示了分类模型在分类任务中的表现，通过对比真实标签和预测标签，评估模型的准确性。从图中可以看到：真正例（True Positive，TP），即模型正确预测为攻击的样本数为 9389，假正例（False Positive，FP），即模型错误预测为正常的样本数为 518，假负例（False Negative，FN），即模型错误预测为攻击的样本数为 39，真负例（True Negative，TN），即模型正确预测为正常的样本数为 10049。

根据上面的数据可以计算更精确的模型指标。可以算出，准确率为 97.19%，精确率为 94.77%，召回率为 99.59%，F1 分数为 97.10%。

从中可以看出，97.19%的准确率表明模型在整体上表现非常好，能够正确分类绝大多数的样本。99.59%的召回率表明模型几乎能够识别所有的攻击样本，漏检率非常低。

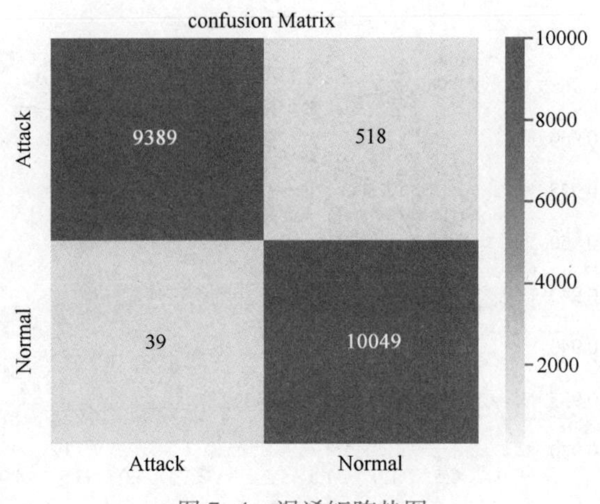

图 7-4 混淆矩阵热图

94.77%的精确率表明模型预测为攻击的样本中绝大部分确实是攻击。仅有 39 个正常样本被错误地分类为攻击，表明模型对正常流量的误报率很低。有 518 个攻击样本被误分类为正常，虽然相对较少，但仍有改进空间。

总的来说，正常（Normal）类别正确预测的数量和比例非常高，说明模型在识别正常流量方面表现良好。攻击（Attack）类别的召回率为 99.59%，意味着几乎所有的攻击流量都被正确识别。模型在检测攻击流量方面表现非常优秀，具有很高的准确性和召回率。精确率略低于召回率，意味着在减少误报方面还有一定的改进空间。但总体来说，模型对于网络攻击的检测非常有效，几乎没有漏检。

7.2.6 库文件和数据集

本实践的 Python 语言参考源代码见本书的配套资源。

7.3 习题

1. 网络攻击检测可以分为哪些类？
2. 网络攻击检测系统通常包括哪些组件？
3. 什么是 LSTM 模型？
4. 什么是双向 LSTM 模型？

第 8 章　梯度下降算法的安全应用

梯度下降（Gradient Descent）算法是机器学习中最常用的优化方法之一，它的作用是通过迭代寻找函数的最大值或最小值。本章介绍梯度下降算法的原理、优化方法、常见问题以及实际应用。在编程实践部分介绍一个基于梯度下降算法的模型逆向（Model Inversion）攻击。

知识与能力目标

1）了解梯度下降算法的原理。

2）认知梯度下降算法的优化方法。

3）掌握基于梯度下降算法的模型逆向攻击方法。

8.1　知识要点

本节详细介绍梯度下降算法的技术原理、优化方法以及其典型的应用场景。

8.1.1　梯度下降算法概述

在机器学习中，通常用梯度下降算法最小化代价函数（Cost Function），这样就可以得到模型的最优参数。梯度下降算法原理如图 8-1 所示。

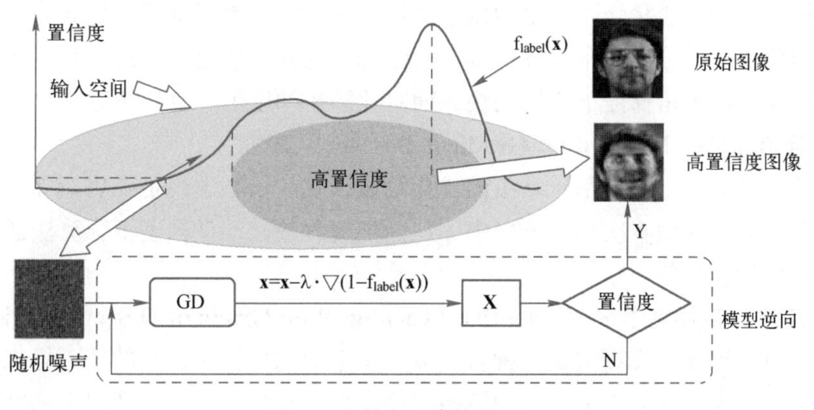

图 8-1　梯度下降算法原理

梯度下降算法的核心思想很简单，它的原理是在每一步迭代过程中，沿着函数梯度方向移动一定的距离，进而找到最小值。在数学上，梯度是用向量表示的，梯度的方向指向函数增长最快的方向，而反方向则是函数下降最快的方向。因此，可以通过不断迭代的方法来逐渐接近函数的最小值。

梯度下降算法的一般步骤如下。

1）初始化参数。首先，需要初始化模型参数，通常是随机进行初始化。

2）计算代价函数。接下来，需要计算代价函数。代价函数通常是损失函数和正则化项的和。在线性回归中，常用的代价函数是均方误差（Mean Squared Error）。

3）计算梯度。然后，需要计算代价函数的梯度，即每个参数对代价函数的导数，这里使用链式法则来计算梯度。

4）更新参数。接下来，根据梯度的方向来更新参数，通常是采用学习率（Learning Rate）来控制每次更新的步长。学习率越大，每次更新的步长越大，但可能会导致算法不收敛；学习率越小，每次更新的步长越小，但可能会导致算法收敛速度过慢。

5）重复步骤2)~4)。最后，重复执行步骤2)~4)，直到达到收敛条件为止。通常，可以通过设置最大迭代次数或者在代价函数的变化小于某个阈值时停止迭代。

8.1.2 梯度下降算法优化方法

虽然梯度下降算法很简单，但是在实际应用中，为了提高算法的效率和稳定性，通常需要对其进行优化。下面介绍几种常见的梯度下降算法优化方法。

1. 批量梯度下降（Batch Gradient Descent）算法

批量梯度下降算法是最基本的梯度下降算法，它在每次迭代中使用所有的样本来计算梯度。虽然批量梯度下降算法的收敛速度比较慢，但是它的收敛结果比较稳定，因此在小数据集上表现良好。

2. 随机梯度下降（Stochastic Gradient Descent）算法

随机梯度下降算法是一种每次只使用一个样本来计算梯度的算法，因此它的收敛速度比批量梯度下降算法快很多。但是，由于它只使用一个样本来计算梯度，所以收敛结果可能会受到噪声的影响，因此它的收敛结果不够稳定。

3. 小批量梯度下降（Mini-Batch Gradient Descent）算法

小批量梯度下降算法是介于批量梯度下降算法和随机梯度下降算法之间的一种算法。它在每次迭代中使用一部分样本来计算梯度，通常选择的样本数是几十或几百。小批量梯度下降算法的收敛速度比批量梯度下降算法快，而且比随机梯度下降算法更稳定。

4. 动量梯度下降（Momentum Gradient Descent）算法

动量梯度下降算法是一种基于动量的优化算法，它的核心思想是在更新参数的时候，将上一次的梯度方向加入到本次梯度方向中，从而加速收敛。动量梯度下降算法通常可以减少梯度振荡，从而加速收敛。

5. 自适应学习率梯度下降（Adaptive Learning Rate Gradient Descent）算法

自适应学习率梯度下降算法是一种自适应学习率的优化算法，它的核心思想是根据梯度的大小来调整学习率，从而提高算法的效率和稳定性。常见的自适应学习率梯度下降算法有Adagrad、Adadelta和Adam等。

8.1.3 梯度下降算法的应用

梯度下降算法在人工智能中有着广泛的应用，下面介绍几个常见的应用场景。

1. 线性回归

线性回归是梯度下降算法最常见的应用场景之一。在线性回归中，需要最小化均方误差代价函数，通过梯度下降算法来更新参数，从而得到线性回归模型的最优解。

2. 逻辑回归

逻辑回归是一种二分类模型，它的代价函数通常是交叉熵函数。通过梯度下降算法可以最小化交叉熵代价函数，从而得到逻辑回归模型的最优解。

3. 神经网络

神经网络通常使用反向传播算法来计算梯度。在神经网络中，梯度下降算法通常结合动量梯度下降算法、自适应学习率梯度下降算法等优化方法来提高算法的效率和稳定性。

4. 深度学习

深度学习通常使用随机梯度下降算法或小批量梯度下降算法来进行训练。在深度学习中，梯度下降算法的性能对于模型的精度和速度都有着至关重要的影响。

8.2　实践 8-1　基于梯度下降算法的模型逆向攻击

模型逆向是一种针对机器学习模型的隐私攻击，目的是从模型的输出推断其输入数据，或者从模型中提取关于输入数据的信息。

8.2.1　模型逆向攻击概述

在敏感数据上训练的模型可能会意外地泄露其训练数据的信息。通过模型逆向，研究人员可以评估模型可能泄露的信息量，从而设计更好的数据保护策略和模型结构。另外，在数据受限的情况下，模型逆向可以用来生成新的数据实例，这些数据实例可以用于进一步的训练和增强模型的性能。模型逆向攻击如图 8-2 所示。

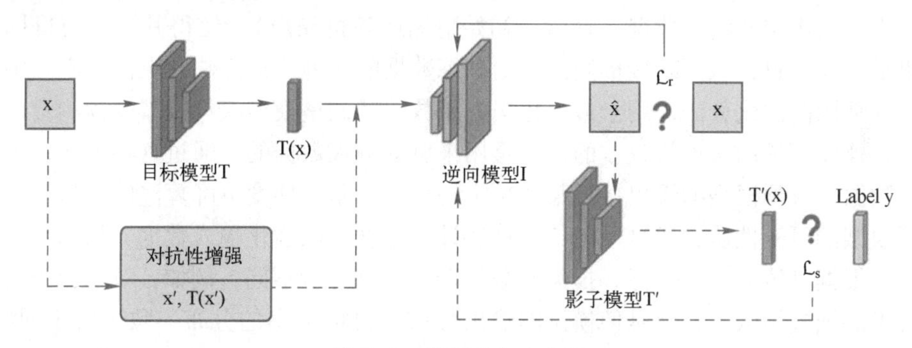

图 8-2　模型逆向攻击图

常见的模型逆向攻击分类如下。

1）特征推导攻击（Feature Inference Attack）：这种类型的逆向攻击旨在推断出训练数据中的敏感特征或属性。例如，通过分析医疗模型的输出来推断病人的某些隐私医疗状况。这类攻击通常基于模型的输出和部分已知输入信息，尝试揭露其他未知的输入特征。

2）数据重建攻击（Data Reconstruction Attack）：这种攻击涉及重建模型输入的完整图像或其他数据形式。例如在图像处理领域，通过观察面部识别系统的行为来重建人脸图像，这种攻击可能会严重威胁个人隐私。

8.2.2　实践目的

本实践目的如下。

1. 理解机器学习隐私问题

了解在设计和部署机器学习模型时，保护训练数据的隐私为何至关重要。理解敏感数据如何通过模型预测被间接泄露。

2. 熟悉基于梯度下降算法的模型逆向攻击及实现

通过学习模型逆向攻击和实现代码，从原理上了解攻击的核心思想，理解算法的特点及不同应用场景下的效果的区别，培养实践能力。

3. 体验对抗性思维

学习如何从潜在攻击者的视角来分析和评估机器学习模型的安全性。培养在设计和部署模型时主动思考与应对潜在攻击的安全意识。激发创新性地思考和开发新的防御机制，以对抗模型逆向攻击和保护数据隐私。

8.2.3 常见的模型逆向攻击方法

常见的模型逆向攻击方法如下。

1）梯度下降算法（Gradient Descent Method）：使用梯度下降算法优化产生的输出，使其更接近目标样本，从而推导出训练数据。

2）生成模型（Generative Model）：使用生成对抗网络（GAN）等技术生成可能的训练样本。

3）特征匹配（Feature Matching）：通过比较模型各层中间激活值与已知样本，尝试生成匹配训练数据特征的新样本。

基于梯度下降的模型逆向攻击（Model Inversion Attack using Gradient Descent）是一种通过优化过程，逐步调整输入数据（通常是初始猜测或随机噪声），使得其输出与目标模型给出的输出尽可能一致，从而间接推测出原始训练数据的一种攻击方法。在深度学习中，梯度下降是一种常用的优化算法，用于最小化损失函数，即调整模型权重以减少预测错误。在模型逆向中，梯度不是用来更新权重的，而是用来更新输入数据的。通过这种方式，可以逐步修改输入数据，直到模型的输出接近某个预定的目标。基于梯度下降算法的模型逆向攻击主要利用了模型的可微性质，通过反向传播算法计算梯度，以优化输入数据，从而获得训练数据的近似。根据具体的攻击目标，损失函数的选择可以有所不同，例如，对于分类模型，可以使用交叉熵损失函数，目标是使模型的输出分布与目标类别的分布一致；对于回归模型，可以使用均方误差损失函数，使得模型的预测值与目标值逼近。

8.2.4 实践流程

本实践的流程如下。

1）确定目标输出：首先确定希望模型输出的目标，这通常是一个特定的类别或特定的输出值。

2）初始化输入：随机生成或选择一个初始输入。这个输入是通过梯度下降过程进行迭代优化的起点。

3）计算损失：使用损失函数计算当前模型输入和目标输出之间的差异。这个损失表明了当前输入和理想输出之间的“距离”。

4）求梯度：通过反向传播算法计算关于输入的梯度。这一步是基于梯度下降算法的模型逆向攻击的核心，因为它提供了如何调整输入以减少损失的具体方向。

5）更新输入：使用计算出的梯度来更新输入。根据梯度的方向和设定的学习率，调整输入以使损失减小。

6）迭代优化：重复上述过程，直到达到某个停止条件，如迭代次数达到预设的限制或损失降至可接受的水平。

当以上过程结束后，攻击者会检查最终的输入数据，这个数据就是导致目标输出的原始数据。

8.2.5　实践内容

使用基于梯度下降算法的模型逆向攻击，重建目标 MLP 模型的人脸训练图像。

数据集使用本地 pgm 格式图像集，一共有 40 个类别，每个类别下有 10 张图片，每个类别对应一个人的各种人脸隐私信息。这个数据集详见本书的配套资源。

8.2.6　实践环境

- Python 版本：3.9 或以上版本。
- 深度学习框架：PyTorch 1.7.0。
- 运行平台：PyCharm。
- 其他库版本：NumPy 1.24.3，Scikit-Learn 1.2.2，Matplotlib 3.7.1，Pandas 1.5.3，Torchvision 0.15.2，click。

8.2.7　实践步骤

1. 模型及训练

设置随机种子 torch.manual_seed(SEED)，如果使用 CUDA，还需要设置 torch.cuda.manual_seed(SEED)，以确保实践结果的可重复性。

```
SEED = 12
torch.manual_seed(SEED)
torch.cuda.manual_seed(SEED)
```

定义目标模型，这里设置为一个简单的两层神经网络，它有一个输入层和一个输出层。输入层将输入向量转换到一个 3000 维的较大空间，然后通过 Sigmoid 激活函数，最后通过输出层映射到目标类别的数量。

```
class TargetModel(nn.Module):
    def __init__(self, input_dim, output_dim):
        super().__init__()

        self.input_fc = nn.Linear(input_dim,  out_features: 3000)
        self.output_fc = nn.Linear( in_features: 3000, output_dim)

    def forward(self, x):
        batch_size = x.shape[0]
        x = x.view(batch_size, -1)
        h = torch.sigmoid(self.input_fc(x))
        output = self.output_fc(h)

        return output, h
```

定义模型的训练和评估函数，train( )函数通过迭代数据加载器中的每个批次来更新模型的权重，evaluate( )函数计算模型在验证集上的性能，但不进行权重更新。train( )函数的实现如下。

```
def train(mlp, iterator, optimizer, criterion, device):
    epoch_loss = 0
    epoch_acc = 0

    mlp.train()

    for (x, y) in iterator:
        x = x.to(device)
        y = y.to(device)

        optimizer.zero_grad()

        y_pred, _ = mlp(x)
        loss = criterion(y_pred, y)
        acc = calculate_accuracy(y_pred, y)

        loss.backward()

        optimizer.step()

        epoch_loss += loss.item()
        epoch_acc += acc.item()

    return epoch_loss / len(iterator), epoch_acc / len(iterator)
```

evaluate( )函数的实现如下。

```
def evaluate(mlp, iterator, criterion, device):
    epoch_loss = 0
    epoch_acc = 0

    mlp.eval()
    with torch.no_grad():
        for (x, y) in iterator:
            x = x.to(device)
            y = y.to(device)

            y_pred, _ = mlp(x)
            loss = criterion(y_pred, y)
            acc = calculate_accuracy(y_pred, y)

            epoch_loss += loss.item()
            epoch_acc += acc.item()

    return epoch_loss / len(iterator), epoch_acc / len(iterator)
```

定义完整的目标模型训练函数 train_target_model，首先，进行图像处理和数据加载的流程，其中使用 transforms. Compose 定义图像的预处理步骤，包括将图像转换为灰度，再转换为 Tensor，并进行标准化处理，使用 transforms. Normalize 将像素值转换，其中两个 0. 5 分别指均值和标准差；随后使用 ImageFolder 加载数据集，加载的数据集为本地 pgm 格式图像集，并将上面定义的预处理步骤通过形参 transform 传入。参数设置过程如下。

```
def train_target_model(epochs):
    # if __name__ == '__main__':
    # transfrom, wee need grayscale to convert the images to 1 channel
    transform = transforms.Compose([
        transforms.Grayscale(),
        transforms.ToTensor(),
        transforms.Normalize((0.5), (0.5))
    ])
    # load dataset
    atnt_faces = datasets.ImageFolder('ModelInversion/data_pgm', transform=transform)
```

对加载数据集进行分割，方式为每 10 张图片取出前 3 张放入验证集，然后使用 torch. utils. data. Subset 对原始的 atnt_faces 数据集进行子集划分，通过 torch. utils. data. DataLoader 创建可迭代的数据加载器，用于批量加载图片，支持自动批处理、样本洗牌和多线程加载，其中在训练集的加载器设置 shuffle = True，表示在每个训练周期开始时，训练数据将被打乱，有助于模型学习到更泛化的特征。数据处理过程如下。

```
# split dataset: 3 images of every class as validation set
i = [i for i in range(len(atnt_faces)) if i % 10 > 3]
i_val = [i for i in range(len(atnt_faces)) if i % 10 <= 3]

# load data
BATCH_SIZE = 64
train_dataset = torch.utils.data.Subset(atnt_faces, i)
train_data_loader = data.DataLoader(train_dataset,
                                    shuffle=True,
                                    batch_size=BATCH_SIZE)

validation_dataset = torch.utils.data.Subset(atnt_faces, i_val)
validation_data_loader = data.DataLoader(validation_dataset,
                                         batch_size=BATCH_SIZE)
```

定义输入维度和输出维度，初始化模型，并设置运行的设备（CPU 或 GPU）、损失函数和优化器，nn. CrossEntropyLoss 损失用于多分类任务，优化方法使用常用的 optim. Adam，它可以调整模型权重以最小化损失函数，在训练结束后，保存模型的权重，供后续使用。整体训练过程如下。

```
# define dimensions
INPUT_DIM = 112 * 92
OUTPUT_DIM = 40

# create model
mlp = TargetModel(INPUT_DIM, OUTPUT_DIM)

# set device
device = torch.device('cuda' if torch.cuda.is_available() else 'cpu')
print('Using device: %s' % device)
mlp = mlp.to(device)
```

```
# set criterion and optimizer
criterion = nn.CrossEntropyLoss()
# criterion = criterion.to(device)
optimizer = optim.Adam(mlp.parameters())
# optimizer = optim.SGD(mlp.parameters(), lr=0.01)

# main loop

best_valid_loss = float('inf')

print('---Target Model Training Started---')
for epoch in range(epochs):

    train_loss, train_acc = train(mlp, train_data_loader, optimizer, criterion, device)
    valid_loss, valid_acc = evaluate(mlp, validation_data_loader, criterion, device)

    if valid_loss < best_valid_loss:
        best_valid_loss = valid_loss

    print(f'Epoch: {epoch + 1:02}')
    print(f'\tTrain Loss: {train_loss:.3f} | Train Acc: {train_acc * 100:.2f}%')
    print(f'\t Val. Loss: {valid_loss:.3f} |  Val. Acc: {valid_acc * 100:.2f}%')

torch.save(mlp.state_dict(), 'ModelInversion/atnt-mlp-model.pth')
print('---Target Model Training Done---')
```

2. 模型逆向攻击

（1）mi_face 函数

mi_face 函数主要通过梯度下降的方式执行模型逆向攻击，从一个预训练的深度学习模型（及参数中的模型）中重构特定类别的代表性图像。该函数的设计基于优化过程，通过调整输入图像使得模型输出的分类结果接近目标分类，具体如下。

1）将模型转移到适当的设备（CPU 或 GPU），并设置为评估模式，关闭模型中的 Dropout 和 BatchNorm，确保模型的行为一致。

2）创建两个全零的张量，用于存储优化过程中的当前输入和最优输入。通过 unsqueeze(0) 添加一个批处理维度，使其符合模型的输入要求。其中，tensor 为初始的重构图像。

3）优化循环，每次迭代中包括前向传播、损失计算、反向传播与优化，根据损失更新最佳图像，其中图像的更新策略为通过梯度下降的方式降低重构图像模型的损失以获得更优的图像。mi_face( ) 函数的实现如下。

```
def mi_face(label_index, model, num_iterations, gradient_step, loss_function):
    model.to(device)
    model.eval()
    # initialize two 112 * 92 tensors with zeros
    tensor = torch.zeros(112, 92).unsqueeze(0).to(device)
    image = torch.zeros(112, 92).unsqueeze(0).to(device)
    # initialize with infinity
    min_loss = float("inf")
    for i in range(num_iterations):
        tensor.requires_grad = True
```

```
        # get the prediction probs
        pred, _ = model(tensor)

        # calculate the loss and gardient for the class we want to reconstruct
        if loss_function == "crossEntropy":
            # use this
            crit = nn.CrossEntropyLoss()
            loss = crit(pred, torch.tensor([label_index]).to(device))
        else:
            # or this
            soft_pred = nn.functional.softmax(pred, 1)
            loss = soft_pred.squeeze()[label_index]
        print('Loss: ' + str(loss.item()))
        loss.backward()
        with torch.no_grad():
            # apply gradient descent
            tensor = (tensor - gradient_step * tensor.grad)
        # set image = tensor only if the new loss is the min from all iterations
        if loss < min_loss:
            min_loss = loss
            image = tensor.detach().clone().to('cpu')
    return image
```

（2） perform_attack_and_print_all_results 函数

设计 perform_attack_and_print_all_results 函数用于调用 mi_face 函数以执行模型逆向攻击，重构每个类别的代表性图像，并将原始图像与重构后的图像一起展示，用于评估逆向工程技术的有效性并直观地理解模型是如何输入的，具体如下。

1）初始化和设置，包括初始化梯度步长，用于梯度下降过程中的更新；创建一个画布和多个子图，用于展示所有类别的原始图像和重构图像；设置随机种子以保证实践的可重复性。

2）通过嵌套循环遍历 40 个类别对相应的图像进行重构，每次迭代包括加载和显示原始图像；调用 mi_face 函数进行图像的逆向重构，并将重构后的图像展示在原始图像下方；最后保存重构后的图像，并使用 plt. show( )展示。

```
def perform_attack_and_print_all_results(model, iterations, loss_function):
    gradient_step_size = 0.1
    fig, axs = plt.subplots(8, 10)
    fig.set_size_inches(20, 24)
    random.seed(7)
    count = 0
    for i in range(0, 8, 2):
        for j in range(10):
            # get random validation set image from respective class
            count += 1
            print('\nReconstructing Class ' + str(count))

            ran = random.randint(1, 2)
            path = 'ModelInversion/data_pgm/s0' + str(count) + '/' + str(
                ran) + '.pgm' if count < 10 else 'ModelInversion/data_pgm/s' + str(count) + '/' + str(ran) + '.pgm'
```

```
            with open(path, 'rb') as f:
                original = plt.imread(f)

            # reconstruct respective class
            reconstruction = mi_face(count - 1, model, iterations, gradient_step_size, loss_function)

            # add both images to the plot
            axs[i, j].imshow(original, cmap='gray')
            axs[i + 1, j].imshow(reconstruction.squeeze().detach().numpy(), cmap='gray')
            # axs[i + 1, j].imshow(reconstruction.squeeze().detach().numpy(), cmap='gray')
            axs[i, j].axis('off')
            axs[i + 1, j].axis('off')

    # plot reconstructed image
    fig.suptitle('Images reconstructed with ' + str(
        iterations) + ' iterations of mi_face. Find the reconstruction below each row with train set samples.',
                 fontsize=20)
    fig.savefig('ModelInversion/results/results_' + str(iterations) + '.png', dpi=100)
    plt.show()
    print('\nReconstruction Results can be found in results folder')
```

（3）perform_pretrained_dummy 函数

perform_pretrained_dummy 函数使用 perform_attack_and_print_all_results 或者 perform_attack_and_print_one_result 对预训练模型参数构建的目标模型进行模型逆向攻击，并展示攻击结果，具体如下。

1）加载模型，这里首先创建一个 TargetModel 实例，其结构和维度由全局变量 INPUT_DIM 和 OUTPUT_DIM 定义。然后，使用 torch. load 从计算机中加载预训练的模型权重。

2）判断执行的逆向任务，根据 generate_specific_class 的值决定执行 perform_attack_and_print_all_results 或者 perform_attack_and_print_one_result 中哪种类型的逆向攻击。

```
def perform_pretrained_dummy(iterations, loss_function, generate_specific_class):
    data_path = 'ModelInversion/atnt-mlp-model.pth'

    model = TargetModel(INPUT_DIM, OUTPUT_DIM)
    model.load_state_dict(torch.load(data_path, map_location=torch.device('cpu')))

    if generate_specific_class == -1:
        print('\nStart model inversion for all classes\n')
        perform_attack_and_print_all_results(model, iterations, loss_function)
    else:
        print('\nstart model inversion for class ' + str(generate_specific_class) + '\n')
        perform_attack_and_print_one_result(model, iterations, loss_function, generate_specific_class)
```

（4）perform_train_dummy 函数

perform_train_dummy 函数用于对预训练模型及其参数进行攻击，并根据用户参数执行不同类型的逆向攻击，具体如下。

1）创建一个 TargetModel 实例，模型的输入和输出维度由全局变量 INPUT_DIM 和 OUTPUT_DIM 定义。从 data_path 加载预训练的权重文件，将其加载到模型实例中（指定使用 CPU 进行模型加载）。

2）根据 generate_specific_class 的值决定执行哪种类型的逆向攻击，如果 generate_specific_class 为 -1，表示对所有类别进行逆向攻击：打印信息指示开始对所有类别进行逆向攻击，调用 perform_attack_and_print_all_results(model, iterations, loss_function) 方法执行逆向攻击；如果 generate_specific_class 为 1～40 的某个整数，表示对特定类别进行逆向攻击：打印信息指示开始对特定类别进行逆向攻击。

调用 perform_attack_and_print_one_result(model, iterations, loss_function, generate_specific_class) 方法执行特定类别的逆向攻击，训练代码如下。

```
def perform_train_dummy(iterations, epochs, loss_function, generate_specific_class):
    data_path = 'ModelInversion/atnt-mlp-model.pth'

    if generate_specific_class > 40 | generate_specific_class < -1 | generate_specific_class == 0:
        print('please provide a class number between 1 and 40 or nothing for recover all')
        return

    print('\nTraining Target Model for ' + str(epochs) + ' epochs...')
    train_target_model(epochs)

    model = TargetModel(INPUT_DIM, OUTPUT_DIM)
    model.load_state_dict(torch.load(data_path, map_location=torch.device('cpu')))

    if generate_specific_class == -1:
        print('\nStart model inversion for all classes\n')
        perform_attack_and_print_all_results(model, iterations, loss_function)
    else:
        print('\nStart model inversion for class ' + str(generate_specific_class) + '\n')
        perform_attack_and_print_one_result(model, iterations, loss_function, generate_specific_class)
```

8.2.8　实践结果

1. 代码解读及结果

在预训练目标模型或者重新训练目标模型的场景下实现完整的模型逆向攻击，使用 50 次迭代执行攻击，并使用 ZCA 白化算法处理重构图像，观察并保存所有分类的攻击效果图，代码解读如下。

（1）zca_whitening 实现代码

1）中心化数据：通过减去各特征的均值，使数据的均值为 0。

2）计算协方差矩阵：通过矩阵乘法和标准化计算数据特征之间的协方差。

3）奇异值分解：对协方差矩阵进行奇异值分解（SVD），提取特征值和特征向量。

4）计算白化矩阵：基于特征值和特征向量，计算出用于白化的转换矩阵。

5）应用白化矩阵：使用转换矩阵对白化数据进行变换。

6）返回结果：返回白化后的数据。

```
def zca_whitening(X):
    """ZCA Whitening implementation."""
    # Center the data
    X = X - np.mean(X, axis=0)
    # Compute covariance matrix
```

```
    cov = np.dot(X.T, X) / X.shape[0]
    # Singular Value Decomposition
    U, S, _ = np.linalg.svd(cov)
    # Compute whitening matrix
    epsilon = 1e-5  # Add small constant to avoid division by zero
    ZCA_matrix = np.dot(U, np.dot(np.diag(1.0 / np.sqrt(S + epsilon)), U.T))
    # Apply whitening matrix
    X_ZCA = np.dot(X, ZCA_matrix)
    return X_ZCA
```

（2）攻击引用代码解读

1）将 PyTorch 张量转换为 NumPy 数组：移除尺寸为 1 的维度，分离计算图，转换为 NumPy 数组。

2）应用 ZCA 白化：处理 NumPy 数组并去除特征之间的线性相关性，将白化后的 NumPy 数组转换为 PyTorch 张量，恢复原始张量形状。

```
# convert tensor to numpy array
reconstructed_image = image.squeeze().detach().numpy()

# apply ZCA whitening
reconstructed_image = zca_whitening(reconstructed_image)

# convert back to tensor
image = torch.tensor(reconstructed_image).unsqueeze(0)
```

最终结果如图 8-3 所示。

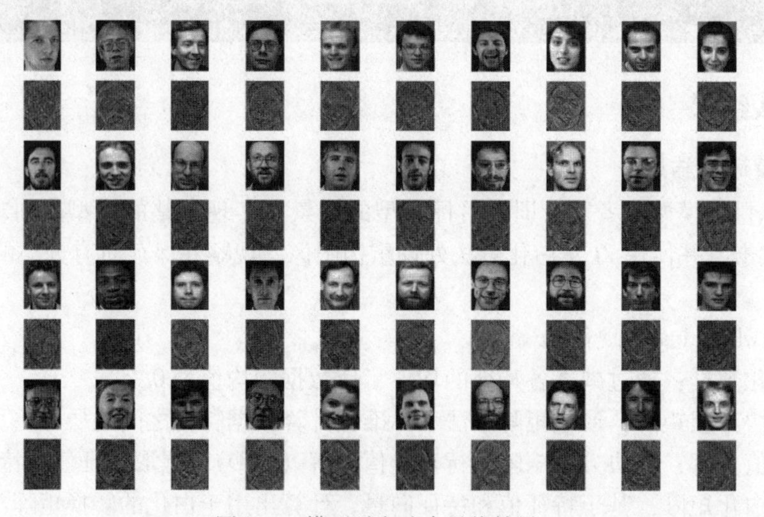

图 8-3　模型逆向攻击最终结果

2. 进一步探讨

1）将目标模型优化器的策略调整为随机梯度下降，学习率设置为 0.01。

```
    # Set criterion and optimizer
    criterion = nn.CrossEntropyLoss()
    optimizer = optim.SGD(mlp.parameters(), lr=0.01)
```

2）同时将数据集的批次大小（每次提供给模型的数据样本的数量）设置为 3。

```
BATCH_SIZE = 3
train_dataset = torch.utils.data.Subset(atnt_faces, i)
train_data_loader = data.DataLoader(train_dataset, shuffle=True, batch_size=BATCH_SIZE)
```

3）将攻击函数中梯度下降更新的策略调整为基于动量更新的，观察并保存所有分类的攻击效果图。

```
# 动量因子
momentum = 0.9
velocity = torch.zeros_like(tensor).to(device)

# 将tensor变成叶子节点（requires_grad=True）
tensor.requires_grad = True

for i in range(num_iterations):
    optimizer = optim.SGD( params: [tensor], lr=gradient_step, momentum=momentum)
    optimizer.zero_grad()

    # get the prediction probs
    pred, _ = model(tensor)

    # calculate the loss and gradient for the class we want to reconstruct
    if loss_function == "crossEntropy":
        crit = nn.CrossEntropyLoss()
        loss = crit(pred, torch.tensor([label_index]).to(device))
    else:
        soft_pred = F.softmax(pred, dim=1)
        loss = -torch.log(soft_pred.squeeze()[label_index])

    print('Loss: ' + str(loss.item()))

    loss.backward()
    velocity = momentum * velocity + tensor.grad
    tensor.data -= gradient_step * velocity
```

实践结果如图 8-4 所示。

图 8-4　调整梯度下降更新策略后的实践结果

8.2.9 参考代码

本实践的 Python 语言参考源代码见本书的配套资源。

8.3 习题

1. 梯度下降算法的作用是什么？
2. 什么是模型逆向攻击？
3. 常见的模型逆向攻击方法有哪些？

参考文献

[1] AHMED S，YANG Z，MATHIAS H，et al. ML-Leaks：Model and Data Independent Membership Inference Attacks and Defenses on Machine Learning Models [C]. 26th Annual Network and Distributed System Security Symposium，NDSS 2019，2019.

第9章　深度伪造原理与安全应用

深度伪造（Deepfake）是一种利用人工智能技术伪造或篡改图像、音频、视频等内容的技术。本章主要介绍人工智能安全领域的深度伪造技术原理，并且详细介绍如何通过编程实践实现一个典型的深度伪造应用：人脸伪造。

知识与能力目标

1）了解深度伪造技术。

2）认知人脸图像伪造方法。

3）了解深度伪造有哪些危害。

4）掌握基于深度伪造技术的人脸伪造方法。

9.1　知识要点

扫码看视频

深度伪造最常见的是AI换脸技术，此外还包括语音模拟、人脸合成、视频伪造等。本节主要介绍深度伪造技术以及它的典型应用：人脸伪造。

9.1.1　深度伪造概述

俄乌冲突爆发以后，有一天乌克兰的网站上放出了一段乌克兰总统泽连斯基的视频。视频中，泽连斯基身穿标志性的绿色T恤，表情略不自然地号召他的军队放下武器，向俄罗斯投降。舆论哗然，但很快人们便知道这是一个伪造的视频。

这段视频其实是黑客利用深度伪造技术篡改的虚假视频内容。深度伪造（Deepfake）技术，这个词最早出现在一个叫“Reddit”的社交平台上。平台上有个社群会提供和传播一些虚假色情视频，还提供一些AI换脸软件，可以自动将视频中的人脸更换成另一个人脸。虽然后来Reddit将这个社群关闭了，但这项技术却流传出来被大众知晓。

Deepfake是“Deep Machine Learning（深度机器学习）”与“Fake Photo（假照片）”两个词的合成词，即通过人工智能技术中的深度学习模型将图片或视频叠加到原始图片或视频上，借助神经网络技术，对大量数据进行学习后，将人的声音、面部表情及身体动作拼接合成为非常逼真的虚假内容。一个真实的人脸如图9-1所示，一个伪造的人脸如图9-2所示。

9.1.2　人脸图像伪造技术

人脸图像伪造简称人脸伪造，它是一种利用先进的数字图像处理技术和人工智能技术，来篡改或生成视频和图像中的人脸。这种技术依靠生成对抗网络或自编码器等模型，可以高度真实地替换或修改视频和图像中的人脸特征，从而创造出看似真实的虚假内容。

图 9-1　一个真实的人脸

图 9-2　一个伪造的人脸

人脸伪造技术起初是为了在影视制作中提供更高效的特效解决方案，但随着技术的普及，其潜在的滥用风险也逐渐显现，如用于制作不实新闻、诽谤等。人脸伪造技术能够生成视觉上难以区分的真假内容，给社会信息传播的真实性和个人隐私带来挑战。

随着技术的发展，针对深度伪造内容的检测方法也在不断进步，包括使用机器学习模型来识别图像和视频中的异常模式。然而，这是一个持续的技术较量，伪造技术的进步和检测技术的发展形成了一种动态的对抗过程。因此，深度伪造不仅是一个技术问题，也是一个涉及伦理、法律和社会政策的复杂话题。深度伪造原理如图 9-3 所示。

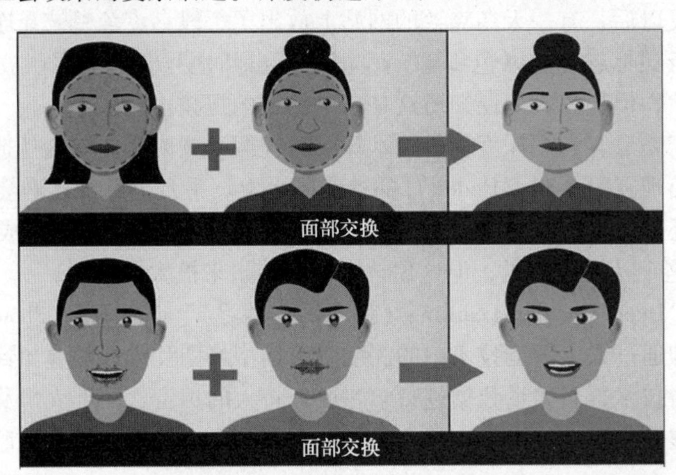

图 9-3　深度伪造原理

随着对生成对抗网络研究的不断深入，现有的深度人脸伪造技术得到进一步发展和提升。根据人脸篡改区域和篡改目的，可将深度人脸伪造技术分为身份替换、面部重演、属性编辑、人脸生成等，如图 9-4 所示。

图中，身份替换是指在不改变背景的情况下，将源图像的人物身份替换到目标图像的身份上以实现换脸。面部重演是指在不改变人物身份的情况下，对人物的表情进行修改。属性

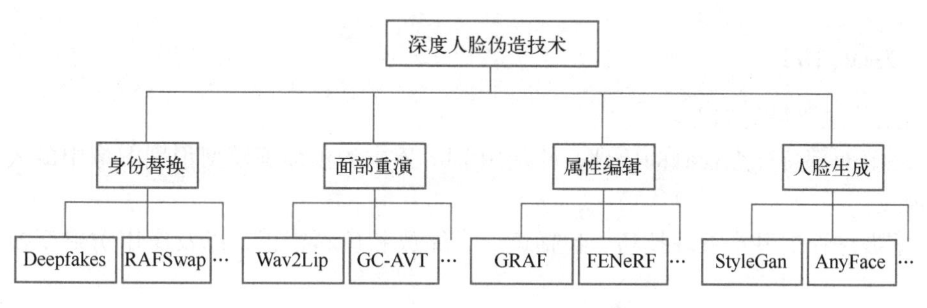

图 9-4　深度人脸伪造技术的分类

编辑则是对人脸的某些外观属性，如肤色、年龄、头发等进行修改。不同于上述 3 种对真实存在人脸的篡改手段，人脸生成不依赖于已有的人脸，而是根据某些标签信息或者从噪声中生成虚假人脸。

9.2　实践 9-1　基于深度伪造技术的人脸伪造

本实践主要是采用 Python、OpenCV 和 Dlib 实现了一个简单的面部交换示例，即可以在两张静态图像之间或通过摄像头捕获的实时视频中进行人脸交换。

9.2.1　实践概述

本实践主要是通过 Dlib 来完成面部检测和特征点定位，并利用 OpenCV 进行图像变换与面部融合，以实现高度逼真和无缝的面部置换效果。

Dlib 是一个包含广泛机器学习算法的 C++库，同时也提供了 Python 接口，使得它在 Python 社区中得到了广泛的使用。它为机器学习、计算机视觉、数值算法和数据分析提供了工具，在面部识别和面部特征点检测领域表现出色。这些特性使得 Dlib 在图像处理和模式识别任务中非常有用，尤其是与 OpenCV 结合时。Dlib 在商业和研究领域都有广泛应用，它的设计哲学是便于使用而不牺牲性能。无论是想快速实现一个原型，还是需要一个稳定的、长期运行的系统，Dlib 都是一个非常有吸引力的选项。

在编程实践过程中，可以找一个目标图像，如图 9-5 所示。源图像如图 9-6 所示。目标图像和源图像合成后的图像如图 9-7 所示。在编程实践中，实际使用的图像不一定是给出的图像，读者可以在网上找一个适合的图像。

图 9-5　目标图像

图 9-6　源图像

图 9-7　合成后的图像

9.2.2 实践目的

本实践的主要目的如下。

1）理解面部特征点检测的原理，并使用Dlib库中的预训练模型识别图像中的人脸及其关键特征点。

2）掌握图像的基本处理技巧，包括读取、缩放和色彩校正，以及应用仿射变换进行图像配准。

3）学习面部区域掩模的创建和应用，以及如何通过高斯模糊和其他技术实现图像边缘的平滑过渡。

4）熟悉图像融合技术，实现两个图像间的无缝融合，使面部特征自然地从源图像转移到目标图像上。

5）增进编程能力和解决实际问题的能力，通过动手实践加深对图像处理算法的理解。

9.2.3 实践内容

本实践的内容如下。

1）检测面部标志：使用Dlib提供的预训练模型来检测一张图片中的人脸，并定位面部关键特征点，如眼睛、鼻子、嘴巴等位置。这些标志是进行准确面部交换的基础。

2）对齐面部图像：计算两组面部标志之间的最优变换（包括旋转、缩放和平移），这样第二张图像上的面部就可以与第一张图像上的面部对齐。

3）调整色彩平衡：通过对比两张图像的面部区域的颜色分布，对第二张图像进行色彩校正，以使其色彩与第一张图像相匹配。

4）融合面部特征：创建一个融合掩码，然后将第二张经过变换和色彩校正的图像叠加到第一张图像上，再将第二张图像的面部特征区域融合到第一张图像上。在融合过程中要确保边缘平滑，使得合成后的图像看起来自然无痕迹。

9.2.4 实践环境

本实践编程环境要求如下。

- Python版本：3.9或者更高版本。
- 所需安装库：NumPy 1.19.2，OpenCV，Dlib。
- 预训练模型：shape_predictor_68_face_landmarks。
- 运行平台：PyCharm，VS Code，Google Colaboratory。

9.2.5 实践步骤

实践的具体步骤和代码如下。

第1步：初始化和配置。

```
PREDICTOR_PATH = "shape_predictor_68_face_landmarks.dat"
SCALE_FACTOR = 1
FEATHER_AMOUNT = 11
COLOUR_CORRECT_BLUR_FRAC = 0.6
```

```
FACE_POINTS = list(range(17, 68))
MOUTH_POINTS = list(range(48, 61))
RIGHT_BROW_POINTS = list(range(17, 22))
LEFT_BROW_POINTS = list(range(22, 27))
RIGHT_EYE_POINTS = list(range(36, 42))
LEFT_EYE_POINTS = list(range(42, 48))
NOSE_POINTS = list(range(27, 35))
JAW_POINTS = list(range(0, 17))

ALIGN_POINTS = (LEFT_BROW_POINTS + RIGHT_EYE_POINTS + LEFT_EYE_POINTS +
                RIGHT_BROW_POINTS + NOSE_POINTS + MOUTH_POINTS)
OVERLAY_POINTS = [
    LEFT_EYE_POINTS + RIGHT_EYE_POINTS + LEFT_BROW_POINTS + RIGHT_BROW_POINTS,
    NOSE_POINTS + MOUTH_POINTS,
]

detector = dlib.get_frontal_face_detector()
predictor = dlib.shape_predictor(PREDICTOR_PATH)
```

1）定义面部检测器的路径，配置缩放因子、羽化量和颜色校正模糊度等参数。

2）列出面部关键区域的特征点，如眼睛、眉毛、鼻子、嘴巴和下巴。

3）定义面部对齐和融合使用的特征点：ALIGN_POINTS 包含用于对齐两张图像时需要使用的特征点；OVERLAY_POINTS 包含用于面部融合时，需要覆盖的面部特征点。

4）通过 Dlib 加载面部检测器和预训练的面部特征点检测模型：使用 dlib. get_frontal_face_detector( ) 初始化面部检测器，它能够在图像中检测面部的位置；通过 dlib. shape_predictor(PREDICTOR_PATH) 加载预训练的面部特征点检测模型，这个模型能够找到面部的 68 个关键特征点。

第 2 步：检测面部标志。

```
def get_landmarks(im):
    rects = detector(im, 1)
    if len(rects) > 1:
        raise ToManyFaces("检测到多个面部")
    if len(rects) == 0:
        raise NoFaces("没有检测到任何面部")
    return np.matrix([[p.x, p.y] for p in predictor(im, rects[0]).parts()])
```

调用 get_landmarks( ) 函数检测面部标志。get_landmarks( ) 函数接收一张图像作为输入，并利用面部检测器 detector 找到面部。对于检测到的每个面部，它使用面部特征点检测模型 predictor 找出 68 个特征点的位置。如果检测到多个面部，抛出 ToManyFaces 异常；如果没有检测到面部，抛出 NoFaces 异常。提取的特征点以(x,y)坐标的形式保存在 numpy 矩阵中。

第 3 步：对齐面部图像。

```
def transformation_from_points(points1, points2):
    points1 = points1.astype(np.float64)
    points2 = points2.astype(np.float64)
    c1 = np.mean(points1, axis=0)
    c2 = np.mean(points2, axis=0)
    points1 -= c1
    points2 -= c2
    s1 = np.std(points1)
    s2 = np.std(points2)
    points1 /= s1
    points2 /= s2
    U, S, Vt = np.linalg.svd(points1.T * points2)
    R = (U * Vt).T
    return np.vstack([np.hstack(((s2 / s1) * R, c2.T - (s2 / s1) * R * c1.T)), np.matrix([0., 0., 1.])])
```

transformation_from_points 函数接收两个参数：points1（目标图像的特征点）和 points2（源图像的特征点）。并将两个参数转换为 float64 类型，以进行高精度的数学运算。

首先，计算两组特征点（points1 和 points2）的中心坐标（即质心，通过求所有点的平均值实现），并将特征点集合平移到原点（即每个点的坐标减去质心的坐标）。然后，计算标准差并归一化点集合的尺度，使得两组点在尺寸上是可比的。

对归一化后的特征点进行奇异值分解（SVD）。SVD 帮助找到一个最佳的旋转矩阵，该矩阵可以最小化两组点之间的差异。

利用从特征点中提取的信息，特别是 SVD 计算出的旋转矩阵和尺度变换因子，构建一个仿射变换矩阵。这个矩阵是一个 2 行 3 列的数组，包含旋转（通过矩阵 R）、缩放（通过比例 s2/s1）以及平移（计算出的 c2. T-(s2/s1) * R * c1. T）。最后，通过添加一个[0,0,1]的行向量，将其转换为 3×3 的矩阵，以便用于 cv2. warpAffine( ) 函数。

```
def warp_im(im, M, dshape):
    output_im = np.zeros(dshape, dtype=im.dtype)
    cv2.warpAffine(im, M[:2], (dshape[1], dshape[0]), dst=output_im, borderMode=cv2.BORDER_TRANSPARENT, flags=cv2
    return output_im

def get_face_mask(im,landmarks):
```

使用 warp_im( ) 函数将计算出的仿射变换矩阵应用到源图像上。这个函数通过调用 cv2. warpAffine( )来执行实际的变换工作，确保源图像中的面部特征点能够精确对齐到目标图像中的相应特征点。

第 4 步：调整色彩平衡。

```
def correct_colours(im1, im2, landmarks1):
    blur_amount = COLOUR_CORRECT_BLUR_FRAC * np.linalg.norm(np.mean(landmarks1[LEFT_EYE_POINTS], axis=0) - np.mea
    blur_amount = int(blur_amount)
    if blur_amount % 2 == 0:
        blur_amount += 1
    im1_blur = cv2.GaussianBlur(im1, (blur_amount, blur_amount), 0)
    im2_blur = cv2.GaussianBlur(im2, (blur_amount, blur_amount), 0)
    im2_blur += (128 * (im2_blur <= 1.0)).astype(im2_blur.dtype)
    return (im2.astype(np.float64) * im1_blur.astype(np.float64) / im2_blur.astype(np.float64))
```

使用 correct_colours( ) 函数确保源图像中的面部特征在颜色上与目标图像中的面部特征相匹配。使用 COLOUR_CORRECT_BLUR_FRAC 常量定义模糊程度，该值用于确定模糊滤波器的大小。这个值与目标图像中左眼和右眼特征点之间的欧氏距离相乘，得到 blur_amount，这个值决定了高斯模糊的强度。blur_amount 需要是一个奇数，这是因为高斯模糊的核心大小必须是正奇数，代码通过检查并适当调整 blur_amount 以确保其为奇数。对两张图像（目标图像 im1 和源图像 im2）分别应用高斯模糊，这一步模糊了图像的颜色边缘，有助于之后的颜色混合过程，使得颜色过渡更加平滑。

为避免接下来的颜色混合过程中发生除以 0 的情况，对模糊后的源图像 im2_blur 的每个像素值进行检查，如果像素值小于或等于 1，则将其增加 128。将源图像 im2 转换为 float64 类型，然后与目标图像 im1 经过高斯模糊后的像素值相乘，再除以 im2 经过高斯模糊后的像素值。这一步是颜色校正的关键，它通过色彩融合技术，使得融合后的面部颜色与目标图像中的其他颜色更加吻合。

第 5 步： 融合面部特征。

```
def get_face_mask(im,landmarks):
    im = np.zeros(im.shape[:2],dtype=np.float64)
    for group in OVERLAY_POINTS:
        hull = cv2.convexHull(landmarks[group])
        cv2.fillConvexPoly(im, hull, color=1)
    im = np.array([im, im, im]).transpose((1, 2, 0))
    im = (cv2.GaussianBlur(im, (FEATHER_AMOUNT, FEATHER_AMOUNT), 0) > 0) * 1.0
    im = cv2.GaussianBlur(im, (FEATHER_AMOUNT, FEATHER_AMOUNT), 0)
    return im
```

使用 get_face_mask( ) 函数创建一个掩模，这个掩模定义了源图像中应该显示的面部区域。这个掩模由眼睛、眉毛、鼻子和嘴巴围成的区域组成，它们被定义在 OVERLAY_POINTS 中。这个函数首先生成一个黑色的图像，然后使用 cv2. convexHull 和 cv2. fillConvexPoly，为上述特征点区域绘制凸多边形，并用白色填充。最后，应用高斯模糊来柔化掩模的边缘。

```
def warp_im(im, M, dshape):
    output_im = np.zeros(dshape, dtype=im.dtype)
    cv2.warpAffine(im, M[:2], (dshape[1], dshape[0]), dst=output_im, borderMode=cv2.BORDER_TRANSPARENT, flags=cv2
    return output_im
```

使用 warp_im( ) 函数将上述掩模变形到目标图像的坐标空间。通过仿射变换矩阵（M）来引导掩模的变形，使得源图像中的面部特征点与目标图像中的特征点对齐。

```
def main():
    image_path1 = "person1.png"
    image_path2 = "person2.png"
    im1, landmarks1 = read_im_and_landmarks(image_path1)
    im2, landmarks2 = read_im_and_landmarks(image_path2)

    M= transformation_from_points(landmarks1[ALIGN_POINTS], landmarks2[ALIGN_POINTS])
    mask = get_face_mask(im2, landmarks2)
    warped_mask = warp_im(mask, M, im1.shape)
    combined_mask = np.max([get_face_mask(im1, landmarks1), warped_mask], axis=0)
    warped_im2 = warp_im(im2, M, im1.shape)
    warped_corrected_im2 = correct_colours(im1, warped_im2, landmarks1)
    output_im = im1 * (1.0 - combined_mask) + warped_corrected_im2 * combined_mask

    cv2.imwrite('output.jpg', output_im)
    print("面部替换完成，结果保存为 output.jpg")
```

通过计算源图像掩模和目标图像掩模的元素最大值（numpy. max），生成一个组合掩模 combined_mask。这一步确保了目标图像中相应的面部区域被源图像的面部区域替换。

使用计算出的组合掩模来混合源图像和目标图像。对于掩模中值为 1 的区域，表示完全显示源图像中的对应像素；对于值为 0 的区域，表示完全显示目标图像中的像素。实际的融合操作由以下代码实现：output_im = im1 * (1.0-combined_mask) + warped_corrected_im2 * combined_mask。这里，warped_corrected_im2 是已经变形和校正色彩后的源图像。计算公式右边的两部分分别是目标图像与“1 减掩模”的乘积和源图像与掩模的乘积，然后将两者相加得到最终融合后的图像。

9.2.6 实践结果

1. 人脸伪造效果

运行实践代码后，导入实践用的人脸图像，就可以看到结果了。目标图像、源图像、合成后的伪造图像分别如图 9-5、图 9-6、图 9-7 所示，可以看到伪造非常成功。

2. 特征点标记效果

```
def get_landmarks(im):
    rects = detector(im, 1)
    save_path = "landmarks_marked_image.jpg"
    if len(rects) > 1:
        raise TooManyFaces("检测到多个面部")
    if len(rects) == 0:
        raise NoFaces("没有检测到任何面部")

    # 绘制特征点
    im_with_landmarks = im.copy()

    for rect in rects:
        landmarks = predictor(im, rect)
        for i in range(68):
            x = landmarks.part(i).x
            y = landmarks.part(i).y
            cv2.circle(im_with_landmarks, (x, y), 3, (0, 255, 0), -1)  # 在图像上标记特征点

    if save_path:
        cv2.imwrite(save_path, im_with_landmarks)
    return np.matrix([[p.x, p.y] for p in predictor(im, rects[0]).parts()])
```

使用 OpenCV 库在图像上标记人脸特征点。通过 predictor 对象识别人脸特征点，对于检测到的每个人脸区域（“rect”），提取出对应的特征点。遍历每个特征点，获取其坐标。使用 cv2. circle( )函数在图像上绘制特征点。特征点标注图像如图 9-8 所示。

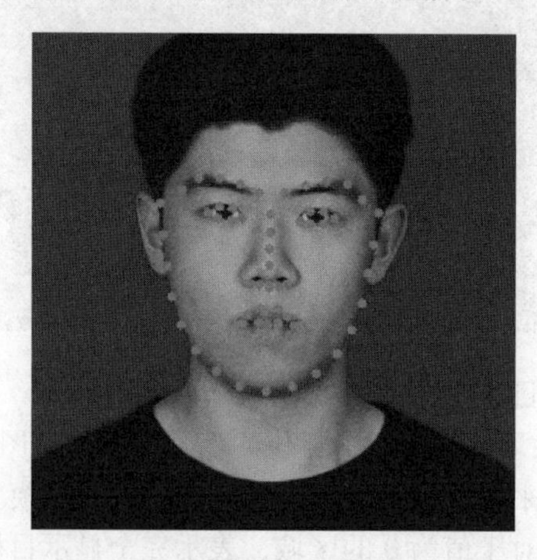

图 9-8 特征点标注图像

9.2.7 参考代码

本实践的 Python 语言参考源代码见本书的配套资源。

9.3　习题

1. 什么是深度伪造?
2. 深度伪造有哪些危害?
3. 详细说明根据人脸篡改区域和篡改目的，可将深度人脸伪造技术分为哪些类?

第 10 章　成员推理攻击原理与实践

成员推理攻击（Membership Inference Attack）是一种针对机器学习模型的隐私攻击，目的在于判断特定的数据样本是否被用于模型的训练过程中。本章主要讲述成员推理攻击的原理与应用。在实践部分，主要讲述基于影子模型的成员推理攻击。

知识与能力目标

1）了解成员推理攻击的重要性。

2）认知成员推理攻击的方法。

3）认知影子模型攻击。

4）掌握基于影子模型的成员推理攻击方法。

10.1　知识要点

本节简要介绍成员推理攻击的知识。

10.1.1　成员推理攻击介绍

成员推理攻击揭示了机器学习模型可能泄露关于其训练数据的敏感信息，尤其是在模型对训练数据过度拟合的情况下。通过成员推理攻击，攻击者可以推断出某个特定的输入是否是模型训练数据的一部分。这在涉及敏感数据的场合尤其危险，如医疗或金融数据，因为它可能导致隐私泄露。成员推理攻击示意图如图 10-1 所示。

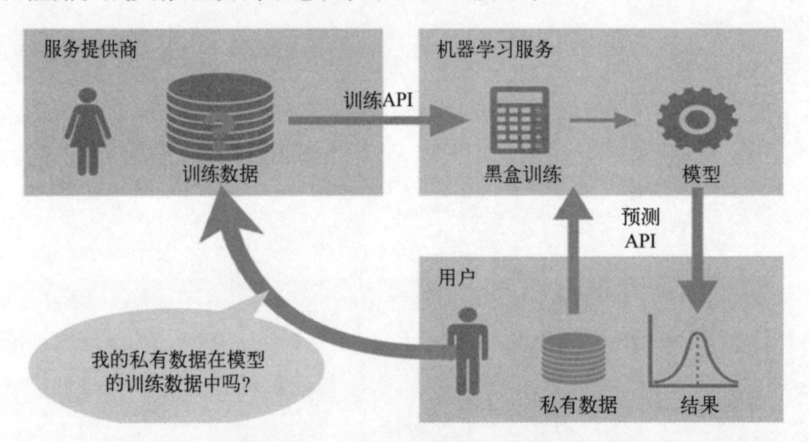

图 10-1　成员推理攻击示意图

成员推理攻击可以使攻击者获得训练数据集所共有的特征，例如，对于一个由医院患者的体态数据集训练的模型，攻击者在只拥有数据的情况下无法判断一个人是否生病，但如果可以通过成员推理攻击得出数据来自此模型，则可以知道一个人是否生病。

成员推理攻击是很多模型隐私攻击的基础，如模型窃取、数据重建等隐私攻击都是建立在成员推理攻击的基础上，因此成员推理攻击可以用于评估模型的隐私泄露程度。

10.1.2　成员推理攻击分类

1. 按场景分类

在实施成员推理攻击时，通常有两种场景：白盒和黑盒。在黑盒访问条件下，攻击者只能够访问模型的输入和输出。对于黑盒攻击，最常用的做法是训练一个用来模仿目标模型的影子模型，之后对影子模型进行成员推理攻击。在白盒访问条件下，攻击者可以访问目标模型的所有内部信息。由于白盒攻击可以访问到更多的信息，通常白盒攻击的效果要优于黑盒攻击，但通过选择合适的度量指标，黑盒攻击的效果可以趋近于白盒攻击。

2. 按攻击方法分类

成员推理攻击可以根据攻击的方法论分为直接攻击和间接攻击。直接攻击时，攻击者直接利用模型的输出（如预测置信度）来判断一个样本是否属于训练集；间接攻击时，攻击者利用模型的辅助信息（如模型的更新历史、模型的决策边界变化等）来推断成员信息，而不通过直接分析模型的预测输出来进行推理（包含影子模型攻击）。

3. 按攻击的应用场景分类

成员推理攻击还可以根据攻击的应用场景分为在线攻击和离线攻击。在线攻击指攻击者在模型部署后对模型进行实时查询并执行攻击；离线攻击指攻击者在模型部署前或模型未被频繁更新时收集信息，并进行深入分析来推断成员信息，这类攻击可能需要较长时间来分析和准备。

10.1.3　常见的成员推理攻击方法

常见的成员推理攻击方法包括影子模型攻击（Shadow Model Attack）、基于模型置信度的攻击和基于差分隐私的攻击模型。

1. 影子模型攻击

攻击者首先训练一个或多个“影子模型”来模仿目标模型的行为。这些影子模型使用与目标模型相同的机器学习算法，但是训练数据不同。通过观察影子模型对其训练数据和未见过的数据的预测行为，攻击者可以训练一个二分类器来区分目标模型的训练数据和非训练数据。

2. 基于模型置信度的攻击

基于模型置信度的攻击利用模型对其预测的置信度，也就是输出概率的某些统计特性（如最大概率值），攻击者假设模型对训练数据的预测通常比对未见过的数据更加准确。

3. 基于差分隐私的攻击模型

基于差分隐私的攻击模型利用差分隐私机制中的噪声添加策略来进行成员推理攻击。通过分析带有差分隐私保护的模型的输出，攻击者可以推断出个别数据点的成员资料。

10.1.4　影子模型攻击

影子模型攻击是一种针对机器学习模型的成员推理攻击，其核心思想是利用一个或多个与目标模型训练方式相似的影子模型来推断某个数据样本是否被用于目标模型的训练集中。这种攻击方式可以揭示机器学习模型对训练数据的过度拟合情况，从而暴露训练数据的隐私信息。影子模型攻击的示意图如图 10-2 所示。

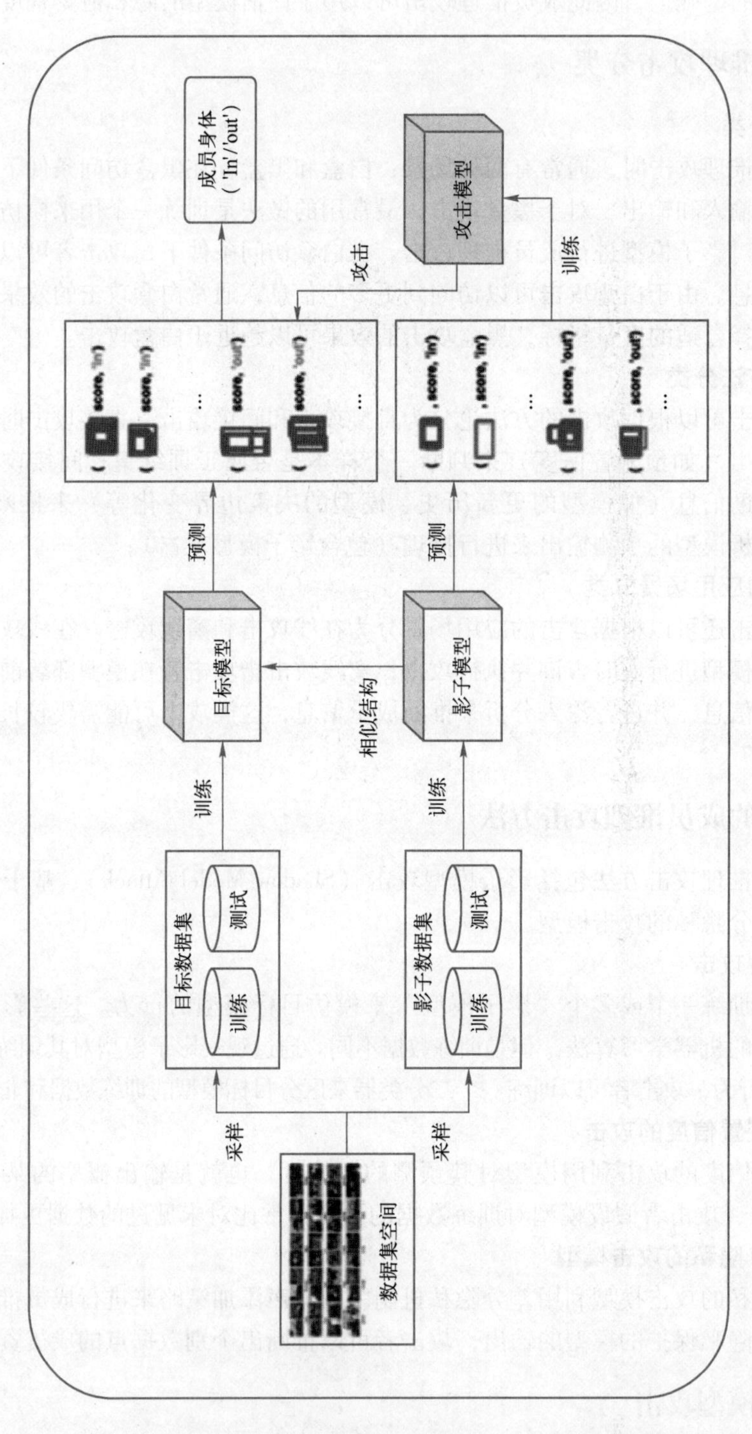
成员身体（'In'/'out'）
攻击模型
攻击
训练
(, score, 'in')
(, score, 'in')
(, score, 'out')
(, score, 'out')
…
预测
目标模型
相似结构
影子模型
训练
目标数据集
训练
测试
影子数据集
训练
测试
采样
采样
数据集空间

图 10-2 影子模型攻击

10.1.5　影子模型攻击的步骤

影子模型攻击的步骤如下。

1）数据收集。攻击者需要收集或生成与目标模型训练数据相似的数据集。这些数据不必是真实的训练数据，但应与目标数据分布一致。

2）影子模型训练。使用收集到的数据来训练影子模型。这些影子模型的架构应尽可能接近目标模型，以模仿目标模型的行为。理想情况下，攻击者会训练多个影子模型以提高攻击的准确性和鲁棒性。

3）输出分析与标签生成。通过影子模型对数据的预测，生成训练和测试数据的输出。然后，为这些输出生成标签，其中训练数据的标签为 1（表示成员），测试数据的标签为 0（表示非成员）。

4）攻击模型训练。利用从影子模型获得的输出及其对应标签，训练一个二元分类器作为攻击模型。这个分类器的任务是根据模型输出来预测数据样本是否属于训练集。

5）攻击执行。使用训练好的攻击模型对目标模型的输出进行分析，以判断新的数据样本是否曾被用于目标模型的训练。

对于黑盒情况，通常需要分析攻击执行的结果，并返回到前面的步骤，通过迭代调整和反馈调整继续优化攻击系统。

10.2　实践 10-1　基于影子模型的成员推理攻击

扫码看视频

本节详细介绍如何通过 Python 编程实现基于影子模型的成员推理攻击实践，学习如何从潜在攻击者的视角来分析和评估机器学习模型的安全性。

10.2.1　实践目的

基于影子模型的成员推理攻击实践的目的如下。

1. 理解机器学习隐私问题

了解在设计和部署机器学习模型时，保护训练数据的隐私为何至关重要。理解敏感数据可能如何通过模型预测被间接泄露。

2. 熟悉基于影子模型的成员推理攻击及实现

通过具体学习影子模型攻击和实现代码，从原理上了解攻击的核心思想，理解算法的特点及应用场景，培养实践能力。

3. 培养对抗性思维

培养在设计和部署模型时主动思考与应对潜在攻击的安全意识。激发创新思考和开发新的防御机制，以对抗成员推理攻击和保护数据隐私。

10.2.2　实践内容

实现 ML-Leaks（文献［1］）论文的第一种知识水平和攻击实施条件下的成员推理攻击。假设攻击方知道目标模型的训练数据分布以及用于训练模型的架构和超参数。实践中使用 CIFAR-10 和 MNIST 数据集。

10.2.3 实践环境

- Python 版本：3.9 或更高版本。
- 深度学习框架：torch 2.2，Torchvision 0.17.1。
- 其他库版本：NumPy 1.24.3，Scikit-Learn 1.3.0。
- 运行平台：PyCharm。

10.2.4 实践步骤

实践的主要步骤如图 10-3 所示。

1）数据准备和预处理。

2）将数据划分为训练数据、验证数据和测试集。

3）定义目标模型和影子模型。

4）训练目标模型和影子模型。

5）训练攻击模型并进行评估。

图 10-3 实践的主要步骤

实践的详细过程如下。

第 1 步：建立模型文件 model.py。

1）size_conv( ) 和 size_max_pool( ) 函数用于计算卷积层和池化层操作后的输出尺寸。这对于设计 CNN 结构时，确定全连接层前的特征维度非常有用。

```
def size_conv(size, kernel, stride=1, padding=0):
    out = int(((size - kernel + 2*padding)/stride) + 1)
    return out


def size_max_pool(size, kernel, stride=None, padding=0):
    if stride == None:
        stride = kernel
    out = int(((size - kernel + 2*padding)/stride) + 1)
    return out
```

2）calc_feat_linear_cifar( ) 和 calc_feat_linear_mnist( ) 函数根据输入图像的尺寸，计算 CIFAR 和 MNIST 数据集上 CNN 模型最后一个卷积层输出的特征尺寸，为全连接层提供输入特征数量。

```
#Calculate in_features for FC layer in Shadow Net
def calc_feat_linear_cifar(size):
    feat = size_conv(size,3,1,1)
    feat = size_max_pool(feat,2,2)
    feat = size_conv(feat,3,1,1)
    out = size_max_pool(feat,2,2)
    return out
```

```python
#Calculate in_features for FC layer in Shadow Net
def calc_feat_linear_mnist(size):
    feat = size_conv(size,5,1)
    feat = size_max_pool(feat,2,2)
    feat = size_conv(feat,5,1)
    out = size_max_pool(feat,2,2)
    return out
```

3）使用 init_params( ) 函数定义不同类型层的权重初始化方法。

```python
#权重初始化
def init_params(m):
    if isinstance(m, nn.Conv2d):
        nn.init.kaiming_normal_(m.weight, mode='fan_out', nonlinearity='relu')
        if m.bias is not None:
            nn.init.zeros_(m.bias)
    elif isinstance(m, nn.BatchNorm2d):
        nn.init.constant_(m.weight, 1)
        nn.init.zeros_(m.bias)
    elif isinstance(m, nn.Linear):
        nn.init.xavier_normal_(m.weight.data)
        nn.init.zeros_(m.bias)
```

对于卷积层（nn. Conv2d），使用 kaiming 初始化；对于批归一化层（nn. BatchNorm2d），权重初始化为 1，偏置初始化为 0；对于全连接层（nn. Linear），使用 xavier 初始化方法。

4）使用 TargetNet 和 ShadowNet 针对 CIFAR 数据集设计自定义 CNN 模型。

```python
class TargetNet(nn.Module):
    def __init__(self, input_dim, hidden_layers, size, out_classes):
        super(TargetNet, self).__init__()
        self.conv1 = nn.Sequential(
            nn.Conv2d(in_channels=input_dim, out_channels=hidden_layers[0], kernel_size=3, padding=1),
            nn.BatchNorm2d(hidden_layers[0]),
            # nn.Dropout(p=0.5),
            nn.ReLU(inplace=True),
            nn.MaxPool2d(kernel_size=2, stride=2)
        )
        self.conv2 = nn.Sequential(
            nn.Conv2d(in_channels=hidden_layers[0], out_channels=hidden_layers[1], kernel_size=3, padding=1),
            nn.BatchNorm2d(hidden_layers[1]),
            # nn.Dropout(p=0.5),
            nn.ReLU(inplace=True),
            nn.MaxPool2d(kernel_size=2, stride=2)
        )

        features = calc_feat_linear_cifar(size)
        self.classifier = nn.Sequential(
            nn.Flatten(),
            nn.Linear((features**2 * hidden_layers[1]), hidden_layers[2]),
            nn.ReLU(inplace=True),
            nn.Linear(hidden_layers[2], out_classes)
        )

    def forward(self, x):
        out = self.conv1(x)
        out = self.conv2(out)
        out = self.classifier(out)
```

```
class ShadowNet(nn.Module):
    def __init__(self, input_dim, hidden_layers,size,out_classes):
        super(ShadowNet, self).__init__()
        self.conv1 = nn.Sequential(
            nn.Conv2d(in_channels=input_dim, out_channels=hidden_layers[0], kernel_size=3, padding=1),
            nn.BatchNorm2d(hidden_layers[0]),
            # nn.Dropout(p=0.5),
            nn.ReLU(inplace=True),
            nn.MaxPool2d(kernel_size=2, stride=2)
        )
        self.conv2 = nn.Sequential(
            nn.Conv2d(in_channels=hidden_layers[0], out_channels=hidden_layers[1], kernel_size=3, padding=1),
            nn.BatchNorm2d(hidden_layers[1]),
            # nn.Dropout(p=0.5),
            nn.ReLU(inplace=True),
            nn.MaxPool2d(kernel_size=2, stride=2)
        )

        features = calc_feat_linear_cifar(size)
        self.classifier = nn.Sequential(
            nn.Flatten(),
            nn.Linear((features**2 * hidden_layers[1]), hidden_layers[2]),
            nn.ReLU(inplace=True),
            nn.Linear(hidden_layers[2], out_classes)
        )


    def forward(self, x):
        out = self.conv1(x)
        out = self.conv2(out)
        out = self.classifier(out)
        return out
```

这两个模型结构相似，包括两个卷积层和两个全连接层。其中，TargetNet 为使用 CIFAR-10 数据集的目标模型，ShadowNet 为对应的白盒影子模型。

5）MNISTNet 是针对 MNIST 数据集设计的 CNN 模型，包括两个卷积层和两个全连接层。实践中同时可以用于目标模型和影子模型。

```
#Target/Shadow Model for MNIST
class MNISTNet(nn.Module):
    def __init__(self, input_dim, n_hidden,out_classes=10,size=28):
        super(MNISTNet, self).__init__()
        self.conv1 = nn.Sequential(
            nn.Conv2d(in_channels=input_dim, out_channels=n_hidden, kernel_size=5),
            nn.BatchNorm2d(n_hidden),
            # nn.Dropout(p=0.5),
            nn.ReLU(inplace=True),
            nn.MaxPool2d(kernel_size=2, stride=2)
        )
        self.conv2 = nn.Sequential(
            nn.Conv2d(in_channels=n_hidden, out_channels=n_hidden*2, kernel_size=5),
            nn.BatchNorm2d(n_hidden*2),
            # nn.Dropout(p=0.5),
            nn.ReLU(inplace=True),
            nn.MaxPool2d(kernel_size=2, stride=2)
        )

        features = calc_feat_linear_mnist(size)
        self.classifier = nn.Sequential(
            nn.Flatten(),
            nn.Linear(features**2 * (n_hidden*2), n_hidden*2),
            nn.ReLU(inplace=True),
            nn.Linear(n_hidden*2, out_classes)
        )

    def forward(self, x):
        out = self.conv1(x)
```

6）AttackMLP 是一个多层感知机（MLP）模型，用于攻击模型，根据目标/影子模型的输出来预测样本是否属于训练集（成员推理攻击）。

```
class AttackMLP(nn.Module):
    def __init__(self, input_size, hidden_size=64,out_classes=2):
        super(AttackMLP, self).__init__()
        self.classifier = nn.Sequential(
            nn.Linear(input_size, hidden_size),
            nn.ReLU(inplace=True),
            nn.Linear(hidden_size, out_classes)
        )
    def forward(self, x):
        out = self.classifier(x)
        return out
```

第 2 步：建立训练文件 train. py。

1）使用 prepare_attack_data( ) 函数为攻击模型准备数据，包含影子模型的输出和对应的标签。

```
def prepare_attack_data(model,
                        iterator,
                        device,
                        top_k=False,
                        test_dataset=False):

    attackX = []
    attackY = []

    model.eval()
    with torch.no_grad():
        for inputs, _ in iterator:
            # Move tensors to the configured device
            inputs = inputs.to(device)

            #Forward pass through the model
            outputs = model(inputs)

            #To get class probabilities
            posteriors = F.softmax(outputs, dim=1)
            if top_k:
                #Top 3 posterior probabilities(high to low) for train samples
                topk_probs, _ = torch.topk(posteriors, 3, dim=1)
                attackX.append(topk_probs.cpu())
            else:
                attackX.append(posteriors.cpu())
```

函数接收一个模型和一个数据加载器，然后通过模型前向传播获取输出。使用 model. eval( ) 确保模型在评估模式下运行，不启用 BatchNorm 和 Dropout。通过 F. softmax 计算输出的后验概率，如果设置了 top_k = True，则选择概率最高的前三个类别的概率；否则，使用全部类别的概率。attack Y 表示样本是训练集成员（用 1 表示）还是非成员（用 0 表示）的标签。

2）使用 train_per_epoch( ) 和 val_per_epoch( ) 定义模型的一次训练迭代和验证过程。

```
def train_per_epoch(model,
                    train_iterator,
                    criterion,
                    optimizer,
                    device,
                    bce_loss=False):
    epoch_loss = 0
    epoch_acc = 0
    correct = 0
    total = 0
```

```
    model.train()
    for _, (features, target) in enumerate(train_iterator):
        # Move tensors to the configured device
        features = features.to(device)
        target = target.to(device)
```

```
def val_per_epoch(model,
                  val_iterator,
                  criterion,
                  device,
                  bce_loss=False):

    epoch_loss = 0
    epoch_acc = 0
    correct = 0
    total =0

    model.eval()
    with torch.no_grad():
        for _,(features,target) in enumerate(val_iterator):
            features = features.to(device)
            target = target.to(device)

            outputs = model(features)
            #计算损失
            if bce_loss:
                #For BCE loss
                loss = criterion(outputs, target.unsqueeze(1))
```

在训练阶段，使用 model. train( ) 开启模型的训练模式，计算损失，执行反向传播和优化步骤。在验证阶段，使用 model. eval( ) 以评估模式运行模型，计算损失和准确率但不进行权重更新。可以根据 bce_loss 参数决定是使用二元交叉熵损失，还是多类别损失。

3）train_attack_model( ) 使用准备好的数据训练攻击模型。

```
def train_attack_model(model,
                       dataset,
                       criterion,
                       optimizer,
                       lr_scheduler,
                       device,
                       model_path='./model',
                       epochs=10,
                       b_size=20,
                       num_workers=1,
                       verbose=False,
                       earlystopping = True):   #earlystopping=False

    n_validation = 1000 # number of validation samples
    best_valacc = 0
    stop_count = 0
    patience = 10 # Early stopping  # patience = 5

    path = os.path.join(model_path,'best_attack_model.ckpt')

    train_loss_hist = []
    valid_loss_hist = []
    val_acc_hist = []
```

攻击模型训练的整个流程，包括划分训练和验证数据集、设置批处理大小、执行训练循环、应用学习率调度器、执行早停等。每次迭代后，如果模型在验证集上的准确率提高，则保存当前最佳模型。

4）使用 train_model( ) 定义目标模型或影子模型的训练和测试流程。

```
def train_model(model,
                train_loader,
                val_loader,
                test_loader,
                loss,
                optimizer,
                scheduler,
                device,
                model_path,
                verbose=False,
                num_epochs=50,
                top_k=False,
                earlystopping=False,
                is_target=False):

    best_valacc = 0
    patience = 5 # 执行早停
    stop_count= 0
    train_loss_hist = []
    valid_loss_hist = []
    val_acc_hist = []
```

本流程类似于攻击模型训练流程，但在训练和测试后，还会调用 prepare_attack_data() 为攻击模型准备数据。在训练完成后，测试模型在测试集上。

第 3 步： 建立攻击文件 attack. py。

1）环境设置与数据预处理。

```
#set the seed for reproducibility
np.random.seed(1234)
#Flag to enable early stopping
need_earlystop = False

########################
# Model Hyperparameters
########################
#Number of filters for target and shadow models
target_filters = [128, 256, 256]
shadow_filters = [64, 128, 128]
#New FC layers size for pretrained model
n_fc= [256, 128]
#For CIFAR-10 and MNIST dataset
num_classes = 10
#No. of training epocs
num_epochs = 50
#how many samples per batch to load
```

设置随机种子以确保结果的可重复性。解析命令行参数，允许用户指定数据集、是否训练目标/影子模型、是否使用数据增强等选项。根据选择的数据集（CIFAR-10 或 MNIST），定义数据变换（transformations），包括可选的数据增强（如果 need_augm 为 True）。

2）数据加载与划分。

```
def get_data_loader(dataset,
                    data_dir,
                    batch,
                    shadow_split=0.5,
                    augm_required=False,
                    num_workers=1):
    """
     Utility function for loading and returning train and valid
```

```
    iterators over the CIFAR-10 and MNIST dataset.
    """
    error_msg = "[!] shadow_split should be in the range [0, 1]."
    assert ((shadow_split >= 0) and (shadow_split <= 1)), error_msg


    train_transforms, test_transforms = get_data_transforms(dataset,augm_required)
```

使用 get_data_loader( ) 函数，根据用户的指定下载和准备训练数据与测试数据。数据被分为目标模型和影子模型的训练集、验证集和测试集。

```
# Data samplers
s_train_sampler = SubsetRandomSampler(s_train_idx)
s_out_sampler = SubsetRandomSampler(s_out_idx)
t_train_sampler = SubsetRandomSampler(t_train_idx)
t_out_sampler = SubsetRandomSampler(t_out_idx)
```

使用 SubsetRandomSampler( ) 函数来随机采样数据集的子集。

函数中目标模型和影子模型都有各自的训练集与测试集，但这些集合来自同一原始数据集的不同分割，即保证了两个训练集的具体数据条目不同，但它们共享相同的数据分布和特征。这种设置旨在让影子模型能够模拟目标模型的行为，因为影子模型和目标模型是在统计上相似的数据上训练的。

3）模型定义与训练。

```
if(trainTargetModel):
    if dataset == 'CIFAR10':
        target_model = model.TargetNet(input_dim, target_filters, immg_size, num_classes).to(device)
    else:
        target_model = model.MNISTNet(input_dim, n_hidden_mnist, num_classes).to(device)

    if(param_init):
        target_model.apply(w_init)

    if verbose:
        print("------Target Model Architecture------")
        print(target_model)
        print("------Model Learnable Params-------")
        for name, param in target_model.named_parameters():
            if param.requires_grad == True:
                print("\t", name)

    loss = nn.CrossEntropyLoss()
    optimizer = torch.optim.Adam(target_model.parameters(), lr=learning_rate, weight_decay=reg)
    lr_scheduler = torch.optim.lr_scheduler.ExponentialLR(optimizer, gamma=lr_decay)

    targetX, targetY = train_model(target_model, t_train_loader, t_val_loader, t_test_loader, loss, optimizer, lr_scheduler, device, modelDir, verbose, num_ep
```

```
else:
    target_file = os.path.join(modelDir, 'best_target_model.ckpt')
    print("Use Target model at the path ====> [{}]".format(modelDir))

    if dataset == 'CIFAR10':
        target_model = model.TargetNet(input_dim, target_filters, img_size, num_classes).to(device)
    else:
        target_model = model.MNISTNet(input_dim, n_hidden_mnist, num_classes).to(device)

    target_model.load_state_dict(torch.load(target_file, map_location=torch.device('cpu')))
    print("------Preparing Attack Training data------")
    t_trainX, t_trainY, = prepare_attack_data(target_model, t_train_loader, device, top_k)
    t_testX, t_testY = prepare_attack_data(target_model, t_test_loader, device, top_k, test_dataset=True)
    targetX = t_trainX + t_testX
    targetY = t_trainY + t_testY
```

根据数据集定义目标模型和影子模型，对于 CIFAR-10 数据集使用 TargetNet 和 ShadowNet，对于 MNIST 数据集使用 MNISTNet。如果 trainTargetModel 或 trainShadowModel 被指定，相应的模型会通过使用 train_model( ) 函数来训练目标模型或影子模型，并收集用于攻击模型训练的数据；否则，将加载已经训练好的模型，并直接调用 prepare_attack_data( ) 函数生成用于训练攻击模型的数据。

4）攻击模型训练与评估。

```
attack_loss = nn.CrossEntropyLoss()
attack_optimizer = torch.optim.Adam(attack_model.parameters(), lr=LR_ATTACK, weight_decay=REG)
attack_lr_scheduler = torch.optim.lr_scheduler.ExponentialLR(attack_optimizer, gamma=LR_DECAY)

attackdataset = (shadowX, shadowY)

attack_valacc = train_attack_model(attack_model, attackdataset, attack_loss, attack_optimizer, attack_lr_scheduler, device, modelDir, NUM_EPOCHS, BATCH_SIZE,
print("Validation Accuracy for the Best Attack Model is: {:.2f} %".format(100*attack_valacc))

attack_path = os.path.join(modelDir, 'best_attack_model.ckpt')
attack_model.load_state_dict(torch.load(attack_path, map_location=torch.device('cpu')))

attack_inference(attack_model, targetX, targetY, device)
```

使用收集到的目标模型和影子模型的输出数据来训练攻击模型。攻击模型是前面定义的多层感知机（AttackMLP），旨在根据模型输出预测输入样本是训练集的成员还是非成员。攻击模型使用 train_attack_model( ) 函数训练，并利用 attack_inference( ) 函数进行评估，输出分类报告，包括准确率、精确度和召回率等指标。

第 4 步： cli. py 文件。

通过 click 库实现简单的命令行界面 CLI。其中@ 符号是用来应用 Python 装饰器的，用于在不修改函数内容的前提下增加函数功能。

1）成员推理攻击的主要命令。

```
def pretrained_dummy(dataset, data_path, model_path):
    click.echo('Performing Membership Inference')
    attack.create_attack(dataset, data_path, model_path, False, False, False, False, False, False)
```

```
def train_dummy(dataset, data_path, model_path):
    click.echo('Performing Membership Inference')
    attack.create_attack(dataset, data_path, model_path, True, True, False, False, False, False)
```

```
def train_plus_dummy(dataset, data_path, model_path, need_augm, need_topk, param_init, verbose):
    click.echo('Performing Membership Inference')
    attack.create_attack(dataset, data_path, model_path, True, True, need_augm, need_topk, param_init, verbose)
```

- pretrained_dummy：执行预训练模型的成员推理攻击。
- train_dummy：执行成员推理攻击并训练模型。
- train_plus_dummy：进行成员推理攻击，训练模型，并可选择数据增强、使用 Top 3 后验概率、参数初始化和详细输出。

2）可选项及其影响。

每个命令都提供一系列可选项，这些可选项允许用户自定义命令行工具的行为。

```
@membership_inference.command(help='Membership Inference Attack with training enabled + augmentation, topk posteriors, parameter initialization and verbose enabled
@click.option('--dataset', default='CIFAR10', type=str, help='Which dataset to use (CIFAR10 or MNIST)')
@click.option('--data_path', default='Membership-Inference/data', type=str, help='Path to store data')
@click.option('--model_path', default='Membership-Inference/best_models',type=str, help='Path to save or load model checkpoints')
@click.option('--need_augm',is_flag=True, help='To use data augmentation on target and shadow training set or not')
@click.option('--need_topk',is_flag=True, help='Flag to enable using Top 3 posteriors for attack data')
@click.option('--param_init', is_flag=True, help='Flag to enable custom model params initialization')
@click.option('--verbose',is_flag=True, help='Add Verbosity')
```

- --dataset：指定使用的数据集（如 CIFAR-10 或 MNIST）。
- --data_path：指定数据存储路径。
- --model_path：指定模型存储或加载的路径。
- --need_augm：是否使用数据增强。
- --need_topk：是否使用 Top 3 后验概率。
- --param_init：是否启用自定义模型参数初始化。
- --verbose：是否启用详细输出，有助于调试和更详细的执行过程跟踪。

10.2.5 实践结果

1. 使用预训练模型对数据集进行攻击

在终端运行 python cli. py membership-inference pretrained-dummy 命令，使用预训练模型对默认数据集 CIFAR-10 进行攻击，观察控制台输出。

```
(base) PS E:\project> python cli.py membership-inference pretrained-dummy
Using device: cpu
Performing Membership Inference
Using device: cpu
```

```
Epochs [50] and Batch size [10] for Attack Model training
----Attack Model Training------
Epoch [1/50], Train Loss: 0.064 | Train Acc: 63.11% | Val Loss: 0.058 | Val Acc: 70.40%
Saving model checkpoint
Epoch [2/50], Train Loss: 0.057 | Train Acc: 69.27% | Val Loss: 0.054 | Val Acc: 71.90%
Saving model checkpoint
Epoch [3/50], Train Loss: 0.055 | Train Acc: 70.84% | Val Loss: 0.054 | Val Acc: 69.30%
Epoch [4/50], Train Loss: 0.054 | Train Acc: 70.94% | Val Loss: 0.053 | Val Acc: 72.20%
Saving model checkpoint
Epoch [5/50], Train Loss: 0.054 | Train Acc: 71.21% | Val Loss: 0.053 | Val Acc: 71.60%
Epoch [6/50], Train Loss: 0.053 | Train Acc: 71.17% | Val Loss: 0.052 | Val Acc: 71.80%
Epoch [7/50], Train Loss: 0.053 | Train Acc: 71.21% | Val Loss: 0.053 | Val Acc: 72.10%
Epoch [18/50], Train Loss: 0.052 | Train Acc: 71.90% | Val Loss: 0.052 | Val Acc: 72.00%
Epoch [19/50], Train Loss: 0.053 | Train Acc: 71.87% | Val Loss: 0.052 | Val Acc: 71.30%
Epoch [20/50], Train Loss: 0.053 | Train Acc: 71.81% | Val Loss: 0.052 | Val Acc: 71.50%
Epoch [21/50], Train Loss: 0.053 | Train Acc: 71.97% | Val Loss: 0.052 | Val Acc: 70.90%
End Training after [51] Epochs
Validation Accuracy for the Best Attack Model is: 72.20 %
----Attack Model Testing----
Attack Test Accuracy is  : 71.85%
---Detailed Results----
              precision    recall  f1-score   support

  Non-Member       0.99      0.44      0.61     12500
      Member       0.64      1.00      0.78     12500

    accuracy                           0.72     25000
   macro avg       0.82      0.72      0.70     25000
weighted avg       0.82      0.72      0.70     25000

PS D:\Users\Desktop\ai\7. 成员推理攻击\MIA>
```

根据输出结果，可以观察到，攻击模型经过了 50 个轮次的训练，每个轮次使用大小为

10 的批次（batch）进行训练。训练过程中显示了每个轮次训练集和验证集的损失（Loss）、准确率（Acc）。选择验证准确率最高的模型作为最终的攻击模型。攻击模型的测试集准确率为 71. 85%，表明其在区分成员和非成员样本方面有一定的能力。

详细结果显示，攻击模型对“非成员”类别的准确率为 99%，但对“成员”类别的准确率只有 64%。这说明攻击模型在识别非成员方面表现很好，但在识别成员方面效果较差。低准确率可能表明模型在训练数据的“特征”上泛化不足或攻击模型未能捕捉到足够区分训练集和非训练集样本的特征。

为了增强模型的隐私保护能力，可以尝试改进模型训练策略，例如，引入更强的隐私保护技术或通过数据扰动等方法减少训练数据的泄露信息。还可以对攻击模型进行改进，以便更有效地识别训练集中的样本，从而揭示潜在的隐私风险并促使模型改进。

在终端中运行 python cli. py membership-inference pretrained-dummy --dataset MNIST 命令，使用预训练模型对数据集 MNIST 进行攻击，观察控制台输出。

```
(base) PS E:\project> python cli.py membership-inference pretrained-dummy --dataset MNIST
Using device: cpu
Performing Membership Inference
Using device: cpu
```

```
Epoch [1/50], Train Loss: 0.069 | Train Acc: 50.15% | Val Loss: 0.069 | Val Acc: 52.10%
Saving model checkpoint
Epoch [2/50], Train Loss: 0.069 | Train Acc: 50.16% | Val Loss: 0.069 | Val Acc: 51.30%
Epoch [3/50], Train Loss: 0.069 | Train Acc: 50.91% | Val Loss: 0.070 | Val Acc: 49.00%
Epoch [4/50], Train Loss: 0.069 | Train Acc: 50.80% | Val Loss: 0.069 | Val Acc: 50.90%
Epoch [5/50], Train Loss: 0.069 | Train Acc: 51.14% | Val Loss: 0.069 | Val Acc: 49.70%
Epoch [6/50], Train Loss: 0.069 | Train Acc: 51.24% | Val Loss: 0.069 | Val Acc: 51.90%
Epoch [7/50], Train Loss: 0.069 | Train Acc: 51.49% | Val Loss: 0.069 | Val Acc: 52.80%
Saving model checkpoint
Epoch [15/50], Train Loss: 0.069 | Train Acc: 51.46% | Val Loss: 0.069 | Val Acc: 53.20%
Epoch [16/50], Train Loss: 0.069 | Train Acc: 50.77% | Val Loss: 0.069 | Val Acc: 52.40%
Epoch [17/50], Train Loss: 0.069 | Train Acc: 51.43% | Val Loss: 0.069 | Val Acc: 51.60%
Epoch [18/50], Train Loss: 0.069 | Train Acc: 51.34% | Val Loss: 0.069 | Val Acc: 51.10%
Epoch [19/50], Train Loss: 0.069 | Train Acc: 51.57% | Val Loss: 0.069 | Val Acc: 51.80%
Epoch [20/50], Train Loss: 0.069 | Train Acc: 51.84% | Val Loss: 0.069 | Val Acc: 51.20%
Epoch [21/50], Train Loss: 0.069 | Train Acc: 51.79% | Val Loss: 0.069 | Val Acc: 50.60%
Epoch [22/50], Train Loss: 0.069 | Train Acc: 51.74% | Val Loss: 0.068 | Val Acc: 51.50%
End Training after [51] Epochs
Validation Accuracy for the Best Attack Model is: 53.90 %
----Attack Model Testing----
Attack Test Accuracy is  : 52.32%
---Detailed Results----
              precision    recall  f1-score   support

  Non-Member       0.55      0.25      0.35     15000
      Member       0.52      0.79      0.62     15000

    accuracy                           0.52     30000
   macro avg       0.53      0.52      0.49     30000
weighted avg       0.53      0.52      0.49     30000
```

根据输出结果，可以观察到，攻击模型训练了 50 个轮次，每个轮次使用大小为 10 的批次（batch）进行训练。在每个轮次结束时，显示了训练集和验证集的损失（Loss）以及准确率（Acc）。每隔一段时间保存模型的检查点（checkpoint），以便后续使用。训练结束后，最佳攻击模型的验证准确率为 53. 90%。

攻击模型在测试集上的准确率为 52. 32%。表明攻击模型在验证集上取得了一定的成功，并且在测试集上也有一定的准确率，但仍有改进的空间。攻击模型在识别成员和非成员两个类别上的性能差异较大。对于成员类别，模型的召回率较高，达到了 79%，但精确度较低，为 52%，说明攻击模型能够较好地识别出成员，但也会将一部分非成员误判为成员。

而对于非成员类别，精确度较高，为55%，但召回率较低，为25%，说明攻击模型在识别非成员方面相对较差，很多真实的非成员样本被误判为成员。

2. 修改attack. py，调整原有攻击模型

调整原有攻击模型的结构，增加攻击模型中的隐藏层节点数量。接着进行超参数调优，调整学习率、正则化参数和批量大小，并添加学习率衰减。然后增加训练数据的样本数量。

```
#################################
NUM_EPOCHS = 50
BATCH_SIZE = 64
#学习率
LR_ATTACK = 0.0001
#L2 Regulariser
REG = 1e-6
#weight decay
LR_DECAY = 0.95
#No of hidden units
n_hidden = 256
#Binary Classsifier
out_classes = 2
```

引入对抗训练技术，通过添加对抗性损失函数来提高攻击模型的鲁棒性。

```
attackdataset = (shadowX, shadowY)

attack_valacc = train_attack_model(attack_model, attackdataset, attack_loss, attack_optimizer, attack_lr_sch
print("Validation Accuracy for the Best Attack Model is: {:.2f} %".format(100*attack_valacc))
```

增加攻击模型中隐藏层的节点数量，可以提高模型的表示能力和学习能力，使其能够更好地捕捉输入数据中的复杂模式和特征，从而提高攻击模型的性能。调整学习率、正则化参数和批量大小等参数，可以使模型更快地收敛并更好地泛化到新的数据上，从而提高攻击模型的性能。通过引入学习率衰减机制，随着训练的进行，逐渐降低学习率，可以使模型在训练后期更加稳定，有助于达到更好的性能。增加训练数据的样本数量可以将更多的信息提供给模型，有助于模型更好地学习数据的分布和特征，从而提高攻击模型的性能。引入对抗训练技术使攻击模型在训练过程中不断地与对抗性示例进行对抗，从而提高模型的鲁棒性和泛化能力，使其更有效地攻击目标模型。

修改完成后对攻击模型进行训练，保存训练好的攻击模型。

使用训练好的新的攻击模型对MNIST数据集进行成员推理攻击，观察输出。

```
----Attack Model Testing----
Attack Test Accuracy is  : 59.14%
---Detailed Results----
              precision    recall  f1-score   support
  Non-Member       0.61      0.52      0.56     15000
      Member       0.57      0.66      0.61     15000

    accuracy                           0.59     30000
   macro avg       0.59      0.59      0.59     30000
weighted avg       0.59      0.59      0.59     30000
```

可以看到优化后的攻击准确率为59.14%，比原来的52.32%提高了，说明优化后的攻击模型获得了更好的成员推理攻击效果。

10.2.6　参考代码

本实践的 Python 语言参考源代码见本书的配套资源。

10.2.7　实践总结

模型在 CIFAR-10 数据集上的攻击模型有较高的准确率（71.85%），尤其是在识别成员方面的召回率达到了 99%，表明攻击模型可以有效识别出大部分训练集中的样本。然而，模型对非成员的识别准确率较低，只有 64%，说明模型会将一部分非成员误判为成员。

与 CIFAR-10 数据集上的模型相比，MNIST 数据集上的攻击模型准确率仅为 52.32%，召回率和精确率也都较低。这表明攻击模型在 MNIST 数据集上的区分能力明显不足，几乎接近随机猜测。

通过对比可以看出，当攻击模型应用于不同的数据集时，其性能有显著差异。在 CIFAR-10 数据集上，攻击模型可以较好地识别出成员，但在 MNIST 数据集上，模型几乎无法区分成员和非成员。这可能是因为 CIFAR-10 和 MNIST 在数据复杂性和特征上有很大的不同，导致同一攻击模型在两个数据集上的泛化能力也不同。

对于 MNIST 数据集上的攻击模型，通过调整原有攻击模型的结构进行优化，方法为：增加攻击模型中的隐藏层节点数量；进行超参数调优，调整学习率、正则化参数和批量大小；添加学习率衰减；增加训练数据的样本数量。优化后模型在 MNIST 数据集上的攻击模型准确率提高到 59.14%，说明优化后的攻击模型获得了更好的成员推理攻击效果。

10.3　习题

1. 什么是成员推理攻击？
2. 什么是影子模型攻击？
3. 常见的成员推理攻击方法有哪些？

参考文献

[1] SALEM A, ZHANG Y, HUMBERT M, et al. ML-Leaks: Model and Data Independent Membership Inference Attacks and Defenses on Machine Learning Models [C]. Proceedings 2019 Network and Distributed System Security Symposium, 2019.

[2] SHOKRI R, STRONATI M, SONG C, et al. Membership Inference Attacks Against Machine Learning Models [J]. 2017 IEEE Symposium on Security and Privacy (SP), 2017, 3-18.

第 11 章　属性推理攻击原理与实践

属性推理攻击通常利用机器学习和数据挖掘技术，从公开或已知的属性中推测出隐私属性，因此从隐私保护的角度研究属性推理攻击具有重要的理论意义和实用价值。本章主要讲述属性推理攻击（Attribute Inference Attack）的概念、原理、攻击场景和常用方法。在编程实践部分讲述一个基于神经网络的属性推理攻击。

知识与能力目标

1）了解属性推理攻击的概念。

2）认知属性推理攻击的场景。

3）认知属性推理攻击的常用方法。

4）掌握基于神经网络的属性推理攻击方法。

11.1　知识要点

扫码看视频

属性推理攻击是指攻击者通过访问用户的部分数据和相关信息，推断出用户的其他属性或敏感信息的攻击方式。本节主要介绍属性推理攻击的场景和常用方法。

11.1.1　属性推理攻击概述

属性推理攻击的目标通常包括个人敏感信息、用户行为模式、社交关系等。除了对用户隐私造成严重侵犯，通过属性推理攻击获取的信息，攻击者可以进一步进行社会工程学攻击，如假冒身份进行诈骗、获取更多个人敏感信息，甚至进行身份盗用。机器学习中的属性隐私问题如图 11-1 所示。

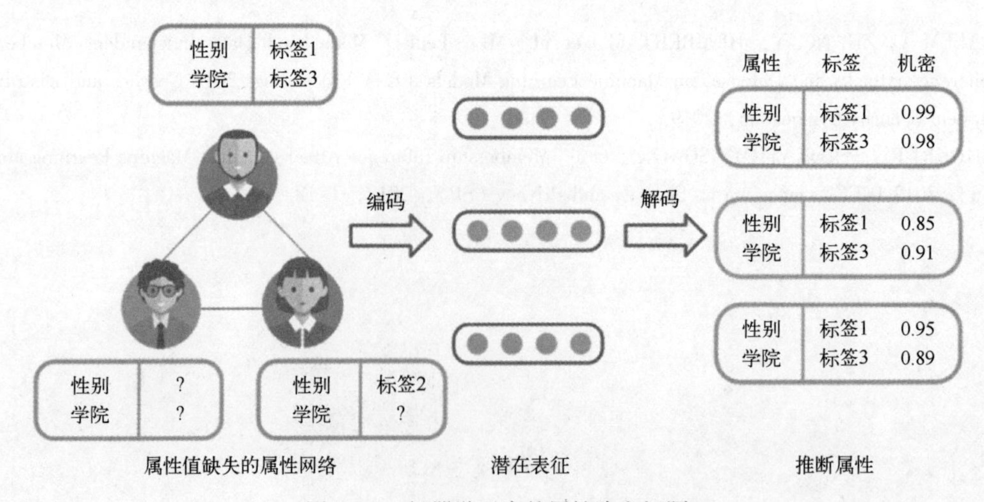

图 11-1　机器学习中的属性隐私问题

11.1.2　属性推理攻击的场景

属性推理攻击的具体场景如下。

1）社交网络用户的隐私信息（如性别、年龄、兴趣爱好等）通过其社交关系和互动行为被推断。利用用户的好友关系，通过图卷积网络（GCN）等图神经网络模型进行推断。通过用户的点赞、评论、分享行为模式，使用决策树、随机森林等传统机器学习算法进行推断。

2）推荐系统中的属性推理攻击，推荐系统用户的隐私信息（如性别、年龄、收入水平等）通过其历史浏览和购买记录被推断。通过用户-物品交互矩阵，使用矩阵分解或近邻方法进行推断。通过分析用户浏览的内容，利用自然语言处理技术推断用户属性。

3）位置数据中的属性推理攻击，攻击者通过用户的地理位置数据推断用户的隐私属性。通过用户常去地点和活动轨迹，使用聚类分析和序列模式挖掘进行推断。

11.1.3　属性推理攻击常用方法

属性推理攻击常用方法如下。

1）基于对抗变分自动编码器，它结合了变分自动编码器（VAE）和生成对抗网络的优点。它通过引入对抗性训练，使得编码器生成的隐变量分布更接近真实数据分布，从而增强推断的准确性。

2）基于图卷积网络的属性推理，它适用于处理图结构数据，通过聚合节点的邻居信息进行特征学习，可以用于社交网络中推断用户的隐私属性。

3）基于隐马尔可夫模型的属性推理，隐马尔可夫模型是一种统计模型，通过观测序列推断隐藏状态序列，可以用于时间序列数据中的隐私属性推断。

11.2　实践 11-1　基于神经网络的属性推理攻击

扫码看视频

本节主要讲述如何使用神经网络技术进行属性推理攻击。

11.2.1　实践内容

本实践中使用的攻击方法的基本步骤为：首先，进行目标模型训练，目的是训练一个能够预测已知属性（如性别）的目标模型，目标模型的输出会用于后续的攻击模型训练。随后，进行攻击数据的准备，目的是通过目标模型的中间特征或输出，生成用于训练攻击模型的数据。然后，进行攻击模型训练，目的是训练一个能够通过目标模型的特征向量 z 来推断隐私属性（如种族）的攻击模型。最后，进行攻击模型测试，目的是评估攻击模型的性能，验证其是否能够准确推断隐私属性。实践中属性推理攻击的一般步骤如图 11-2 所示。

11.2.2　实践目的

1. 了解属性推理攻击隐私问题

了解在设计和部署机器学习模型时，保护用户属性隐私的重要性。理解如何通过公开的用户行为数据、社交网络数据等，推断出用户的敏感属性信息，并间接泄露其隐私。通过深入分析属性推理攻击的原理和实施过程，认识到这些攻击对用户隐私和安全的潜在威胁。

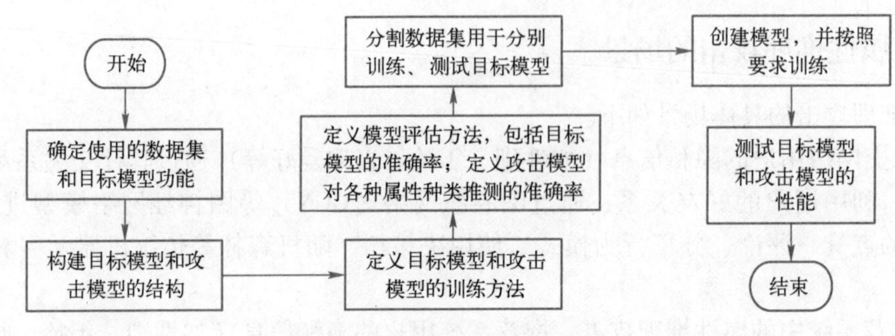

图 11-2　属性推理攻击流程图

2. 熟悉属性推理攻击及实现

通过具体的属性推理攻击案例和实现代码，理解攻击的核心思想和算法特点。学习如何利用机器学习模型（如图卷积网络、生成对抗网络等）进行属性推理攻击，并评估不同算法在不同应用场景下的效果。通过实践，培养对属性推理攻击的识别和分析能力。

3. 体验对抗性思维

学习如何从潜在攻击者的视角来分析和评估机器学习模型的隐私安全性。培养在设计和部署模型时主动思考与应对潜在属性推理攻击的安全意识。激发创新性地思考和开发新的防御机制，以应对属性推理攻击，保护用户隐私数据。通过模拟真实攻击场景，提升在实际应用中保障数据隐私的能力。

11.2.3　实践环境

- Python 版本：3.9 或更高版本。
- 深度学习框架：torch 2.2.2，Torchvision 0.17.2。
- 其他库版本：Scikit-Learn 1.3.0，NumPy 1.24.3，Pandas 1.5.3、Torchvision 0.15.2、click 7.1.2。
- 运行平台：PyCharm。
- 数据集：使用本地 pkl 数据集（参见本书的配套资源），即广泛使用的人脸图像数据集，通常用于面部识别、年龄估计、性别分类等任务，包含大量不同年龄、性别和种族的人的面部图像。

实践教师应为每个学生安排一台安装有 PyCharm 或者可以在线运行 Python 的计算机，并提供给每个学生样例代码。另外，教师需要提供预训练模型的参数文件、数据文件和部分项目代码。

11.2.4　实践步骤

1. 编写模型文件 af_models.py

编写代码实现一个攻击模型（AttackModel）和一个目标模型（TargetModel）。攻击模型用于执行攻击，预测某个特定维度（输入的特征向量）的输出结果。目标模型则是一个典型的卷积神经网络（CNN），负责从图像中提取特征并进行分类预测。

第 1 步：导入第三方库。

导入 torch 和 torch.nn 库，它们分别用于定义和训练神经网络的核心库与模块。

```
import torch.nn as nn
import torch
```

第 2 步：设置随机种子。

首先设置一个固定的种子值，以保证模型训练时结果的可重复性。这里分别使用 manual_seed 和 cuda. manual_seed 来保证 CPU 和 GPU 上生成的随机数是一致的。

```
SEED = 42
torch.manual_seed(SEED)
torch.cuda.manual_seed(SEED)
```

第 3 步：定义攻击模型（AttackModel）并进行初始化。

定义一个名为 AttackModel 的类，继承自 torch. nn. Module。在这个类的初始化函数__init__()中，接收一个参数，表示输入数据的维度 dimension，然后调用父类的构造函数 super(). __init__()，为模型初始化必要的组件。

```
class AttackModel(nn.Module):
    def __init__(self, dimension):
        super().__init__()
```

第 4 步：攻击模型的初始化。

首先，保存传入的 dimension，即输入特征的维度。然后定义一个三层全连接网络。第一层是将维度输入到 128 个神经元的全连接层，使用线性变换，随后经过 Tanh 激活函数，它将输入映射到-1~1。第二层是将 128 个神经元映射到 64 个神经元，再次使用 Tanh 激活函数进行映射。第三层是输出层，包含 5 个神经元。

```
self.dimension = dimension
self.classifier = nn.Sequential(
    nn.Linear(dimension, 128),
    nn.Tanh(),
    nn.Linear(128, 64),
    nn.Tanh(),
    nn.Linear(64, 5)
)
```

第 5 步：攻击模型的前向传播。

将输入张量在第一维度之后的所有维度展平成一维，用于将多维输入转换为全连接层可以处理的向量。随后，输入到之前定义的全连接层网络中，得到输出结果。最后，返回模型的预测结果。

```
def forward(self, x):
    x = torch.flatten(x, 1)
    x = self.classifier(x)
    return x
```

第 6 步：定义目标模型（TargetModel）。

定义目标模型 TargetModel，它继承自 torch. nn. Module。在初始化函数__init__()中不接收任何额外参数，并且调用父类的构造函数，为模型提供基本功能。

```
class TargetModel(nn.Module):
    def __init__(self):
        super().__init__()
```

第 7 步：定义目标模型的特征提取器部分。

定义一个卷积神经网络（CNN）作为特征提取器，用于提取输入图像的特征，包含三层卷积层和池化层的组合。第一层卷积层：输入 3 通道（RGB 图像），输出 16 通道，卷积核大小为 3×3，步长为 1。随后，将 Tanh 激活函数应用在卷积层输出上，提供非线性变换。最后，使用 2×2 的平均池化层进行下采样。第二个卷积层：将前一层输出的 16 通道映射为 32 通道，并继续使用相同操作。第三层卷积：输入 32 通道，输出 64 通道，再次使用相同的激活函数和平均池化层。

```
self.feature_extractor = nn.Sequential(
    nn.Conv2d(in_channels=3, out_channels=16, kernel_size=3, stride=1),
    nn.Tanh(),
    nn.AvgPool2d(kernel_size=2),
    nn.Conv2d(in_channels=16, out_channels=32, kernel_size=3, stride=1),
    nn.Tanh(),
    nn.AvgPool2d(kernel_size=2),
    nn.Conv2d(in_channels=32, out_channels=64, kernel_size=3, stride=1),
    nn.Tanh(),
    nn.AvgPool2d(kernel_size=2)
)
```

第 8 步：定义目标模型的分类器部分。

首先，定义一个全连接层的分类器模块。输入的数据是从卷积层提取的特征，经过展平后传入全连接层。第一层将输入的 1024 维特征映射到 128 维，并且使用 Tanh 激活函数提供非线性变换。第二层将 128 维特征映射到 64 维，同样使用 Tanh 激活函数进行非线性变换。

```
self.classifier = nn.Sequential(
    nn.Linear(1024, 128),
    nn.Tanh(),
    nn.Linear(128, 64),
    nn.Tanh()
)
```

第 9 步：定义目标模型的输出层部分。

最后一层是一个全连接层，将 64 维的输入映射到 2 维的输出，表示最终的输出类别为 2。该层用于二分类任务。

```
self.output = nn.Linear(64, 2)
```

第 10 步：定义目标模型的前向传播。

首先，定义模型的前向传播。首先，x 经过特征提取器部分，输出是经过卷积操作后得到的特征图。然后，将提取的特征展平成一维向量，将展平后的特征向量 x 传入全连接层构成的分类器，逐层通过全连接层、激活函数进行非线性变换。最后，通过输出层得到分类结果，并返回预测结果 y 以及特征向量 x。

```
def forward(self, x):
    x = self.feature_extractor(x)
    x = torch.flatten(x, 1)
```

```
    x = self.classifier(x)
    y = self.output(x)
    return y, x
```

2. 数据加载文件 af_datasets. py

定义两个数据集类：UTKFace 和 AttackData，分别用于处理 UTKFace 数据集的加载和攻击模型所需的数据。UTKFace 类主要从数据集中读取图像及其标签（如性别或种族）；AttackData 类则进一步通过目标模型提取特征向量 z，并将其与标签一起返回。

第 1 步：导入必要的库。

首先，导入 Dataset 用于自定义数据集的基类，自定义的数据集类需要继承该类。然后，导入 PyTorch 的核心库 torch。最后，导入 PIL，用于图像处理操作，如加载和转换图像。

```
from torch.utils.data import Dataset
import torch
import PIL
```

第 2 步：设置随机种子和设备。

设置随机种子的步骤与“编写模型文件 af_models. py”中的一致。然后检查是否可用 CUDA（即 GPU），如果可用则使用 CUDA 设备，否则使用 CPU。

```
SEED = 42
torch.manual_seed(SEED)
torch.cuda.manual_seed(SEED)
device = torch.device("cuda" if torch.cuda.is_available() else "cpu")
```

第 3 步：定义 UTKFace 数据集类及构造函数。

定义 UTKFace 类，继承自 torch. utils. data. Dataset。该类用于从 UTKFace 数据集中加载图像及其标签。定义构造函数，用于初始化数据集。其中，samples 代表传入的 DataFrame，包含图像文件名及其相关的性别或种族标签。label 指定标签的类型（如 gender 或 race），用于在后续步骤中区分选择哪个标签。transform 表示可选的图像变换函数。

```
class UTKFace(Dataset):
    def __init__(self, samples, label, transform=None):
        self.samples = samples
        self.label = label
        self.transform = transform
```

第 4 步：定义 UTKFace 类的获取数据集长度__len__( )方法。

返回数据集的大小，即数据集中有多少条记录。这个方法是 UTKFace 类的必要方法之一，用于告诉 DataLoader 数据集的总长度。

```
def __len__(self):
    return len(self.samples)
```

第 5 步：定义 UTKFace 类的获取单个样本__getitem__( )方法。

该方法根据索引 idx 返回对应的样本，并进行判断，如果 idx 是张量，将其转换为 Python 列表，以便于处理。

```
def __getitem__(self, idx):
    if torch.is_tensor(idx):
        idx = idx.tolist()
```

第 6 步：加载图像并预处理。

从 samples 中获取索引 idx 对应的图像数据。然后使用 PIL. Image. fromarray( ) 方法将 NumPy 数组转换为 PIL 图像对象。如果提供了 transform（图像预处理函数），则调用可选的图像变换函数 transform，对图像进行相应的预处理操作。

```
image_array = self.samples.iloc[idx, 3]
image = PIL.Image.fromarray(image_array)
if self.transform:
    image = self.transform(image)
```

第 7 步：根据标签类型返回标签。

根据传入的 label 参数，选择性别或种族作为标签。如果标签是 gender，则从 DataFrame 的第 2 列获取性别标签并返回。如果标签是 race，则从 DataFrame 的第 3 列获取种族标签并返回。其中返回的 sample 是一个字典，包含图像及其对应的标签，供数据加载器使用。

```
if self.label =='gender':
    label = int(self.samples.iloc[idx, 1])
    sample = {'image': image, 'gender': label}
if self.label == 'race':
    label = int(self.samples.iloc[idx, 2])
    sample = {'image': image, 'race': label}
return sample
```

第 8 步：定义攻击数据集类 AttackData 并初始化函数。

定义数据集类 AttackData，同样继承自 torch. utils. data. Dataset，用于生成攻击数据，目的是通过查询目标模型获取特征向量。随后定义构造函数，其中 samples 与 UTKFace 类似。target_model 是需要查询的目标模型，用于生成特征向量。

```
class AttackData(Dataset):
    def __init__(self, samples, target_model, transform=None):
        self.samples = samples
        self.target_model = target_model
        self.transform = transform
```

第 9 步：定义 AttackData 的获取数据集长度__len__( )方法。

返回数据集的大小，即 samples 中包含的样本数量。

```
def __len__(self):
    return len(self.samples)
```

第 10 步：定义 AttackData 的获取单个样本__getitem__( )方法。

与 UTKFace 类似，该方法根据索引 idx 返回对应的样本，并进行判断。如果 idx 是张量，将其转换为 Python 列表，以便于处理。

```
def __getitem__(self, idx):
    if torch.is_tensor(idx):
        idx = idx.tolist()
```

第 11 步：加载图像并预处理。

这里与 UTKFace 类加载图像并预处理的方式基本相同，此处不再赘述。

第 12 步：使用目标模型生成特征向量。

首先，为图像增加一个批量维度，使得输入形状符合模型要求。然后，将图像输入目标模型进行前向传播。模型返回两个结果，_ 是分类输出（不关心），z 是中间的特征向量，供后续使用。

```
_, z = self.target_model(image.unsqueeze(0))
```

第 13 步：获取标签并返回样本。

从 samples 的第 3 列中获取标签，并将其转换为整型。然后构造字典，其中包含从目标模型提取的特征和相应的标签。最后，返回一个包含目标模型特征和对应标签的字典。

```
label = int(self.samples.iloc[idx, 2])
sample = {'z': z, 'race': label}
return sample
```

3. 模型训练文件 af_train. py

模型训练文件 af_train. py 主要用于训练和测试神经网络模型，具有三个主要功能。一是 training 函数：用于在给定的训练数据集上训练模型，并保存训练好的模型参数。二是 test 函数：用于在测试集上评估模型的整体准确率。三是 test_class 函数：用于评估模型在每个类别上的分类准确率。af_train. py 支持在 CPU 和 GPU 上运行，且可以处理目标模型和非目标模型两种情况。

第 1 步：导入第三方库。

导入 torch 库，它是 PyTorch 的核心库，提供深度学习模型的各种功能。

```
import torch
```

第 2 步：设置随机种子和设备。

步骤与 af_datasets. py 文件一致，这里不再赘述。

第 3 步：定义训练函数 training。

定义训练函数 training，其中，epochs 表示训练的轮次；dataloader 表示数据加载器；optimizer 表示优化器；criterion 表示损失函数；net 表示需要训练的神经网络模型；path 表示模型保存的路径；is_target 表示布尔值，判断是否是目标模型。

```
def training(epochs, dataloader, optimizer, criterion, net, path, is_target: bool):
```

第 4 步：在训练函数中循环训练模型。

在外层循环中，循环遍历所有训练的轮次。每次训练开始时重置 running_loss，并打印当前轮次信息。

```
for epoch in range(epochs):
    running_loss = 0.0
    print('Epoch ' + str(epoch + 1))
```

第 5 步：在训练函数中遍历训练数据。

在内层循环中，使用 enumerate( )方法遍历所有训练样本，每个样本由输入 inputs 和标签 labels 组成。随后将输入和标签移动到设备上（CPU 或 GPU）。

```
for i, data in enumerate(dataloader, 0):
    inputs, labels = data.values()
    inputs, labels = inputs.to(device), labels.to(device)
```

第 6 步：在训练函数中清空梯度并进行前向传播。

清空模型中所有参数的梯度，根据参数值 is_target 判断是否是目标模型。如果是，则模型的前向传播返回两个输出；否则只返回一个。

```
optimizer.zero_grad()
if is_target:
    outputs, _ = net(inputs)
```

第 7 步：在训练函数中计算损失并进行反向传播。

首先，通过 criterion 计算预测值 outputs 和真实值标签 labels 之间的损失。然后，使用 loss. backward( )进行反向传播，计算损失对模型参数的梯度。最后，调用 optimizer. step( )更新模型参数。

```
loss = criterion(outputs, labels)
loss.backward()
optimizer.step()
```

第 8 步：在训练函数中打印训练损失并保存模型参数。

每处理 20 个批次的数据，累计损失并将其重置为 0，控制打印间隔，便于监控训练过程。训练完成后，保存模型参数到指定的路径，并打印训练结束的信息。

```
        running_loss += loss.item()
        if i % 20 == 19:
            running_loss = 0.0
torch.save(net.state_dict(), path)
print('Finished Training')
```

第 9 步：定义测试函数 test。

定义测试函数 test，用于在测试数据集上评估模型的性能。其中，参数 testloader 表示测试数据集的加载器；net 表示待测试的神经网络模型；is_target 表示布尔值，判断是否是目标模型。然后，初始化 correct（预测正确的样本数）和 total（总样本数）。

```
def test(testloader, net, is_target:bool):
    correct = 0
    total = 0
```

第 10 步：在测试函数中禁用梯度计算并遍历测试集。

在测试过程中不需要计算梯度，因此使用 torch. no_grad( )来节省内存和计算资源。遍历测试集，将每个数据样本中的图像和标签提取出来。

```
with torch.no_grad():
    for data in testloader:
        images, labels = data.values()
```

第 11 步：在测试函数中进行前向传播并获取预测结果。

判断 is_target 参数是否为真。如果是目标模型 TargetModel，则前向传播会返回两个输出，其中，第一个是模型的预测结果 outputs，第二个"_"是特征向量，这里我们只关心 outputs。如果 is_target 为假，则通过前向传播，直接返回模型的输出 outputs。随后获取每个样本预测概率最高的类别作为预测结果。

```
if is_target:
    outputs, _ = net(images)
else:
    outputs = net(images)
_, predicted = torch.max(outputs.data, 1)
```

第 12 步：在测试函数中计算准确率。

通过累加总样本数 total，统计预测正确的样本数 correct。

```
total += labels.size(0)
correct += (predicted == labels).sum().item()
```

第 13 步：在测试函数中打印准确率。

分别打印测试集中总样本数、预测正确的样本数和总体准确率。

```
print('Total test samples: ' + str(total))
print('Correct test samples: ' + str(correct))
print('Accuracy: %d %%' % (
100 * correct / total))
```

第 14 步：定义按类别测试函数 test_class( )。

定义按类别统计的测试函数 test_class( )，用于在每个类别上评估模型的准确率。其中，参数 testloader 表示测试数据加载器；net 表示要测试的神经网络模型；is_target 表示布尔值，判断是否是目标模型。并且预定义五个类别（'0'~'4'）。

```
def test_class(testloader, net, is_target):
    classes = ['0', '1', '2', '3', '4']
```

第 15 步：在 test_class( )函数中计算每个类别的统计计数。

定义两个字典 correct_pred 和 total_pred，用于分别存储每个类别的预测正确数和总预测数。通过遍历 classes 列表，为每个类别初始化这两个字典。

```
correct_pred = {classname: 0 for classname in classes}
total_pred = {classname: 0 for classname in classes}
```

第 16 步：在 test_class( )函数中禁用梯度、遍历测试数据。

与测试函数相同，禁用梯度并遍历测试数据集。

```
with torch.no_grad():
    for data in testloader:
        images, labels = data.values()
```

第 17 步：在 test_class( )函数中获取每个类别的预测结果。

判断 is_target 参数是否为真。如果是目标模型 TargetModel，则前向传播会返回两个输出，其中第一个是模型的预测结果 outputs，第二个"_"是特征向量，这里只关心 outputs。

如果 is_target 为假，则通过前向传播，直接返回模型的输出 outputs。随后获取每个样本预测概率最高的类别作为预测结果。

```
if is_target:
    outputs, _ = net(images)
else:
    outputs = net(images)
_, predictions = torch.max(outputs, 1)
```

第 18 步： 在 test_class( ) 函数中统计每个类别预测准确率并计算打印准确率。

使用 zip 函数将标签和预测结果配对，统计每个类别的预测正确数和预测数。随后计算每个类别的准确率并打印。为了防止除以零，添加了一个极小值 0.000001。

```
        for label, prediction in zip(labels, predictions):
            if label == prediction:
                correct_pred[classes[label]] += 1
            total_pred[classes[label]] += 1
    for classname, correct_count in correct_pred.items():
        accuracy = 100 * float(correct_count) / (total_pred[classname] + 0.000001)
        print("Accuracy for class {:5s} is: {:.1f} %".format(classname, accuracy))
```

4. 属性推理攻击文件 af_attack. py

该文件用于训练和测试目标模型以及攻击模型，主要目的是执行属性推理攻击。首先，通过加载 UTKFace 人脸数据集，训练目标模型进行性别分类。接着，攻击模型利用目标模型的输出特征进行种族分类预测。文件还提供了三种执行攻击的方式：加载预训练模型进行攻击、训练目标模型并攻击以及提供自定义的目标模型进行攻击。

第 1 步： 导入必要的库。

导入必要的库，Pandas 库用于数据处理和分析；torch 库提供丰富的神经网络构建、优化和训练工具；Dataset 模块用于构建可迭代的数据集和加载器；transforms 提供了对图像数据进行变换的功能，主要是对 PLL 图像进行操作；NumPy 为用于科学计算的基础库；torch. nn 为神经网络模块。

```
import pandas as pd
import torch
from torch.utils.data import Dataset
from torchvision import transforms
import numpy as np
import torch.nn as nn
from af_train import training, test, test_class
from af_models import TargetModel, AttackModel
from af_datasets import UTKFace, AttackData
```

第 2 步： 设置随机种子和路径。

与 af_datasets. py 文件一致。随后指定数据集路径，将 20%的数据分配为测试集，将 50%的数据用于攻击模型的训练。

```
SEED = 42
torch.manual_seed(SEED)
torch.cuda.manual_seed(SEED)
PATH = 'Attribute-Inference/UTKFace/'
TEST_SPLIT = 0.2
ATTACK_SPLIT = 0.5
```

第 3 步： 加载并保存数据集。

从指定路径中加载数据集文件 UTKFaceDF. pkl。这个文件保存了每个样本的图片、性别和种族标签，以减少每次从磁盘加载图像耗费的时间。

```
samples = pd.read_pickle('D:\AI security\Attribute inference attacks\Attribute-Inference\Attribute-Inference/UTKFaceDF.pkl')
```

第 4 步：划分训练集、测试集和攻击集。

首先，设置随机种子，确保每次数据划分结果一致。之后，获取样本的总数量。生成从 0 到 dataset_size 的索引列表，并计算测试集的大小。随后随机打乱索引顺序，以便随机分割数据。然后将数据划分为训练集和测试集，并且计算攻击集的大小、打乱训练集索引。最后从训练集中再划分出攻击集。

```
np.random.seed(SEED)
dataset_size = len(samples)
indices = list(range(dataset_size))
split = int(np.floor(TEST_SPLIT * dataset_size))
np.random.shuffle(indices)
train_indices, test_indices = indices[split:], indices[:split]
attack_split = int(np.floor(ATTACK_SPLIT * len(train_indices)))
np.random.shuffle(train_indices)
attack_indices, train_indices = train_indices[attack_split:], train_indices[:attack_split]
train_samples = samples.iloc[train_indices]
test_samples = samples.iloc[test_indices]
attack_samples = samples.iloc[attack_indices]
```

第 5 步：设置设备（CPU 或 GPU）。

如果系统支持 CUDA（即 GPU 可用），则使用 GPU，否则使用 CPU。

```
DEVICE = torch.device('cuda' if torch.cuda.is_available() else 'cpu')
```

第 6 步：配置数据增强和预处理。

使用 torchvision. transforms 定义一系列数据预处理操作，包括将图像大小调整为 50×50、将图像数据转换为张量、对图像数据进行归一化处理，每个通道（RGB）的均值设为 0.5，标准差设为 0.5。

```
transform = transforms.Compose([
        transforms.Resize([50, 50]),
        transforms.ToTensor(),
        transforms.Normalize((0.5, 0.5, 0.5), (0.5, 0.5, 0.5))])
```

第 7 步：初始化目标模型及优化器，并创建目标模型的数据加载器。

初始化目标模型，并将其移动到指定的设备（CPU 或 GPU）。因为这个任务是分类任务，因此使用交叉熵损失函数，它可以与 softmax( ) 激活函数融合，得到概率分布，并且相较于其他损失函数，更适用于分类任务。随后使用 Adam 优化器，并设置学习率为 0.001。创建数据加载器，它将 UTKFace 数据集包装成 Dataset 对象，并指定训练集和测试集的批次大小为 128。随后指定要加载的数据为性别分类任务，并进行图像预处理（transform）。

```
target_model = TargetModel().to(DEVICE)
target_criterion = nn.CrossEntropyLoss()
target_optimizer = torch.optim.Adam(target_model.parameters(), lr=TARGET_LEARNING_RATE)
target_train_loader = torch.utils.data.DataLoader(UTKFace(train_samples, 'gender', transform),
                                                  batch_size=TARGET_BATCH_SIZE)
target_test_loader = torch.utils.data.DataLoader(UTKFace(test_samples, 'gender', transform),
                                                 batch_size=TARGET_BATCH_SIZE)
```

第 8 步：初始化攻击模型及优化器，并创建攻击模型的数据加载器。

初始化攻击模型及优化器与第 7 步类似。攻击模型的数据集会先经过目标模型的特征提取，然后将特征作为输入提供给攻击模型。创建攻击模型的测试集数据加载器，同样使用目标模型 target_model 作为查询对象，供攻击模型测试。

```
attack_model = AttackModel(64).to(DEVICE)
attack_criterion = nn.CrossEntropyLoss()
attack_optimizer = torch.optim.Adam(attack_model.parameters(), lr=ATTACK_LEARNING_RATE)
attack_train_loader = torch.utils.data.DataLoader(AttackData(attack_samples, target_model, transform),
                                                  batch_size=ATTACK_BATCH_SIZE)
attack_test_loader = torch.utils.data.DataLoader(AttackData(test_samples, target_model, transform),
                                                 batch_size=ATTACK_BATCH_SIZE)
```

第 9 步：定义函数 perform_pretrained_dummy，执行预训练模型的攻击。

此函数用于加载并测试预训练的目标模型和攻击模型。target_model_path 和 attack_model_path 分别指定了目标模型和攻击模型的预训练模型路径，文件名后缀分别为 30 和 50，表示训练的轮次数。

```
def perform_pretrained_dummy():
    target_model_path = 'Attribute-Inference/models/target_model_' + str(30) + '.pth'
    attack_model_path = 'Attribute-Inference/models/attack_model_' + str(50) + '.pth'
```

第 10 步：在 perform_pretrained_dummy 函数中加载目标模型。

首先，使用 torch. load( ) 加载保存的目标模型参数。然后，将加载的参数应用到目标模型中。最后，将目标模型移动到 CPU 上进行推理。

```
print('Loading Target Model...')
target_model.load_state_dict(torch.load(target_model_path))
target_model.to('cpu')
```

第 11 步：在 perform_pretrained_dummy 函数中测试目标模型。

打印提示开始测试目标模型。调用 test( ) 函数对目标模型进行测试，并传入 target_test_loader 作为测试集。参数 True 表示这是目标模型测试。

```
print('Testing Target Model...')
test(target_test_loader, target_model, True)
print('\n')
```

第 12 步：在 perform_pretrained_dummy 函数中加载攻击模型。

打印提示开始加载攻击模型。使用 torch. load( ) 加载保存的攻击模型参数，并通过 load_state_dict( ) 将参数应用到攻击模型。最后，将攻击模型移动到 CPU 上进行推理。

```
print('Loading Attack Model...')
attack_model.load_state_dict(torch.load(attack_model_path))
attack_model.to('cpu')
```

第 13 步：在 perform_pretrained_dummy 函数中测试攻击模型。

打印提示开始测试攻击模型。然后，调用 test( ) 函数对攻击模型进行测试，False 表示这是攻击模型测试。最后，调用 test_class( ) 函数进一步测试攻击模型在每个类别上的分类准确率。

```
print('Testing Attack Model...')
test(attack_test_loader, attack_model, False)
test_class(attack_test_loader, attack_model, False)
```

第 14 步： 定义函数 perform_train_dummy，执行目标模型的攻击。

定义函数 perform_train_dummy 用于从头训练目标模型和攻击模型。target_model_path 和 attack_model_path 分别指定了训练后的模型保存路径，文件名后缀为传入的 target_epochs 和 attack_epochs，表示训练的轮次数。

```
def perform_train_dummy(target_epochs, attack_epochs):
    target_model_path = 'Attribute-Inference/models/target_model_' + str(target_epochs) + '.pth'
    attack_model_path = 'Attribute-Inference/models/attack_model_' + str(attack_epochs) + '.pth'
```

第 15 步： 定义 perform_train_dummy 函数中的训练目标模型。

打印提示开始训练目标模型。然后，调用 training( ) 函数对目标模型进行训练，并传入训练集、优化器、损失函数和模型保存路径等参数。True 表示训练的是目标模型。训练完成后，将模型移动到 CPU 上。

```
print('Training Target Model for ' + str(target_epochs) + ' epochs...')
training(target_epochs, target_train_loader, target_optimizer, target_criterion, target_model, target_model_path, True)
target_model.to('cpu')
```

第 16 步： 在 perform_train_dummy 函数中训练攻击模型。

打印提示开始训练攻击模型。随后调用 training( ) 函数对攻击模型进行训练，并传入训练集、优化器、损失函数和模型保存路径等参数。False 表示训练的是攻击模型。训练完成后，将模型移动到 CPU 上。

```
print('Training Attack Model for ' + str(attack_epochs) + ' epochs...')
training(attack_epochs, attack_train_loader, attack_optimizer, attack_criterion, attack_model, attack_model_path, False)
attack_model.to('cpu')
```

第 17 步： 在 perform_train_dummy 中加载并测试目标模型、攻击模型。

与之前 perform_pretrained_dummy 函数中的步骤类似，这里不再赘述。

第 18 步： 定义函数 perform_supply_target，对训练过的目标模型进行攻击。

定义函数 perform_supply_target，用于加载自定义的目标模型并进行攻击，并动态导入包含目标模型定义的文件 class_file。随后捕获 ImportError 异常，如果目标模型的类无法导入，提示错误信息并终止函数。

```
def perform_supply_target(class_file, state_path, dimension, attack_epochs):
    try:
        module = __import__(class_file, globals(), locals(), ['TargetModel'])
    except ImportError:
        print('Target model class could not be imported... Please check if file is inside "PETS-PROJECT/Attribute-Inference" and class name is "TargetModel"')
        return
    TargetModel = vars(module)['TargetModel']
```

第 19 步： 在 perform_supply_target 函数中加载并测试自定义目标模型。

与之前 perform_pretrained_dummy 函数中的步骤类似，这里不再赘述。

第 20 步： 在 perform_supply_target 函数中初始化攻击模型并训练。

首先，使用自定义维度 dimension 初始化攻击模型，并将其移动到设备上。然后，定义损失函数和优化器。最后，创建攻击模型的训练和测试数据加载器。

```
attack_model = AttackModel(dimension).to(DEVICE)
attack_criterion = nn.CrossEntropyLoss()
attack_optimizer = torch.optim.Adam(attack_model.parameters(), lr=ATTACK_LEARNING_RATE)
attack_train_loader = torch.utils.data.DataLoader(AttackData(attack_samples, target_model, transform),
                                                  batch_size=ATTACK_BATCH_SIZE)
attack_test_loader = torch.utils.data.DataLoader(AttackData(test_samples, target_model, transform),
                                                 batch_size=ATTACK_BATCH_SIZE)
```

第 21 步：在 perform_supply_target 函数中训练并测试攻击模型。

与之前 perform_pretrained_dummy 函数中的步骤类似，这里不再赘述。

5. 命令行指令 cli. py 文件

cli. py 文件定义了一个基于 click 库的命令行接口，用于执行“Attribute Inference”攻击实践。主要功能包括加载预训练的目标模型和攻击模型、训练新模型，以及使用自定义的目标模型并训练攻击模型。通过命令行可以运行不同的任务并设置相关的参数。

第 1 步：导入必要的库。

其中，click 是一个用于创建命令行接口（CLI）的 Python 库。sys 是 Python 的标准库，允许与 Python 解释器交互。然后将 Attribute-Inference 路径插入到 sys. path 的第 1 个位置。最后，引入之前的 af_attack 模块。

```
import click
import sys
sys.path.insert(1, 'Attribute-Inference')
import af_attack
```

第 2 步：定义命令行接口的父命令组。

@click. group( )用于定义一个命令组。命令组是一个父命令，允许在其下定义多个子命令。cli( )是主命令函数，它是一个空的占位函数，表示它本身不执行任何操作，但会成为子命令的容器。

```
@click.group()
def cli():
    pass
@cli.group()
def attribute_inference():
    pass
```

第 3 步：定义命令加载预训练模型并攻击。

定义一个子命令组，命名为 attribute_inference，作为一系列子命令的容器。在终端上可以通过调用导入的 af_attack 模块中的方法，加载预训练的模型并执行攻击实践。

```
@attribute_inference.command(help='Load trained target and attack model')
def pretrained_dummy():
    click.echo('Performing Attribute Inference with trained target and attack model')
    af_attack.perform_pretrained_dummy()
```

第 4 步：定义命令训练目标模型和攻击模型。

首先，使用 click. option( )为命令行工具添加可选参数，允许用户通过参数调整训练的轮次。随后，调用 af_attack. perform_train_dummy( )执行目标模型和攻击模型的训练过程。

```
@attribute_inference.command(help='Train target and attack model')
@click.option('-t', '--target_epochs', default=30, help='Number of training epochs for the target model')
@click.option('-a', '--attack_epochs', default=50, help='Number of training epochs for the attack model')
def train_dummy(target_epochs, attack_epochs):
    click.echo('Performing Attribute Inference with training of target and attack model')
    af_attack.perform_train_dummy(target_epochs, attack_epochs)
```

第 5 步： 定义命令使用自定义目标模型进行攻击。

```
@attribute_inference.command(help='Supply own target model and train attack model')
@click.option('-c', '--class_file', required=True, type=str, help='File that holds the target models nn.Module class')
@click.option('-s', '--state_path', required=True, type=str, help='Path of the state dictionary')
@click.option('-d', '--dimension', required=True, type=int, help='Flattend dimension of the layer used as attack modelinput ')
@click.option('-a', '--attack_epochs', default=50, type=int, help='Number of training epochs for the attack model')
def supply_target(class_file, state_path, dimension, attack_epochs):
    click.echo('Performing Attribute Inference')
    af_attack.perform_supply_target(class_file, state_path, dimension, attack_epochs)
```

使用 click. option( )定义了 4 个命令行选项，用户需要提供自定义的模型文件路径、模型权重和维度。随后，使用 af_attack. perform_supply_target( ) 函数执行自定义目标模型的加载和攻击模型的训练。

第 6 步： 执行主程序。

当这个脚本作为主程序运行时，cli( ) 函数被调用。此时会启动 CLI，并允许用户通过命令行与程序交互。

```
if __name__ == "__main__":
    cli()
```

11.2.5　实践结果

在终端中输入：python cli. py attribute_inference pretrained_dummy。

```
PS D:\Attribute-Inference> python cli.py attribute_inference pretrained_dummy
Performing Attribute Inference with training of target and attack model
Training Target Model for 30 epochs...
Epoch 1
Epoch 2
Epoch 3
Epoch 4
Epoch 5
```

得到目标模型的准确率和各个分类的属性推理攻击的准确率的结果。

```
Finished Training
Loading Target Model...
Testing Target Model...
Total test samples: 4121
Correct test samples: 3728
Accuracy: 90 %
```

```
Testing Attack Model...
Total test samples: 4121
Correct test samples: 2287
Accuracy: 55 %
Accuracy for class 0     is: 84.1 %
Accuracy for class 1     is: 59.6 %
Accuracy for class 2     is: 30.7 %
Accuracy for class 3     is: 16.4 %
Accuracy for class 4     is: 1.9 %
```

实践结果说明如下。

1）目标模型的性能：在训练目标模型后，该模型在性别分类任务中的准确率达到了90%。说明目标模型有效地从输入的图像中提取到了特征，并准确地区分了性别种类。

2）攻击模型的性能：在训练完攻击模型之后，通过利用目标模型的输出特征，推断出准确率为55%，意味着攻击者通过较少的信息，仍然能对敏感属性进行有效的推测，这显示了潜在的隐私风险。并且55%的准确率虽然看似不高，但相较于随机猜测还是有显著提升。这表明攻击模型能够在一些程度上有效利用目标模型的输出特征来做出推断。

11.2.6 参考代码

本实践的 Python 语言参考源代码见本书的配套资源。

11.3 习题

1. 什么是属性推理攻击？
2. 属性推理攻击都有哪些危害？
3. 属性推理攻击都有哪些常用方法？

第 12 章　模型公平性检测及提升原理与实践

人工智能算法模型在处理数据时，由于设计不完善、数据不平衡或偏见的引入，会导致某些群体或对象受到不公平对待，从而形成算法歧视。本章主要讲述如何对人工智能算法进行公平性检测，从而消除歧视，进而提升算法的公平性。

知识与能力目标

1）了解算法歧视的重要性。

2）认知模型的公平性。

3）掌握模型公平性检测与提升的方法。

12.1　知识要点

人工智能算法模型的不公平可能会导致某些潜在的安全影响，例如，面部识别导致某些群体在身份认证过程中遇到更高的拒绝率或错误率，再或者入侵检测系统和行为分析算法对特定群体的误报，这样会浪费资源。

12.1.1　算法歧视

随着机器学习模型性能的极大提升，它被广泛应用于决策系统中，如医疗诊断和信用评分等。尽管取得了巨大成功，但大量研究揭示训练数据中可能包含歧视和社会偏见的模式。在这些数据上训练的机器学习模型可能会继承对年龄、性别、肤色和地区等敏感属性的偏见。

例如，有研究发现，用于评估犯罪被告再犯可能性的犯罪预测系统存在严重的不公平现象。该系统对有色人种存在强烈的偏见，倾向于预测他们会再犯，即使他们没有再犯的可能。算法歧视应用场景中的可能问题如图 12-1 所示。

12.1.2　模型公平性方法

常见的模型公平性方法有训练前预处理、正则化技术和预测后处理等方法。其中，常见的训练前预处理方法有重加权方法等，重加权方法通过修改训练实例的权重来平衡不同敏感属性组的表示，这种方法可以确保每个组在训练过程中对模型有相等的影响，从而减少偏见。正则化技术主要包含对抗去偏等，它使用对抗网络来确保模型的预测对敏感属性不敏感，主要模型可以预测目标变量，而对抗网络尝试从主要模型的预测中预测敏感属性，主要模型训练的目标是最小化预测误差，同时确保对抗网络无法准确预测敏感属性。预测后处理方法主要包括均衡不同组的误差率等它可以通过调整假阳性率和假阴性率来确保模型在不同组间的表现更加平衡。

上面提到的常见算法的性能都比较好，但是都需要敏感属性信息以去除偏见。然而，对

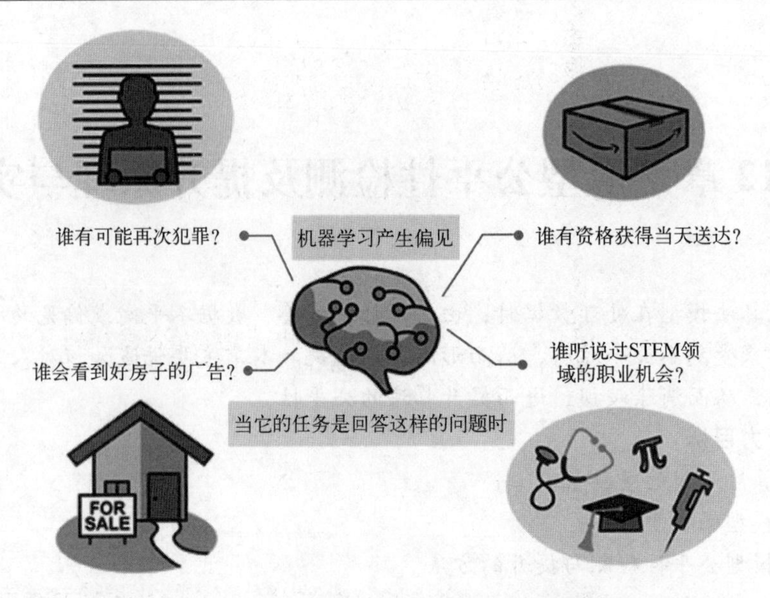

图 12-1　算法歧视应用场景中的可能问题

于许多现实世界的应用来说，由于隐私和法律等问题以及数据收集的困难，很难获得每个数据样本的敏感属性。尽管每个数据样本的敏感属性是未知的，但训练数据中通常有一些非敏感特征与敏感属性高度相关，可以用来减轻偏见。

12.2　实践 12-1　模型公平性检测和提升

扫码看视频

本实践主要是检测模型算法的公平性，消除算法歧视。实践中使用 ProPublica COMPAS 数据集并构建分类任务，目标是预测刑事被告是否会再次犯罪。

12.2.1　实践介绍

实践中主要使用了相关特征来学习没有敏感属性的公平性和准确率的分类器。基本思路是将相关特征既作为训练分类器的特征，又作为伪敏感属性来规范其行为，从而帮助学习公平性和准确率的分类器。为了平衡分类准确率和模型公平性，并应对识别的相关特征不准确和噪声的情况，实践中可以自动学习每个相关特征在模型中用于正则化的重要性权重。

关于实践中选用的基准，为了评估公平性算法的有效性，首先将其与普通模型和敏感属性感知模型进行比较，它们可以作为模型性能的下界和上界。

1）香草模型：它直接使用基本分类器，不需要任何正则化项。在不采用公平保证算法的情况下显示其性能。

2）约束条件：在这个基线中，假设每个数据样本的敏感属性都是已知的。添加敏感属性向量 s 和模型输出$\hat{y}$之间的相关性正则化，即 $R(s,\hat{y})$。它为该框架的性能提供了一个参考点。请注意，对于所有其他基线和本实践的模型，s 都是未知的。

另外，还有以下具有代表性的公平学习方法，这些方法中没有使用敏感属性作为基准。

1）KSMOTE：它执行聚类以获得伪组，并使用它们作为替代。该模型被正则化，以对这些伪群公平。

2）RemoveR：该方法直接删除所有候选相关特性。设计这个基线是为了验证所提出的方法在正则化相关特征方面的好处。

3）ARL：它遵循最小福利的罗尔斯原则。它通过对对抗性模型检测到的区域进行重新加权来优化模型的性能。

关于实践中的模型配置，对于所有其他的方法，我们实现了一个以三层作为主干分类器的多层感知机（MLP）网络。这两个隐藏的维度分别是 64 和 32。采用 Adam 优化器来对模型进行训练，初始学习率为 0.001。关于评估指标，为了衡量公平性，根据现有的公平模型的工作采用了两个广泛使用的评价指标，即机会平等和人口平等，其定义如下。

1）机会平等：机会平等要求具有任意保护属性 i、j 的积极实例被分配给一个积极结果的概率相等，即

$$E(\hat{y}|S=i,y=1)=E(\hat{y}|S=j,y=1)$$
$$\Delta_{EO}=|E(\hat{y}|S=i,y=1)-E(\hat{y}|S=j,y=1)|$$

2）人口平等：人口平等要求预测模型的行为对不同的敏感群体保持公平。具体地说，它要求敏感属性之间的正率（在不同的敏感值属性下，模型预测结果为正的概率）是相等的，即

$$E(\hat{y}|S=i)=E(\hat{y}|S=j),\forall i,j$$
$$\Delta_{DP}=|E(\hat{y}|S=i)-E(\hat{y}|S=j)|$$

模型公平性提升流程如图 12-2 所示。

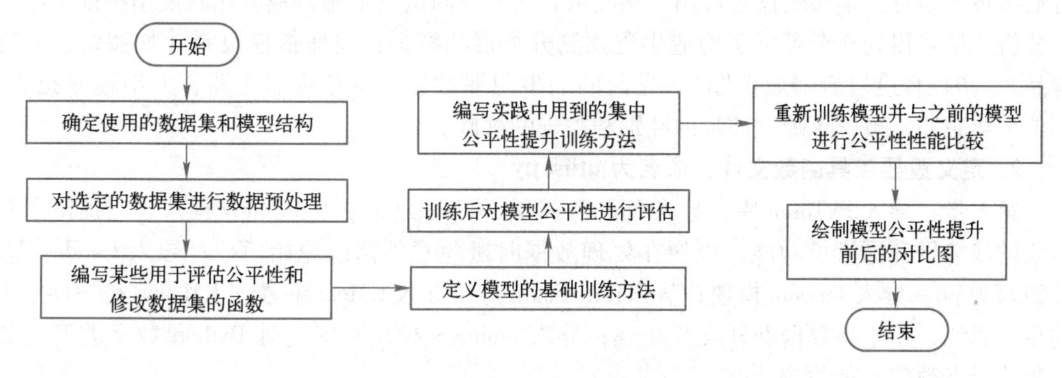

图 12-2　模型公平性提升流程图

12.2.2　实践目的

1. 理解机器学习公平性问题

了解在设计和部署机器学习模型时，如何在不使用敏感数据的情况下提高模型的公平性。理解非敏感数据中的相关特征可能如何通过模型预测导致偏见，并通过引入公平性算法来减少这种偏见。

2. 熟悉相关特征正则化算法及实现

通过具体学习相关特征正则化算法及其实现代码，从原理上了解算法的核心思想，理解算法的特点及不同应用场景下的效果区别，培养实践能力。

3. 体验公平性设计思维

学习如何从公平性设计的角度来分析和评估机器学习模型的公平性。培养在设计和部署模型时主动思考与应对潜在偏见的意识。激发创新性地思考和开发新的算法的能力，以减少模型中的偏见并提高模型的公平性。

12.2.3 实践环境

- Python 版本：3.9 或更高版本。
- 深度学习框架：torch 2.2.2，Scikit-Learn 1.3.0。
- 其他库版本：NumPy 1.24.3，click，Fairlearn 0.10.0。
- 运行平台：PyCharm。

教师为每个学生安排一台安装有 PyCharm 或者可以在线运行 Python 文件的计算机，并为每个学生提供样例代码。另外，需要教师提供预训练模型的参数文件和部分项目代码。

12.2.4 实践步骤

1. 确定数据集

本实践使用 ProPublica COMPAS 数据集并构建分类任务，目标是预测刑事被告是否会再次犯罪。该数据集包括 2013 年至 2014 年在佛罗里达州布劳沃德县接受 COMPAS 筛查的所有刑事被告信息。本实践仅对可用于预测被告再犯风险的特征感兴趣。作者使用特征子集进行分析，最终得到 9 个可用于构造累犯预测分类器的特征：逮捕指控说明（如盗窃、藏有毒品）、指控程度（轻罪或重罪）、先前的刑事犯罪数量、少年重罪犯罪、少年轻罪犯罪、其他少年犯罪、被告年龄、被告的性别和被告的种族。

2. 定义重要工具函数文件，命名为 utils.py

第 1 步：导入 PyTorch 库；导入 NumPy 库，并简写为 np；导入 copy 模块，它提供了对对象的浅拷贝和深拷贝功能，以便在处理数据时避免意外修改原始对象；导入 Pandas 库，并简写为 pd；导入 random 模块；从 Scikit-Learn 库中导入 KMeansle 类，KMeans 是一种常用的聚类算法，用于将数据点分成 K 个簇；导入 numbers 模块，提供对 Python 数字类型（如整数、浮点数等）的检查功能。

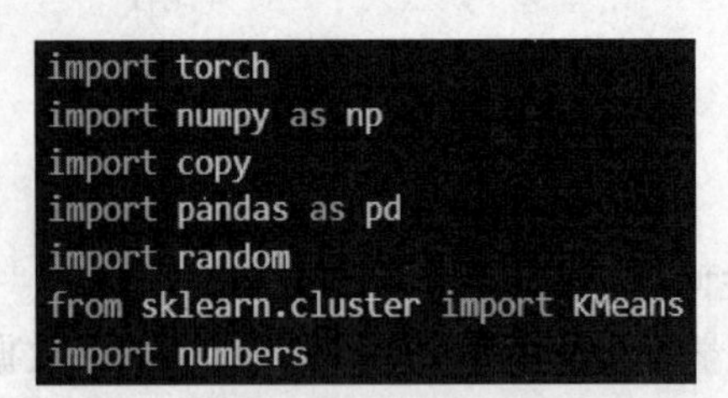

```
import torch
import numpy as np
import copy
import pandas as pd
import random
from sklearn.cluster import KMeans
import numbers
```

第 2 步：定义名为 groupTPR 的函数，用于计算不同组的真阳性率（召回率）。它接收 4 个参数：预测的概率矩阵（p_predict）、实际的标签（y_true）、每个样本的分组标签（group_label）和 1 个索引对象（ind，用于选择 group_label 的子集）。

```
def groupTPR(p_predict, y_true, group_label, ind):
```

1）确定分组数目并进行 KMeans 聚类。

```
group_set = set(group_label)
if len(group_set) > 5 and isinstance(list(group_set)[0], numbers.Number):
    kmeans = KMeans(n_clusters=5, random_state=0).fit(group_label.reshape(-1,1))
    group_label = group_label[ind.int()]
    group_label = kmeans.predict(group_label.reshape(-1,1))
    group_set = set(group_label)
else:
    group_label = group_label[ind.int()]
    group_set = set(group_label)
```

利用 set( ) 函数将 group_label 转换为集合，以获取所有唯一的组标签。

检查组的数量是否大于 5，并且标签是否是数字类型，只有在同时满足上述条件时才能进行 KMeans 聚类。用 KMeans 聚类算法将 group_label 聚类为 5 个组。根据聚类模型对 group_label 进行预测，重新分组，并重新计算分组集合。

如果条件不满足，则直接根据 ind 索引 group_label 并计算分组集合。

2）计算每个组的真阳性率。

```
group_tpr = []
for group in group_set:
    group_true_ind = np.array([ a==1 and b ==group for a, b in zip(y_true,group_label)])
    cur_tpr = p_predict[group_true_ind,:][:,1].mean()
    if not cur_tpr.isnan():
        group_tpr.append(cur_tpr)
```

先初始化一个空列表 group_tpr，用于存储每个组的真阳性率。

遍历每个组，创建一个布尔数组，标记实际标签为 1 且分组标签与当前组匹配的样本。计算当前组的真阳性率，即预测概率为真类的平均值。检查计算的真阳性率是否为 NaN，如果不是，则将其添加到 group_tpr 列表中。

3）返回每个组的真阳性率列表。

```
return group_tpr
```

第 3 步：定义名为 groupTNR 的函数，用于计算不同组的真阴性率（特异率）。它接收 4 个参数，同 groupTPR 函数一致。

```
def groupTNR(p_predict, y_true, group_label, ind):
```

1）确定分组数目并进行 KMeans 聚类。

```
group_set = set(group_label)
if len(group_set) > 5 and isinstance(list(group_set)[0], numbers.Number):
    kmeans = KMeans(n_clusters=5, random_state=0).fit(group_label.reshape(-1,1))
    group_label = group_label[ind.int()]
    group_label = kmeans.predict(group_label.reshape(-1,1))
    group_set = set(group_label)
else:
    group_label = group_label[ind.int()]
    group_set = set(group_label)
```

利用 set( ) 函数将 group_label 转换为集合，以获取所有唯一的组标签。

检查分组数量是否大于 5 且为数字型，如果是，则使用 KMeans 将标签聚类为 5 个组。否则根据索引筛选 group_label 并重新计算分组集合。

2）计算每个组的真阴性率。

```
group_fnr = []
for group in group_set:
    group_true_ind = np.array([ a==0 and b ==group for a, b in zip(y_true,group_label)])
    cur_fnr = p_predict[group_true_ind,:][:,0].mean()
    if not cur_fnr.isnan():
        group_fnr.append(cur_fnr)
```

先初始化空列表 group_fnr，存储每个组的真阴性率。遍历每个组，创建布尔数组，标记实际标签为 0 且分组标签与当前组匹配的样本。计算当前组的真阴性率，即预测概率为负类的平均值。检查计算的真阴性率是否为 NaN，如果不是，则将其添加到列表中。

3）返回每个组的真阴性率列表。

```
return group_fnr
```

第 4 步：定义名为 counter_sample 的函数，用于生成新的样本数据，通过对特定特征进行随机替换来增强数据集。它接收 4 个参数：原始数据集（X_raw）、需要替换特征值的样本索引（ind）、需要被修改的特征的列名（related_attr）和用于标准化数据的缩放器（scaler）。

```
def counter_sample(X_raw, ind, related_attr, scaler):
```

1）deepcopy( )是 copy 模块中的一个函数，用于创建对象的深拷贝。与浅拷贝不同，深拷贝会递归地复制对象及其包含的所有子对象，这意味着在深拷贝中，新的对象完全独立于原始对象的所有内容。对 X_new 的任何修改都不会影响 X_raw，反之亦然。

```
X_new = copy.deepcopy(X_raw)
```

2）使用 set( )函数从 X_raw 中提取 related_attr 特征的所有唯一值，存储在 attr_candid 列表中，这些值将用作新的特征值。

```
attr_candid = list(set(X_raw[related_attr]))
```

3）使用 random. choices( )从 attr_candid 中随机选择与 ind 长度相同的新特征值，并将这些值存储在 attr_new 中。

```
attr_new = random.choices(attr_candid, k=ind.shape[0])
```

4）将 X_new 中索引为 ind 的行的 related_attr 特征值替换成 attr_new 中随机选择的新值。

```
X_new.loc[ind,related_attr] = attr_new
```

5）对 X_new 进行独热编码，将分类特征转换为多个二进制特征，以便机器学习模型能够处理。

```
X_new = pd.get_dummies(X_new)
```

6）将特征列按字母顺序排序，以确保与训练时的数据格式一致。

```
X_new = X_new.sort_index(axis=1)
```

7）使用 scaler 对新生成的数据进行标准化，确保其在与模型训练时相同的标准下处理。

```
X_new = scaler.transform(X_new.iloc[ind])
```

8）将标准化后的数据转换为 PyTorch 的浮点张量格式，以便在深度学习模型中使用。

```
return torch.FloatTensor(X_new)
```

第 5 步： 定义名为 cal_correlation 的函数，用于计算两个类别属性之间的相关性，并返回它们之间相关性的总和。它接收 3 个参数：输入的原始数据集（X_raw）、敏感属性列名（sens_attr）和相关属性列名（related_attr）。

```
def cal_correlation(X_raw, sens_attr, related_attr):
```

1）将指定的类别属性转换为独热编码，这使得每个类别值都被转换为二进制特征。

```
X_src = pd.get_dummies(X_raw[sens_attr])
X_relate = pd.get_dummies(X_raw[related_attr])
```

2）初始化空列表 correffics，用于存储每一对敏感属性和相关属性的相关性系数。

```
correffics = []
```

3）计算相关性：嵌套循环，遍历 X_src 和 X_relate 中的每一列。X_src. keys()[i]访问敏感属性独热编码的第 i 列，X_relate. keys()[j]访问相关属性独热编码的第 j 列。使用 corr()计算两列之间的相关性系数，结果是一个值在-1~1 浮动，表示线性关系的强度和方向。再使用 abs()获取相关系数的绝对值，确保相关性系数是非负的。将计算出的相关性系数添加到 correffics 列表中。

```
for i in range(len(X_src.keys())):
    for j in range(len(X_relate.keys())):
        correffic = abs(X_src[X_src.keys()[i]].corr(X_relate[X_relate.keys()[j]]))
        correffics.append(correffic)
```

4）返回所有相关性系数的总和，作为函数的输出结果。

```
return sum(correffics)
```

3. 定义模型训练及公平性算法文件 main. py

第 1 步： 导入 NumPy 库简写为 np，导入 Pandas 库简写为 pd，导入 Matplotlib 库的 pyplot 模块，导入 random 模块，从 Pandas 库中导入 DataFrame 类，导入 PyTorch 库，从 PyTorch 库导入 torch. nn、torch. optim、TensorDataset、DataLoader、torch. nn. functional 模块，从 Scikit-Learn 导入 fetch_openml 函数、metrics 模块、train_test_split 函数、StandardScaler、compute_class_weight 函数，从 Fairlearn 库导入 MetricFrame，导入自定义的 utils 模块和 argparse 模块。

```
import numpy as np
import pandas as pd
import matplotlib.pyplot as plt
import random
from pandas.core.frame import DataFrame

import torch
import torch.nn as nn
import torch.optim as optim
from torch.utils.data import TensorDataset
from torch.utils.data import DataLoader
import torch.nn.functional as F

from sklearn.datasets import fetch_openml
from sklearn import metrics
from sklearn.model_selection import train_test_split
from sklearn.preprocessing import StandardScaler
from sklearn.utils.class_weight import compute_class_weight

from fairlearn.metrics import MetricFrame
import utils
import argparse
```

第 2 步：利用 argparse 库创建一个命令行解析器，可以使程序按照不同的应用场景使用不同的数据集、模型结构及训练方式。

1）参数解析：利用 argparse. ArgumentParser 创建一个参数解析器，描述为 FairML。定义多个参数：训练的轮次（epoch），默认为 2；预训练轮次（pretrain_epoch），默认为 1；方法选择（method），默认为 base；数据集选择（dataset），默认为 adult；敏感属性（s），默认为 sex；相关属性（related），可以接收多个字符串参数；相关属性的权重（r_weight），接收多个浮点数；学习率（lr），默认为 0.001；学习相关权重的总权重（weightSum），默认为 0.3；正则化权重（beta），默认为 0.5；随机种子（seed），默认为 42；模型类型（model），默认为 MLP，支持多个选项。使用 parse_args( )解析命令行参数并将其存储在 args 对象中。

```
parser = argparse.ArgumentParser(description='FairML')
parser.add_argument("--epoch", default=2, type=int)
parser.add_argument("--pretrain_epoch", default=1, type=int)
parser.add_argument("--method", default="base", type=str,choices=['base','corre','groupTPR','learn','remove','learnCorre'])
parser.add_argument("--dataset", default="adult", type=str, choices=['adult','pokec', 'compas','law'])
parser.add_argument("--s", default="sex", type=str) #sex for adult
parser.add_argument("--related",nargs='+', type=str)#choices=['sex','race','age','relationship','marital-status', 'educatio
parser.add_argument("--r_weight",nargs='+', type=float)
parser.add_argument("--lr", default=0.001, type=float)
parser.add_argument("--weightSum", default=0.3, type=float)# used for learning related weights, weight for corre attr
parser.add_argument("--beta", default=0.5, type=float)#weight for regularization of Lambda
parser.add_argument("--seed", default=42, type=int)
parser.add_argument("--model", default='MLP', type=str, choices=['MLP', 'LR', 'SVM'])#weight for regularization of Lambda
args = parser.parse_args()
```

2）设置 PyTorch、NumPy 和 Python 内建随机模块的种子。

```
torch.manual_seed(args.seed)
np.random.seed(args.seed)
random.seed(args.seed)
```

3）利用 print( )函数输出设置的正则化权重和权重总和，以便在运行时确认这些参数。

```
print('beta: {}, weightSum: {}'.format(args.beta, args.weightSum))
```

第 3 步：编写根据命令行选择的数据库进行数据读入和预处理，实践中使用到数据集 COMPAS 的读入和预处理的实现，其余数据集的读入和预处理实现同 COMPAS 大体上一致。

1）判断数据集是否为 compas，并设置敏感属性为 race，预测属性为 is_recid。加载数据并打印列名。

```
elif args.dataset == 'compas':
    args.s = 'race'
    predict_attr = "is_recid"
    data_name='Processed_Compas'
    idx_features_labels = pd.read_csv("./data/{}.csv".format(data_name))

    print(idx_features_labels.keys())
```

2）利用 list( ) 获取数据框的所有列名，并提取敏感属性及数据框，然后移除预测属性。

```
header = list(idx_features_labels.columns)
sensitive_attr = idx_features_labels[args.s]
data_frame = idx_features_labels[header]
header.remove(predict_attr)
```

3）如果选择的处理方法为 remove，则从特征列表中移除用户指定的相关属性。

```
if args.method =='remove':
    for attr in args.related:
        header.remove(attr)
```

4）根据更新后的头部提取特征 X 和目标变量 y_true，并计算类别数量 n_classes。

```
X = idx_features_labels[header]
y_true = idx_features_labels[predict_attr].values
n_classes = y_true.max()+1
```

5）遍历用户指定的相关属性，调用 utils. py 自定义函数计算敏感属性与相关属性和预测属性与相关属性之间的相关系数，并打印出来，以便于后续选出相关性最高的 4 个属性用于生成热力图。

```
for relate in args.related:
    coef = utils.cal_correlation(data_frame, args.s, relate)
    print('coefficient between {} and {} is: {}'.format(args.s, relate, coef))

    coef = utils.cal_correlation(data_frame, predict_attr, relate)
    print('coefficient between {} and {} is: {}'.format(predict_attr, relate, coef))
```

6）将特征 X 转换为独热编码，并按索引对特征进行排序，以便于后续的机器学习处理。

```
X = pd.get_dummies(X)
X = X.sort_index(axis=1)
```

第 4 步：对处理后的数据进行拆分和标准化。

1）数据集划分：利用 arange( ) 函数创建一个数组 indict，其元素为从 0 到 sensitive_attr

的连续整数，主要用于记录样本的索引。再使用 train_test_split( ) 函数将数据集划分为训练集和测试集，X 表示特征矩阵；y_true 表示目标变量；指定测试集的比例为 50%；stratify = y_true 表示按目标变量进行分层采样，确保训练集和测试集中类别的分布相同；设置随机种子为 7，以便每次划分数据集时都能得到相同的结果。

```
indict = np.arange(sensitive_attr.shape[0])
(X_train, X_test, y_train, y_test, ind_train, ind_test) = train_test_split(X, y_true, indict, test_size=0.5,
                                                    stratify=y_true, random_state=7)
```

2）数据标准化：将未标准化的训练集特征赋给 processed_X_train，以便后续可能使用原始数据。创建 StandardScaler 对象并使用训练集 X_train 拟合标准化参数（均值和标准差），再使用拟合的参数对训练集 X_train 进行标准化，转换成均值为 0、标准差为 1 的分布；使用相同的标准化参数对测试集 X_test 进行标准化。这可以确保测试集与训练集在同一尺度下进行评估，避免数据泄露。

```
processed_X_train = X_train
scaler = StandardScaler().fit(X_train)
X_train = scaler.transform(X_train)
X_test = scaler.transform(X_test)
```

第 5 步：定义一个自定义的 PandasDataSet 类，用于将 pandas DataFrame 转换为 PyTorch 的 TensorDataset，并通过 DataLoader 进行数据加载。

```
class PandasDataSet(TensorDataset):
```

1）初始化方法：构造函数，接收多个数据框作为参数。使用生成器表达式将每个数据框转换为张量，调用_df_to_tensor( )方法，再调用父类 TensorDataset 的构造函数以初始化数据集。

```
def __init__(self, *dataframes):
    tensors = (self._df_to_tensor(df) for df in dataframes)
    super(PandasDataSet, self).__init__(*tensors)
```

2）定义数据框到张量的转换函数：接收输入的数据框为参数，先检查传入的对象是否为 np. ndarray 类型，如果是，则直接转换；如果不是，默认为一个 pandas 数据框，使用 df. values 获取数据并转换为张量，. float（）表示将张量的数据类型设置为浮点型。

```
def _df_to_tensor(self, df):
    if isinstance(df, np.ndarray):
        return torch.from_numpy(df).float()
    return torch.from_numpy(df.values).float()
```

第 6 步：利用第 5 步定义的类创建基于 tensor 的训练集和测试集，最后通过 DataLoader 加载数据。

1）创建一个训练数据集实例和测试数据集实例，分别包含特征、标签和索引。

```
train_data = PandasDataSet(X_train, y_train, ind_train)
test_data = PandasDataSet(X_test, y_test, ind_test)
```

2）创建一个数据加载器，用于将训练数据分批次加载。每个批次的样本数量为 320，在每个轮次开始时随机打乱数据顺序，drop_last = True 表示如果最后一个批次的样本数量少于 320，将丢弃该批次。

```
train_loader = DataLoader(train_data, batch_size=320, shuffle=True, drop_last=True)
```

3）输出训练样本的数量和训练批次的数量。

```
print('# training samples:', len(train_data))
print('# batches:', len(train_loader))
```

第 7 步：定义 3 种分类模型，分别为 MLP、LR 和 SVM。实践中主要使用 MLP，因此报告只介绍 MLP 所使用的分类器类 Classifier 及其初始化。

```
class Classifier(nn.Module):
```

1）初始化方法，接收 4 个参数：输入特征的维度（即输入数据的特征数量 n_features）、输出类别的数量（默认为 2，即二分类）、隐藏层的单元数（默认为 32）和 Dropout 概率（默认为 0.2）。再调用父类的初始化方法。

```
def __init__(self, n_features, n_class=2, n_hidden=32, p_dropout=0.2):
    super(Classifier, self).__init__()
```

2）构建网络结构。将多个层组合成一个顺序容器，方便前向传播。第一层将输入特征映射到 2 倍隐藏层大小的输出，使用 ReLU 激活函数引入非线性，再随机丢弃一定比例的神经元以避免过拟合。第二层再次使用 nn. Linear 将输出映射到 n_hidden 大小，再次使用 ReLU 和 Dropout。最后一层将隐藏层的输出映射到类别数。

```
self.network = nn.Sequential(
    nn.Linear(n_features, n_hidden*2),
    nn.ReLU(),
    nn.Dropout(p_dropout),
    nn.Linear(n_hidden*2, n_hidden),
    nn.ReLU(),
    nn.Dropout(p_dropout),
    nn.Linear(n_hidden, n_class),
)
```

3）定义前向传播方法，接收输入数据 x 为参数，通过 self. network(x)将输入传递给定义的网络，返回经过所有层处理的输出。

```
def forward(self, x):
    return self.network(x)
```

4）初始化分类器，获取特征维度 n_features，隐藏层的大小使用 32 个，对于 MLP 使用 Classifier。

```
n_features = X.shape[1]
n_hid = 32
clf = Classifier(n_features=n_features, n_hidden=n_hid, n_class=n_classes)
```

5）定义优化器为 Adam，设置学习率为 args. lr。

```
clf_optimizer = optim.Adam(clf.parameters(), lr=args.lr)
```

第 8 步：实现基准模型的训练函数在数据加载器上迭代。定义名为 pretrain_classifier 的函数，接收 4 个参数：分类器模型（clf）、数据加载器（data_loader）、优化器（optimizer）和损失函数（criterion）。

```
def pretrain_classifier(clf, data_loader, optimizer, criterion):
```

通过循环遍历 data_loader 中的每一批数据，每批数据包含输入特征（x）、真实标签（y）和额外信息（但这里用_表示不用关心它）。在每次迭代之前，调用 zero_grad( ) 方法清除上一次迭代中计算的梯度。将输入传递给分类器得到预测的输出 p_y，使用损失函数计算模型输出 p_y 与真实标签 y 之间的损失值。调用 backward( ) 方法计算损失关于模型参数的梯度，再使用优化器更新模型参数。最后返回训练好的分类器。

```
for x, y, _ in data_loader:
    clf.zero_grad()
    p_y = clf(x)
    loss = criterion(p_y, y.long())
    loss.backward()
    optimizer.step()
return clf
```

第 9 步：根据命令行选用的训练方法（args. method）和模型类型（args. model）对分类器进行训练。主要分为两个阶段：预训练阶段和正式训练阶段。

1）预训练阶段：从 args 中提取相关属性和权重，使用 nn. CrossEntropyLoss( ) 作为损失函数，循环 args. pretrain_epoch 次，即在每次迭代中对模型进行一次预训练。将分类器模型 clf 设置为训练模式，调用之前定义的 pretrain_classifier( ) 函数进行预训练。

```
related_attrs = args.related
related_weights = args.r_weight

clf_criterion = nn.CrossEntropyLoss()

for i in range(args.pretrain_epoch):
    clf = clf.train()
    clf = pretrain_classifier(clf, train_loader, clf_optimizer, clf_criterion)
```

2）正式训练阶段：根据指定的方法进行进一步的训练，以实现特定的目标（如特征扰动、特征相关性消除、群体公平性等）。这部分实践中还没有实现相关公平性算法，所以正式训练阶段仍然执行基本的模型（base）分类训练。训练 args. epoch 轮，使用 clf. train( ) 方法将模型设置为训练模式，使用预训练分类器函数进行训练。

```
for epoch in range(args.epoch):
    clf = clf.train()
    if args.method == 'base':
        clf = pretrain_classifier(clf, train_loader, clf_optimizer, clf_criterion)
```

第 10 步： 测试模型基本性能。

1）将模型 clf 切换为评估模式。创建一个上下文管理器禁用梯度计算，使用模型 clf 对测试数据进行预测，提取测试数据中的第一个张量，将输入特征传入模型，沿着类别维度找到最大值的索引，获取模型输出中每个样本的预测类别。

```
clf = clf.eval()
with torch.no_grad():
    pre_clf_test = clf(test_data.tensors[0])

y_pred = pre_clf_test.argmax(dim=1)
```

2）输出与测试样本相关的敏感属性、用于学习的权重总和及学习得到的参数。

```
print('sensitive attributes: ')
print(set(sensitive_attr.iloc[ind_test]))

print('sum of weights weightSUM for learning: {}'.format(args.weightSum))
print('learned lambdas: {}'.format(related_weights))
```

第 11 步： 调用 Fairlearn 第三方库评估模型公平性。

1）MetricFrame 是一个用于评估模型性能的工具，可以计算多种指标并支持按组分析。metrics=metrics. accuracy_score 指定使用准确率作为评估指标，提供真实标签、模型预测的标签和敏感属性。gm. overall 获取整体的平均准确率，gm. by_group 获取基于敏感属性（如种族、性别等）划分的各个群体的准确率，打印上述两种准确率。

```
gm = MetricFrame(metrics=metrics.accuracy_score,
                 y_true=y_test,
                 y_pred=y_pred,
                 sensitive_features=sensitive_attr.iloc[ind_test])
print('Average accuracy score: {}'.format(gm.overall))
print(gm.by_group)
```

2）初始化选择率和公平性列表，从敏感属性中提取测试及对应的值。

```
group_selection_rate = []
group_equal_odds = []
sens_test = sensitive_attr.iloc[ind_test]
```

3）使用 set( ) 函数获取所有不同的敏感属性值，利用 for 循环遍历，提取当前组的预测标签和真实标签，初始化选择率和公平性列表。

```
for sens_value in set(sens_test):
    y_sense_pred = y_pred[(sens_test==sens_value).values]
    y_sense_test = y_test[(sens_test==sens_value).values]
    sens_sr = []
    sens_eo = []
```

4）获取所有不同的标签值进行遍历，计算当前组中预测为当前标签的比例，以及当前组中真实标签为当前标签的样本中预测正确的比例，将上述结果分别添加到 sens_sr 和 sens_eo 列表中。

```
for label in set(y_test):
    if label>0:
        sens_sr_label = (y_sense_pred==label).sum()/y_sense_pred.shape[0]
        sens_eo_label = (y_sense_pred[y_sense_test==label]==label).sum()/(y_sense_test==label).sum()

        sens_sr.append(sens_sr_label)
        sens_eo.append(sens_eo_label)
```

5）汇总当前组的选择率和公平性列表，将其分别添加到总列表中，最后将列表转换为NumPy数组，便于后续计算和分析。

```
    group_selection_rate.append(sens_sr)
    group_equal_odds.append(sens_eo)

group_selection_rate = np.array(group_selection_rate)
group_equal_odds = np.array(group_equal_odds)
```

6）打印每个敏感组的公平性结果。计算各组之间平均公平性的绝对差异和特定两组之间的公平性差异并打印。打印每个敏感组的选择率。计算各组之间选择率的平均差异和特定两组之间的选择率差异。

```
print('group equal odds: ')
print(group_equal_odds)
print('eo_difference: {}'.format(np.mean(np.absolute(group_equal_odds-np.mean(group_equal_odds, axis=0, keepdims=True)))))
print('target eo_difference: {}'.format((np.absolute(group_equal_odds[0]-group_equal_odds[2]))))

print('group selection rate: ')
print(group_selection_rate)
print('sr_difference: {}'.format(np.mean(np.absolute(group_selection_rate-np.mean(group_selection_rate, axis=0, keepdims=True)))))
print('target sr_difference: {}'.format((np.absolute(group_selection_rate[0]-group_selection_rate[2]))))
```

4. 绘制相关属性公平性模型关于迭代次数的热力图，在 main. py 文件运行得出相关属性的参数设置后，对 main. py 文件进行修改

第1步： 将 util. py 文件中的 cal_correlation 函数的返回值更改为所有分类的相关系数的均值，然后求出敏感属性 race 与除了它自身和目标属性 is_recid 以外的其他所有属性的相关性，将相关性最高的4个属性取出，作为相关属性集合（即 related），若其中有描述类似特性的属性，则去掉其中相关系数较小的那一个，将相关系数的属性放入相关属性集合中并再次去掉描述重复特性的属性，如此反复，直到相关属性集合中描述的特性各不相同。

```
# return np.mean(correffics)
```

第2步： 导入 sys 模块提供对 Python 解释器使用或维护的一些变量和函数的访问。seaborn 是一个基于 Matplotlib 的统计数据可视化库，导入该库，简写为 sns。导入 matplotlib. pyplot 库简写为 plt。

```
import sys
import seaborn as sns
import matplotlib.pyplot as plt
```

第3步： 注释掉 argparse 库创建命令行解析器部分，根据实践要求设置相关参数。

1）超参数设置。

```
pretrain_epoch = 10
epoch = 10
seed = 123
lr = 0.001
r_weight = [0.04045707984500735, 0.03774924523041441, 0.08769408757499947, 0.029345099065257313]
weightSum = 0.6
```

2）随机种子初始化同原 main. py 文件。

```
torch.manual_seed(seed)
np.random.seed(seed)
random.seed(seed)
```

3）设置方法和相关属性，选取相关属性公平性模型作为训练和评估的方法，相关属性为相关系数最大且特征不相似的 4 个属性。

```
method = 'learnCorre'
related = ['c_charge_degree','age_cat', 'score_text','sex']
```

第 4 步：编写 CorreLearn_train 函数用于学习相关性权重，通过计算和优化相关性损失进行训练。实现方式是在数据加载器上迭代，通过计算相关特征的相关性损失进行模型优化，并更新相关性权重。

1）定义名为 CorreLearn_train 的函数，它接收以下几个参数：训练的分类器（clf）、数据加载器（data_loader）、优化器（optimizer）、损失函数（criterion）、相关属性的列表（related_attrs）、与相关属性相关的权重（related_weights）和权重总和（weightSum）。

```
def CorreLearn_train(clf, data_loader, optimizer, criterion, related_attrs, related_weights, weightSum):
```

2）遍历 data_loader，每次获取特征 x、标签 y 和索引 ind。更新模型和权重的迭代次数，设置为 1。

```
for x, y, ind in data_loader:
    UPDATE_MODEL_ITERS = 1
    UPDATE_WEIGHT_ITERS = 1
```

3）更新模型，清除之前的梯度信息，以便进行新的反向传播。将输入 x 传入模型 clf，得到预测输出 p_y。计算预测结果 p_y 与真实标签 y 之间的损失。

```
for iter in range(UPDATE_MODEL_ITERS):
    clf.zero_grad()
    p_y = clf(x)
    loss = criterion(p_y, y.long())
```

4）相关性损失计算：对 related_attrs 和 related_weights 进行迭代，分别获得 related_attr 和对应的 related_weight。使用 map( ) 函数和 in 运算符创建一个布尔列表 selected_column，用于选择与当前 related_attr 相关的特征列。通过计算输入 x 中相关特征列的均值与每个样本的差值，并与预测结果 p_y 的均值差相乘，最后取绝对值并求和得到 cor_loss。将计算得到的 cor_loss 按照相关权重和总权重 weightSum 加入到总损失中。

```
for related_attr, related_weight in zip(related_attrs, related_weights.tolist()):
    selected_column = list(map(lambda s, related_attr: related_attr in s, processed_X_train.keys(),
                          [related_attr] * len(processed_X_train.keys())))
    cor_loss = torch.sum(torch.abs(torch.mean(torch.mul(
        x[:, selected_column].reshape(1, x.shape[0], -1) - x[:, selected_column].mean(dim=0).reshape(1, 1,
                                                                                                      -1),
        (p_y - p_y.mean(dim=0)).transpose(0, 1).reshape((-1, p_y.shape[0], 1))), dim=1)))

    loss = loss + cor_loss * related_weight * weightSum
```

5）使用 loss. backward( )计算损失的梯度，使用 optimizer. step( )根据计算得到的梯度更新模型参数。

```
loss.backward()
optimizer.step()
```

6）权重更新：使用 with torch. no_grad( )：管理上下文，确保在计算权重时不计算梯度以节省内存。重新计算模型的输出，类似于前一步骤，计算每个 related_attr 的相关性损失并将其保存到 cor_losses 列表中。

```
for iter in range(UPDATE_WEIGHT_ITERS):
    with torch.no_grad():
        p_y = clf(x)

        cor_losses = []
        for related_attr in related_attrs:
            selected_column = list(map(lambda s, related_attr: related_attr in s, processed_X_train.keys(),
                                  [related_attr] * len(processed_X_train.keys())))
            cor_loss = torch.sum(torch.abs(torch.mean(torch.mul(
                x[:, selected_column].reshape(1, x.shape[0], -1) - x[:, selected_column].mean(dim=0).reshape(1,
                                                                                                              1,
                                                                                                              -1),
                (p_y - p_y.mean(dim=0)).transpose(0, 1).reshape((-1, p_y.shape[0], 1))), dim=1)))

            cor_losses.append(cor_loss.item())
```

7）权重调整：将相关性损失转换为 NumPy 数组，利用 argsort( )函数获取损失的排序索引。初始化 v 为最小损失加常数 beta。使用一个循环来确定哪些损失低于 v，并动态更新 v 和 cor_sum。

```
beta = 0.5
v = cor_losses[cor_order[0]] + 2 * beta
cor_sum = cor_losses[cor_order[0]]
l = 1
for i in range(cor_order.shape[0] - 1):
    if cor_losses[cor_order[i + 1]] < v:
        cor_sum = cor_sum + cor_losses[cor_order[i + 1]]
        v = (cor_sum + 2 * beta) / (i + 2)
        l = l + 1
    else:
        break
```

8）更新相关权重：如果当前索引 i 小于 1，则更新相应的 related_weights，使其与相关性损失的关系成比例；如果当前索引 i 大于或等于 1，则将权重设为 0。

```
for i in range(cor_order.shape[0]):
    if i < l:
        related_weights[cor_order[i]] = (v - cor_losses[cor_order[i]]) / (2 * beta)
    else:
        related_weights[cor_order[i]] = 0
```

9）返回训练后的分类器 clf 和更新后的相关权重 related_weights。

```
return clf, related_weights
```

第 5 步：修改训练部分和测试部分的代码。

1）初始化模型参数。

```
initial_state = clf.state_dict().copy()
```

2）增加初始化列表部分，创建 5 个空列表，用于存储不同指标的结果，便于后续热力图的绘制。accuracy_t 存储每次实践的准确率，EO_t 存储公平性相关指标，SR_t 存储选择率相关指标，tOE_t 存储某种测试或目标公平性指标，tSR_t 存储测试选择率相关指标。

```
accuracy_t = []
EO_t = []
SR_t = []
tOE_t = []
tSR_t = []
```

3）按照实践要求设置双层循环。先设置外层循环预训练轮次 i（从 0 到 18，以步长 2 递增），为当前 i 值创建新的行数据列表，每次外层循环时，初始化用于存储当前 i 值下的各项指标的结果，以便后续记录。再设置内层循环训练轮次 j（从 0 到 18，以步长 2 递增）。

```
for i in range(0, 20, 2):

    accuracy_row = []
    EO_row = []
    SR_row = []
    tOE_row = []
    tSR_row = []

    for j in range(0, 20, 2):
```

4）将模型 clf 的状态恢复为初始参数。

```
clf.load_state_dict(initial_state)
```

5）预训练阶段保持不变，在正式训练部分增加另一个检查，如果 method 是'learnCorre'，进行相关学习训练。将 related_weights 转换为 NumPy 数组，调用 CorreLearn_train( )函数进行训练。

```
if method == 'learnCorre':
    related_weights = np.array(related_weights)
    clf, related_weights = CorreLearn_train(clf, train_loader, clf_optimizer, clf_criterion, related_attrs,
                                            related_weights, weightSum)
```

6）测试部分注释掉所有打印函数。

gm. overall 用于计算当前模型或数据集的整体准确率，并将其添加到 accuracy_row 中。

group_equal_odds 是一个数组，表示不同群体的公平性指标，计算 group_equal_odds 的均值，保持原有维度不变，用 absolute 计算每个群体的指标与均值之间的绝对差异，最后计算这些绝对差异的均值，并将结果添加到 EO_row 列表中，表示整体的平等机会差异。

用同样的方法计算选择率的均值，然后计算各群体选择率与均值的绝对差异，最后取平均并添加到 SR_row 列表中，表示整体的选择率差异。

计算 group_equal_odds 中两个群体之间的绝对差异，并提取第一个元素，然后将其添加到 tOE_row 列表中。

与 tOE 类似，计算两个群体的选择率之间的绝对差异，并提取第一个元素，最后将其添加到 tSR_row 列表中。

```
accuracy_row.append(gm.overall)
EO_row.append(np.mean(np.absolute(group_equal_odds - np.mean(group_equal_odds, axis=0, keepdims=True))))
SR_row.append(np.mean(np.absolute(group_selection_rate - np.mean(group_selection_rate, axis=0, keepdims=True))))
tOE_row.append(np.absolute(group_equal_odds[0] - group_equal_odds[2])[0])
tSR_row.append(np.absolute(group_selection_rate[0] - group_selection_rate[2])[0])
```

7）结果汇总，将每个指标的结果（准确率、平等机会、选择率、目标平等机会和目标选择率）分别添加到对应的总列表中，以便后续可视化。

```
accuracy_t.append(accuracy_row)
EO_t.append(EO_row)
SR_t.append(SR_row)
tOE_t.append(tOE_row)
tSR_t.append(tSR_row)
```

第 6 步： 编写绘制热力图的代码。

1）创建一个包含 1 行 3 列的子图的图像，并设置整体大小为 30×6 英寸。fig 表示图像对象，axes 包含三个子图的数组，其中每个元素对应一个子图的轴。

```
fig, axes = plt.subplots(1, 3, figsize=(30, 6))
```

2）绘制前三个热力图。第一个热力图中，accuracy_t 表示要绘制的数据，annot = True 表示在热力图单元格内显示数值，fmt = ".2f" 表示数值格式，保留两位小数，cmap = 'viridis' 表示 使用 Viridis 配色方案，ax = axes[0] 表示指定绘制到第一个子图上。再为第一个子图设置标题。其余两个热力图与第一个热力图类似。

```
# 绘制第一个热力图
sns.heatmap(accuracy_t, annot=True, fmt=".2f", cmap='viridis', ax=axes[0])
axes[0].set_title('accuracy')

# 绘制第二个热力图
sns.heatmap(EO_t, annot=True, fmt=".2f", cmap='cool', ax=axes[1])
axes[1].set_title('EO')

# 绘制第三个热力图
sns.heatmap(SR_t, annot=True, fmt=".2f", cmap='cool', ax=axes[2])
axes[2].set_title('SR')
```

3）为整个图像设置总体标题，method 是预先定义的变量，包含标题的内容。自动调整子图参数，使其适应图像区域。显示当前绘制的图像。

```
# 设置总体标题
fig.suptitle('{}'.format(method))
plt.tight_layout()

# 显示图像
plt.show()

# 创建一个新的图像
fig, axes = plt.subplots(1, 2, figsize=(30, 6))
```

4）创建一个新的图像，绘制第四个和第五个热力图，设置总体标题和显示第二个图像，操作与上面的步骤类似。

```
# 创建一个新的图像
fig, axes = plt.subplots(1, 2, figsize=(30, 6))

# 绘制第四个热力图
sns.heatmap(tOE_t, annot=True, fmt=".2f", cmap='inferno', ax=axes[0])
axes[0].set_title('tEO')

# 绘制第五个热力图
sns.heatmap(tSR_t, annot=True, fmt=".2f", cmap='inferno', ax=axes[1])
axes[1].set_title('tSR')

# 设置总体标题
fig.suptitle('{}'.format(method))
plt.tight_layout()

# 显示第二个图像
plt.show()
```

12.2.5　实践结果

1. 实践运行结果

1）在命令行输入 python main. py --epoch 10 --pretrain_epoch 10 --method base --dataset compas --s race --related age c_charge_degree age_cat score_text sex priors_count days_b_screening_arrest decile_score duration --r_weight 0. 5 0. 5 --lr 0. 001 --weightSum 0. 6 --beta 0. 6 --seed 123 --model MLP，运行未修改之前的 main. py，获得敏感属性 race 与除了它自身和目标属性 is_recid 以外的其他所有属性的相关性。

```
coefficient between race and age is: 0.013688369168550634
coefficient between is_recid and age is: 0.024071159187028814
coefficient between race and c_charge_degree is: 0.04045707984500735
coefficient between is_recid and c_charge_degree is: 0.11555709755174247
coefficient between race and age_cat is: 0.03774924523041441
coefficient between is_recid and age_cat is: 0.09350223095790887
coefficient between race and score_text is: 0.08769408757499947
coefficient between is_recid and score_text is: 0.2348337088091972
coefficient between race and sex is: 0.029345099065257313
coefficient between is_recid and sex is: 0.1108400027290937
coefficient between race and priors_count is: 0.016653292940949402
coefficient between is_recid and priors_count is: 0.046803413471884624
coefficient between race and days_b_screening_arrest is: 0.011202833166881457
coefficient between is_recid and days_b_screening_arrest is: 0.016933871419304997
coefficient between race and decile_score is: 0.04132768704912653
coefficient between is_recid and decile_score is: 0.10430394311960944
coefficient between race and duration is: 0.006752242261568154
coefficient between is_recid and duration is: 0.012699305115619446
```

2）相关系数最大且特征不相似的 4 个属性为 score_text、c_charge_degree、age_cat、sex，将这几个属性设置为 related 参数。修改 main. py 后，再次运行 main. py 文件，得到相关属性公平性模型关于迭代次数的热力图，如图 12-3 所示。

2. 实践结果分析

1）相关属性公平性模型的平均准确率（accuracy）、平均机会期望偏离值（EO）、平均人口统计期望偏离值（SR）与两个训练阶段的迭代次数的关系如下。

随着迭代次数的增加，热力图中的颜色逐渐加深或变亮，表明准确率在逐渐提高，但是

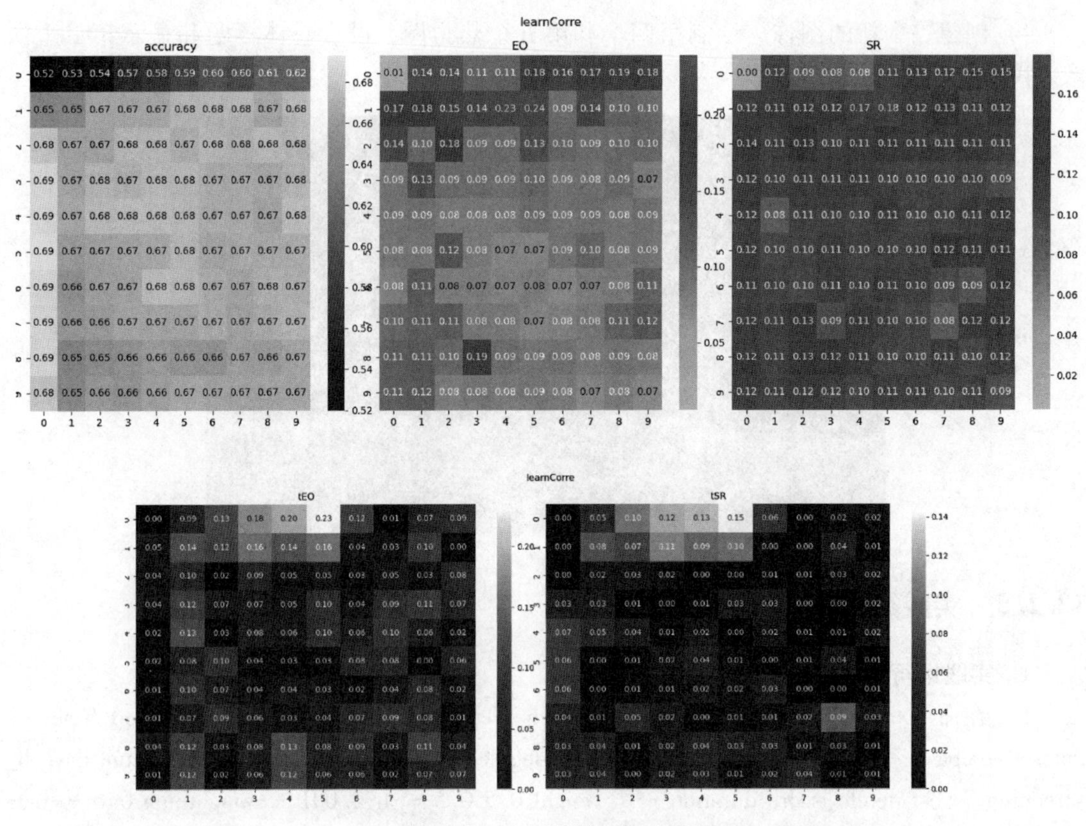

图 12-3　公平性模型热力图

准确率在 0.67 左右时，颜色加深就开始保持不变，说明可能到达了该模型的性能上限或数据集较为复杂，应考虑优化模型的复杂度、数据质量、特征选择等因素，并可能需要进行模型调整或数据增强。

同时，随着迭代次数的增加，EO 和 SR 热力图中的颜色逐渐变浅，说明模型变得更加公平。

2）相关属性公平性模型的公平性与准确率的关系如下。

可以从热力图中找到准确率与 EO、SR 之间的相关性，提高准确率的同时，EO 和 SR 应该保持在可接受的范围内，表明模型在保持性能的同时也不会牺牲公平性。

3）相关属性公平性模型相比基准模型的公平性提升情况如下。

基准模型热力图如图 12-4 所示。通过对比公平性模型与基准模型的热力图，可以清晰地观察到公平性模型的公平性指标（EO 和 SR 值）显著低于基准模型，这表明在公平性方面，该模型有了明显的提升。

除了关注公平性指标外，还需要考虑准确率。公平性模型在准确率上与基准模型相当，同时在 EO 和 SR 指标上有所改善，显示出公平性模型的优势。

进一步分析黑人与白人机会期望差值（tEO）及黑人与白人人口统计期望差值（tSR），可以发现这两个指标在模型之间存在显著差异。具体而言，公平性模型的这两个指标远低于基准模型，进一步证明了该模型在公平性方面有显著提升。

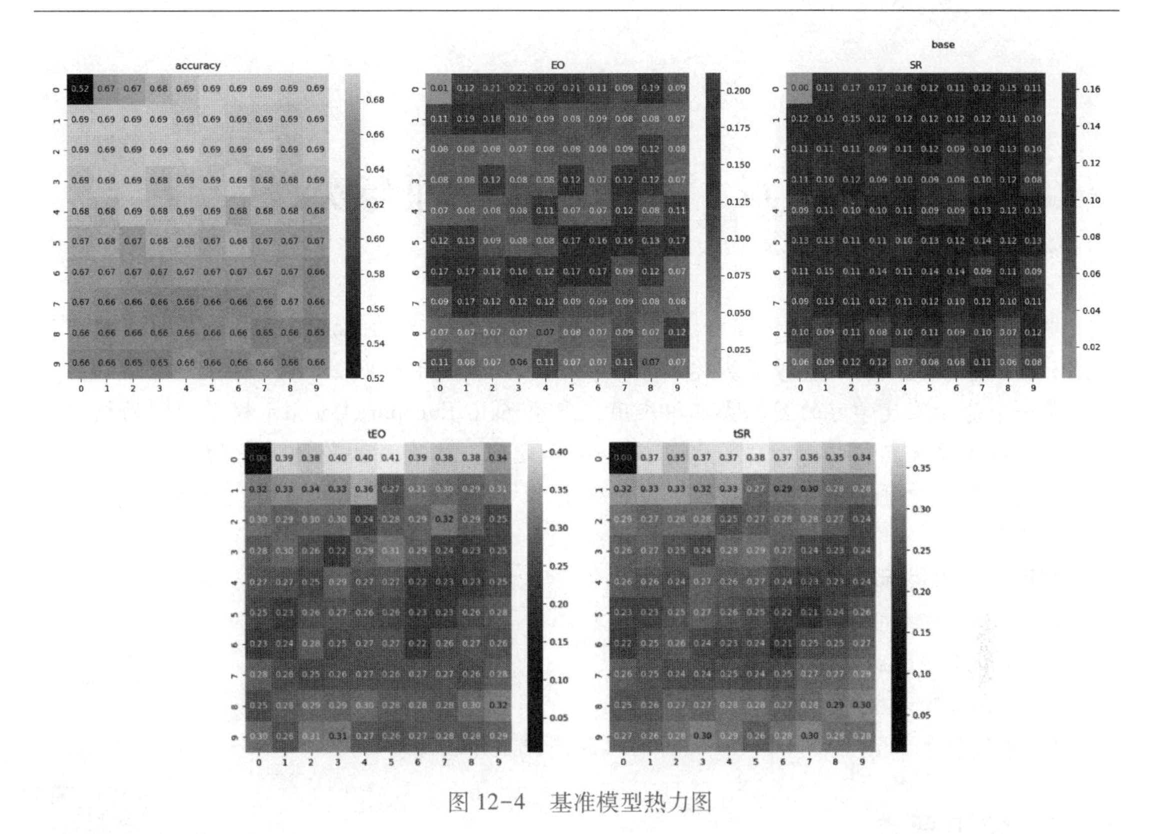

图 12-4　基准模型热力图

12.2.6　参考代码

本实践的 Python 语言参考源代码见本书的配套资源。

12.3　习题

1. 什么是算法歧视？
2. 如何使得算法模型更加公平一些？

参考文献

[1] ZHAO T, DAI E, SHU K, et al. Towards fair classifiers without sensitive attributes: Exploring biases in related features [C] //Proceedings of the Fifteenth ACM International Conference on Web Search and Data Mining. 2022: 1433-1442.

第 13 章　水印去除原理与实践

水印（Watermark）原指中国传统的用木刻印刷绘画作品的方法。现在的水印通常指的是添加到图像、视频、文档等多媒体内容中的防止盗版的半透明 Logo 或图标。本章的实践内容是一个基于深度学习的图像去水印应用，采用 Skip Encoder-Decoder 模型。它的核心功能是通过对图像及其相应水印蒙版的深度分析和处理，以有效去除图像中的水印。在实践中，通过自动化学习和调整图像数据，以确保去水印后的输出图像质量高，维持图像的原始细节和色彩。

知识与能力目标

1）了解水印的重要性。

2）了解水印蒙版。

3）认知去除水印的方法。

4）掌握基于 Skip Encoder-Decoder 网络的图像水印去除。

13.1　知识要点

本节主要介绍图像水印的相关知识，以及如何利用深度学习的方法去除图像的水印。

13.1.1　水印介绍

水印是一种在图像、视频或文档中嵌入的标识信息，通常用于版权保护、所有权声明和信息验证。水印可以分为以下两类。

1. 可见水印

可见水印指的是直接嵌入到图像中的标识，如文字或徽标，很容易被人眼识别。常见的 Word 和 PDF 文档都可以插入水印。如图 13-1 所示为在 PDF 文档中插入水印，插入的水印为“去除水印实践”。

2. 不可见水印

不可见水印嵌入在图像的频域或空域中，不易被人眼察觉，但可以通过特定算法检测和提取。

13.1.2　去除水印的方法

去除水印技术旨在从图像中去除水印，同时尽量保留图像的原始内容和质量。去除水印的方法主要包括以下几类。

1. 传统方法

1）图像滤波：使用低通滤波、高通滤波等方法来去除水印，但容易影响图像质量。

2）插值法：通过插值技术填补去除水印后的空白区域，但效果受限于水印的复杂度和

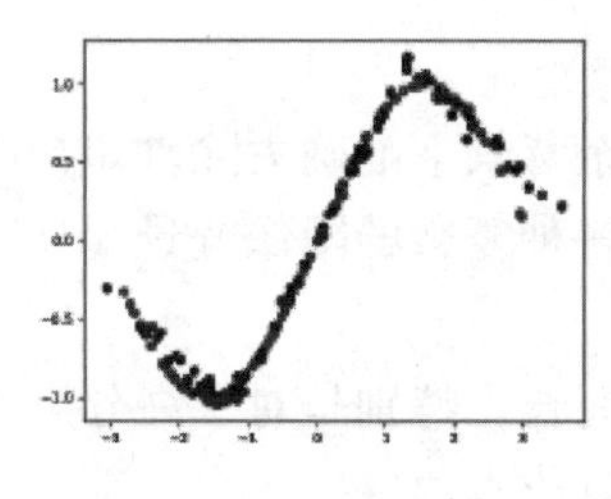

Figure 3　6000 次迭代

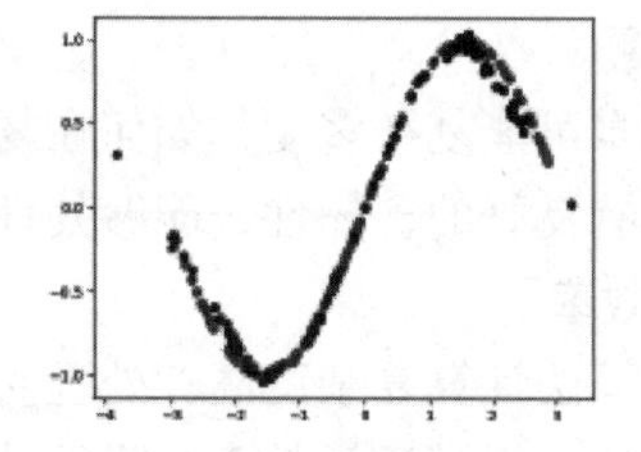

Figure 4　8000 次迭代

从迭代过程中生成的散点图中可以看到，随着迭代次数的增加，GAN 生成的数据点与真实数据点的重合度逐渐提高，判别器在区分真假样本上的准确率有显著提升。在训练接近完成时的性能评估显示，在第 7999 次迭代时，判别器在真实样本上的准确率为 57%，而在伪造样本上的准确率为 61%。

这说明，在经过迭代后，生成器和判别器都在此过程中极力优化自己的网络，从而形成竞争对抗，直到双方达到一个动态的平衡（纳什均衡），此时生成模型 G 恢复了训练数据的分布（造出了和真实数据一模一样的样本），判别模型再也判别不出来结果，准确率接近 50%，约等于乱猜。

（二）　实验拓展

1. 提高迭代次数

在迭代 8000 次后，判别器在真实样本和伪造样本中的准确率都大于 50%，说明生成器较判别器弱。理论上，迭代次数增加后生成器得到优化，会使判别器的准确率降低到 50% 左右。在扩展实验中，将迭代次数由 8000 次提升到 10000 次，观察判别器在真假样本上的准确率的变化。

迭代过程中，生成的散点图如下：

图 13-1　PDF 文件中插入水印

位置。

3）频域方法：在频域中处理图像，通过傅里叶变换等技术去除水印，但复杂度较高。

2. 深度学习方法

1）卷积神经网络（CNN）：使用卷积神经网络学习去水印的特征，能够处理复杂的水印类型。

2）生成对抗网络（GAN）：通过生成器和判别器的对抗训练，生成高质量的去水印图像。

13.1.3　去水印面临的挑战

1. 保持图像质量

1）去除水印后，如何保证图像的清晰度和细节不受损是一个关键问题。

2）需要设计高效的算法，能够在去除水印的同时，尽量保留图像的原始信息。处理的水印的类型多种多样，包括文字、图形、透明水印等，每种水印的去除方法各不相同。

3）需要开发通用性强的算法，能够适应不同类型的水印。

2. 处理复杂背景

1）图像中的背景可能复杂多变，如何在复杂背景下准确去除水印是一个难点。

2）需要算法具有良好的鲁棒性，能够处理各种复杂的图像背景。

3. 计算成本和效率

1）一些去水印算法计算复杂度高，处理时间长，特别是对于高分辨率图像。

2）需要优化算法，提高计算效率，降低计算成本。

13.1.4 水印蒙版

水印蒙版是指用于标记原始图像中水印位置的二维图形，通常是一个与原图大小相同的图像，其中水印部分是可见的，而非水印部分则是透明的或用其他方式标识的。水印蒙版在去水印项目中的作用至关重要，它通过精确标识图像中的水印位置，使得深度学习模型能够专注于这些特定区域进行处理，从而避免对非水印区域造成不必要的干扰。这不仅有助于模型在训练过程中更有效地学习区分水印与背景，还提高了处理效率和质量，确保去水印后的图像保持高质量的视觉效果。此外，水印蒙版还可以用于评估去水印效果，提供直观的前后对比，以验证处理的准确性和效果。

13.1.5 Skip Encoder-Decoder 模型

Skip Encoder-Decoder 模型是一种用于图像处理任务的深度学习架构，特别适用于去水印这样的图像重建和修复任务。它结合了编码器-解码器的架构，并引入了跳跃连接（Skip Connection），从而有效地保留了图像中的重要特征，并在解码过程中重构细节。

1. 编码器（Encoder）

1）编码器通常由多层卷积网络组成，负责逐层降低图像的空间维度，同时增加特征维度。每一层卷积都会提取越来越抽象的特征，并将其传递到下一层。

2）在这个过程中，图像的尺寸逐渐减小，但特征通道数逐渐增加，目的是压缩图像信息，提取图像的高层语义表示。

2. 解码器（Decoder）

1）解码器通常由多层上卷积（逆卷积）网络组成，负责将编码后的特征图逐层增加空间维度，恢复到原始图像的大小。

2）在解码过程中，每一层上卷积都会逐步恢复图像的细节和空间结构，最终输出重建或修复后的图像。

3. 跳跃连接（Skip Connection）

1）跳跃连接是 Skip Encoder-Decoder 模型的核心特征之一，它将编码器中某些层的输出直接连接到解码器的对应层。

2）这种连接方式可以帮助解码器在重建图像时利用编码器阶段的细节信息。这些连接确保了即使在深层网络中，也能保持图像的细节和结构信息，避免在深度网络传输过程中丢失信息。

4. 应用优势

1）细节保留：跳跃连接帮助模型在重建图像时更好地保留原始图像的细节和纹理，这在图像修复和重建任务中极为重要。

2）训练稳定性：跳跃连接改善了梯度的流动，有助于解决更深层网络中的梯度消失问题，使得模型训练更加稳定。

3）灵活性和适用性：Skip Encoder-Decoder 模型可以根据不同的任务调整其深度和复杂性，适用于各种图像处理任务，如去噪、超分辨率、去水印等。

13.2　实践 13-1　基于 Skip Encoder-Decoder 网络的图像水印去除

本实践主要是让学生使用 Skip Encoder-Decoder 模型去除图像中的水印，进一步学习深度神经网络的应用。

扫码看视频

13.2.1　实践目的

1）模型理解：了解 Skip Encoder-Decoder 模型的工作原理，包括其内部的编码器、解码器以及跳跃连接的功能和作用。

2）算法应用：通过实际编程实现去水印处理，掌握如何应用卷积神经网络进行图像的特征提取和重建。

3）效果对比：通过实践比较去水印前后的图像，评估去水印效果的质量，如清晰度、色彩保真度和细节恢复。

4）参数调优：通过调整模型参数（如损失函数、训练迭代次数等），学会如何优化模型性能，达到更好的去水印效果。

13.2.2　实践环境

1）Python 版本：3.9 或更高版本。

2）所需安装库：NumPy 1.23.5，torch 2.3.0，Torchvision 0.18.0，Matplotlib 3.7.2，tqdm 4.62.3。

13.2.3　实践步骤

1. 配置实践环境

第 1 步： 建立目录结构。

将 data 文件夹内容复制到项目根目录下，并在项目根目录下分别新建文件夹 model，并新建文件 api.py、helper.py、inference.py。在文件夹 model 下新建文件 generator.py 和 modules.py。建立完毕后，项目目录结构如下。

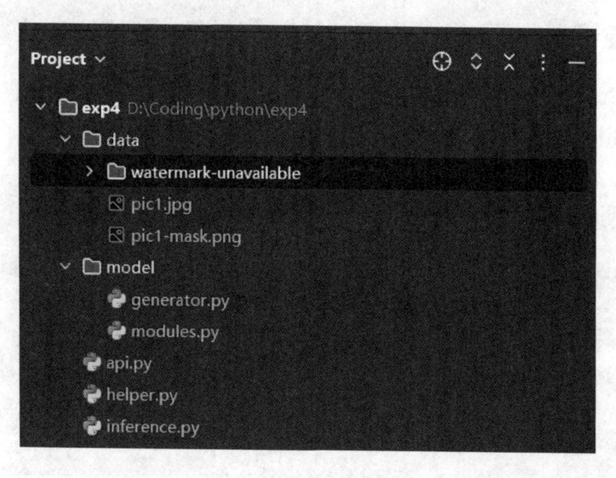

第 2 步：执行以下命令配置镜像源。

pip config set global. index-url https://mirrors. aliyun. com/pypi/simple/

```
(base) PS D:\Coding\python\pythonProject> pip config  set global.index-url https://mirrors.aliyun.com/pypi/simple/
Writing to C:\Users\volle\AppData\Roaming\pip\pip.ini
(base) PS D:\Coding\python\pythonProject>
```

第 3 步：执行以下命令下载 numpy 包。

pip install numpy = =1. 23. 5

```
(exp4) PS D:\Coding\python\exp4> pip install numpy==1.23.5
Looking in indexes: https://mirrors.aliyun.com/pypi/simple/
Collecting numpy==1.23.5
  Downloading https://mirrors.aliyun.com/pypi/packages/4c/42/6274f92514fbefcb1caa66d56d82ac7ac
   ━━━━━━━━━━━━━━━━━━━━━━━━━━━━━━━━━━━━━━━━ 14.7/14.7 MB 1.7 MB/s eta 0:00:00
Installing collected packages: numpy
Successfully installed numpy-1.23.5
```

第 4 步：执行以下命令下载 torch 包。

pip install torch = =2. 3. 0

```
(exp4) PS D:\Coding\python\exp4> pip install torch==2.3.0
Looking in indexes: https://mirrors.aliyun.com/pypi/simple/
Collecting torch==2.3.0
  Downloading https://mirrors.aliyun.com/pypi/packages/19/84/3495171f93b5449858c1c143dd8a48116da697
   ━━━━━━━━━━━━━━━━━━━━━━━━━━━━━━━━━━━━━━━━ 159.8/159.8 MB 2.8 MB/s eta 0:00:00
Collecting filelock (from torch==2.3.0)
  Downloading https://mirrors.aliyun.com/pypi/packages/b9/f8/feced7779d755758a52d1f6635d990b8d98dc0
```

第 5 步：执行以下命令下载 torchvision 包。

pip install torchvision = =0. 18. 0

```
(exp4) PS D:\Coding\python\exp4> pip install torchvision==0.18.0
Looking in indexes: https://mirrors.aliyun.com/pypi/simple/
Collecting torchvision==0.18.0
  Downloading https://mirrors.aliyun.com/pypi/packages/80/ad/de37308a32ff3d6b0375469a1238d74365c60d1aca926bddcc91
   ━━━━━━━━━━━━━━━━━━━━━━━━━━━━━━━━━━━━━━━━ 1.2/1.2 MB 2.1 MB/s eta 0:00:00
Requirement already satisfied: numpy in d:\codinghelpers\anaconda3\envs\exp4\lib\site-packages (from torchvision=
Requirement already satisfied: torch==2.3.0 in d:\codinghelpers\anaconda3\envs\exp4\lib\site-packages (from torch
Collecting pillow!=8.3.*,>=5.3.0 (from torchvision==0.18.0)
```

第 6 步：执行以下命令下载 matplotlib 包。

pip install matplotlib = =3. 7. 2

```
(exp4) PS D:\Coding\python\exp4> pip install matplotlib==3.7.2
Looking in indexes: https://mirrors.aliyun.com/pypi/simple/
Collecting matplotlib==3.7.2
  Downloading https://mirrors.aliyun.com/pypi/packages/6d/f8/ff4acac6ea3f896146fd2a9f76dafb7c36973f
   ━━━━━━━━━━━━━━━━━━━━━━━━━━━━━━━━━━━━━━━━ 7.5/7.5 MB 1.9 MB/s eta 0:00:00
Collecting contourpy>=1.0.1 (from matplotlib==3.7.2)
  Downloading https://mirrors.aliyun.com/pypi/packages/96/1b/b05cd42c8d21767a0488b883b38658fb9a45f8
Collecting cycler>=0.10 (from matplotlib==3.7.2)
  Downloading https://mirrors.aliyun.com/pypi/packages/e7/05/c19819d5e3d95294a6f5947fb9b9629efb316b
```

第 7 步： 执行以下命令下载 tqdm 包。

pip install tqdm = = 4. 62. 3

```
(exp4) PS D:\Coding\python\exp4> pip install tqdm==4.62.3
Looking in indexes: https://mirrors.aliyun.com/pypi/simple/
Requirement already satisfied: tqdm==4.62.3 in d:\codinghelpers\anaconda3\envs\exp4\lib\site-packages (4.62.3)
Requirement already satisfied: colorama in d:\codinghelpers\anaconda3\envs\exp4\lib\site-packages (from tqdm==4.62.3)
(exp4) PS D:\Coding\python\exp4>
```

2. 编写 inference. py 文件

第 1 步： 引入相关依赖，argparse 模块用于命令行参数解析。

```
1   import argparse
2   from api import remove_watermark
3
```

第 2 步： 定义参数，并调用 api. py 文件内的 remove_watermark 函数。

remove_watermark 函数的作用是调用项目内的其他模块，共同完成移除水印的任务。它使用 argparse 模块来设置和解析命令行参数，包括带有水印的图像路径、水印蒙版路径、噪声输入的深度、学习率、训练步数、结果显示的间隔步数、正则化噪声输入的超参数以及输出图像的最大尺寸等。

```
# 添加参数：输出图像的最大尺寸
parser.add_argument( *name_or_flags: '--max-dim', type = int,
                    default = 512, help = 'Max dimension of the final output image')

# 解析命令行参数
args = parser.parse_args()

# 调用remove_watermark函数，传入命令行参数
remove_watermark(
    image_path = args.image_path,
    mask_path = args.mask_path,
    max_dim = args.max_dim,
    show_step = args.show_step,
    reg_noise = args.reg_noise,
    input_depth = args.input_depth,
    lr = args.lr,
    training_steps = args.training_steps,
)
```

3. 编写 api. py 文件

第 1 步： 首先引入依赖。

torch 用于深度学习，optim 用于优化器，tqdm. auto 用于进度条显示，matplotlib. pyplot 用于绘制损失曲线，并引入自定义的辅助函数模块。

```
1   import torch
2   from torch import optim
3   from tqdm.auto import tqdm
4   import matplotlib.pyplot as plt
5   from helper import *
6   from model.generator import SkipEncoderDecoder, input_noise
```

第 2 步：定义 remove_watermark 函数。

remove_watermark 函数首先检测是否有可用的 GPU 或 MPS，否则使用 CPU。使用 preprocess_images( ) 函数对输入图像和掩码进行预处理，包括调整大小等操作。随后创建一个 Skip Encoder-Decoder 生成器模型，并将其移动到指定设备。创建 Adam 优化器来优化生成器的函数。训练完成后，绘制损失曲线，显示训练过程中的损失变化。

```
2 usages  new *
def remove_watermark(image_path, mask_path, max_dim, reg_noise, input_depth, lr, show_step, training_steps, tqdm_length=100):
    # 设置设备为GPU (CUDA/MPS) 或CPU
    DTYPE = torch.FloatTensor
    has_set_device = False
    if torch.cuda.is_available():
        device = 'cuda'
        has_set_device = True
        print("Setting Device to CUDA...")
    try:
        if torch.backends.mps.is_available():
            device = 'mps'
            has_set_device = True
            print("Setting Device to MPS...")
    except Exception as e:
        print(f"Your version of pytorch might be too old, which does not support MPS. Error: \n{e}")
        pass
```

4. 编写 helper. py 文件

第 1 步：首先引入相关依赖。

```
1    import numpy as np
2    from PIL import Image
3    import matplotlib.pyplot as plt
4    import torch
5    from torchvision.utils import make_grid
6
```

第 2 步：定义 pil_to_np_array 函数和 np_to_torch_array 函数。

pil_to_np_array( ) 函数将 PIL 图像转换为 NumPy 数组，并归一化到 0～1。np_to_torch_array( ) 函数将 NumPy 数组转换为 torch 张量。

```
7     # 将PIL图像转换为NumPy数组
      2 usages  new *
8     def pil_to_np_array(pil_image):
9         ar = np.array(pil_image)
10        if len(ar.shape) == 3:
11            ar = ar.transpose(2,0,1)
12        else:
13            ar = ar[None, ...]
14        return ar.astype(np.float32) / 255.
15
16    # 将NumPy数组转换为torch张量
      2 usages  new *
17    def np_to_torch_array(np_array):
18        return torch.from_numpy(np_array)[None, :]
19
```

第 3 步：定义 torch_to_np_array 函数、read_image 函数和 crop_image 函数。

这三个函数的作用分别是将 torch 张量转换为 NumPy 数组、从路径读取图像、裁剪图像。使用 read_image 从指定路径加载图像，保证图像是 RGB 格式，以保证数据的一致性。

```
# 将torch张量转换为NumPy数组
2 usages  new *
def torch_to_np_array(torch_array):
    return torch_array.detach().cpu().numpy()[0]

# 从路径读取图像
2 usages  new *
def read_image(path, image_size = -1):
    pil_image = Image.open(path)
    return pil_image

# 裁剪图像
new *
def crop_image(image, crop_factor = 64):
    shape = (image.size[0] - image.size[0] % crop_factor, image.size[1] - image.size[1] % crop_factor)
    bbox = [int((image.shape[0] - shape[0])/2), int((image.shape[1] - shape[1])/2),
            int((image.shape[0] + shape[0])/2), int((image.shape[1] + shape[1])/2)]
    return image.crop(bbox)
```

第 4 步： 定义 get_image_grid 函数、visualize_sample 函数和 max_dimension_resize 函数。

这三个函数的作用分别是生成图像网格、可视化图像和调整图像大小。通过 max_dimension_resize( ) 函数调整图像和蒙版的尺寸，使之适配模型要求的最大维度。这一步是为了保证图像和蒙版能够在神经网络中得到有效处理，同时减少因图像尺寸过大带来的计算负担。

```
# 生成图像网格
1 usage  new *
def get_image_grid(images, nrow = 3):
    torch_images = [torch.from_numpy(x) for x in images]
    grid = make_grid(torch_images, nrow)
    return grid.numpy()

# 可视化图像
3 usages  new *
def visualize_sample(*images_np, nrow = 3, size_factor = 10):
    c = max(x.shape[0] for x in images_np)
    images_np = [x if (x.shape[0] == c) else np.concatenate( arrays: [x, x, x], axis = 0) for x in images_np]
    grid = get_image_grid(images_np, nrow)
    plt.figure(figsize = (len(images_np) + size_factor, 12 + size_factor))
    plt.axis('off')
    plt.imshow(grid.transpose(1, 2, 0))
    plt.show()

# 调整图像大小
1 usage  new *
def max_dimension_resize(image_pil, mask_pil, max_dim):
    w, h = image_pil.size
    aspect_ratio = w / h
    if w > max_dim:
        h = int((h / w) * max_dim)
        w = max_dim
    elif h > max_dim:
        w = int((w / h) * max_dim)
        h = max_dim
    return image_pil.resize((w, h)), mask_pil.resize((w, h))
```

第 5 步： 最后定义图像预处理函数 preprocess_images。

preprocess_images( ) 函数调用前几个步骤定义的函数，共同完成图像预处理。

```
# 图像预处理
1 usage  new*
def preprocess_images(image_path, mask_path, max_dim):
    image_pil = read_image(image_path).convert('RGB')
    mask_pil = read_image(mask_path).convert('RGB')

    image_pil, mask_pil = max_dimension_resize(image_pil, mask_pil, max_dim)

    image_np = pil_to_np_array(image_pil)
    mask_np = pil_to_np_array(mask_pil)

    print('Visualizing mask overlap...')

    visualize_sample( *images_np: image_np, mask_np, image_np * mask_np, nrow = 3, size_factor = 10)

    return image_np, mask_np
```

5. 在 model 文件夹下定义 generator. py 文件

第 1 步：引入相关库文件。

```
1    import torch
2    from torch import nn
3    from .modules import Conv2dBlock, Concat
```

第 2 步：定义 Skip Encoder-Decoder 模型。

Skip Encoder-Decoder 模型用于图像的编码、解码和图像去水印等任务，初始化 init( ) 函数接收参数，分别表示下采样过程中的通道数列表、上采样过程中的通道数列表和跳跃连接的通道数列表。通过循环构建编码器和解码器的网络结构，包括卷积块、批归一化层、上采样层和拼接层（将编码器和解码器中的特征拼接在一起）等。最后，添加输出层，使用卷积和 Sigmoid 激活函数将输出通道数调整为 3。

```
# 定义Skip Encoder-Decoder模型
3 usages  new*
class SkipEncoderDecoder(nn.Module):
    new*
    def __init__(self, input_depth, num_channels_down = [128] * 5, num_channels_up = [128] * 5, num_channels_skip = [128] * 5):
        super(SkipEncoderDecoder, self).__init__()

        self.model = nn.Sequential()
        model_tmp = self.model

        # 构建网络层
        for i in range(len(num_channels_down)):

            deeper = nn.Sequential()
            skip = nn.Sequential()

            # 根据是否有跳跃连接，添加Concat或仅Deeper模块
            if num_channels_skip[i] != 0:
                model_tmp.add_module(str(len(model_tmp) + 1), Concat( dim: 1,  *args: skip, deeper))
            else:
                model_tmp.add_module(str(len(model_tmp) + 1), deeper)
```

第 3 步：定义 input_noise 函数。

使用 input_noise( ) 函数生成具有特定形状的随机噪声张量，用于模型的输入。通过生成

特定形状的随机噪声，可以为模型提供一定的随机性和泛化能力。

```
# 生成输入噪声
2 usages  new*
def input_noise(INPUT_DEPTH, spatial_size, scale = 1./10):
    shape = [1, INPUT_DEPTH, spatial_size[0], spatial_size[1]]
    return torch.rand(*shape) * scale
```

6. 编写 modules. py 文件

第 1 步：引入相关依赖。

```
import torch
from torch import nn
import numpy as np
```

第 2 步：定义深度可分离卷积层和卷积块。

使用 DepthwiseSeperableConv2d 初始化深度可分离卷积层，它由深度卷积和点卷积组成。深度卷积在每个输入通道上独立进行卷积操作，点卷积则用于将深度卷积的输出通道数调整为指定的输出通道数。使用 forward 方法依次执行深度卷积和点卷积操作，将输入数据传递过这两个卷积层。

使用 Conv2dBlock 创建一个卷积块，包括反射填充层、深度可分离卷积层、批归一化层和 LeakyReLU 激活函数。反射填充层用于保持图像边界的连续性，深度可分离卷积层执行卷积操作，批归一化层用于归一化数据，LeakyReLU 激活函数用于引入非线性。

```
# 定义深度可分离卷积层
2 usages  new*
class DepthwiseSeperableConv2d(nn.Module):
    new*
    def __init__(self, input_channels, output_channels, **kwargs):
        super(DepthwiseSeperableConv2d, self).__init__()

        # 深度卷积
        self.depthwise = nn.Conv2d(input_channels, input_channels, groups=input_channels, **kwargs)
        # 点卷积
        self.pointwise = nn.Conv2d(input_channels, output_channels, kernel_size=1)

    new*
    def forward(self, x):
        x = self.depthwise(x)
        x = self.pointwise(x)

        return x

# 定义卷积块
7 usages  new*
class Conv2dBlock(nn.Module):
    new*
    def __init__(self, in_channels, out_channels, kernel_size, stride=1, bias=False):
        super(Conv2dBlock, self).__init__()
```

第 3 步：定义连接模块。

连接模块用于将多个模块的输出在指定维度上进行连接。在图像处理中，连接不同层次的特征可以提供更丰富的信息，有助于提高模型的性能。这个模块通过检查输入的尺寸，自动调整尺寸不一致的输入，确保连接的可行性。

```
# 定义连接模块
3 usages  new *
class Concat(nn.Module):
    new *
    def __init__(self, dim, *args):
        super(Concat, self).__init__()
        self.dim = dim

        for idx, module in enumerate(args):
            self.add_module(str(idx), module)

    new *
    def forward(self, input):
        inputs = []
        for module in self._modules.values():
            inputs.append(module(input))

        # 确保所有输入的尺寸一致
        inputs_shapes2 = [x.shape[2] for x in inputs]
        inputs_shapes3 = [x.shape[3] for x in inputs]

        # 如果所有输入的尺寸一致，直接连接
        if np.all(np.array(inputs_shapes2) == min(inputs_shapes2)) and np.all(np.array(inputs_shapes3) == min(inputs_shapes3)):
            inputs_ = inputs
```

13.2.4 模型配置与训练

1. 参数配置与初始化

参数解析：使用 argparse 库创建一个解析器，定义并获取命令行输入参数，如图像路径、水印蒙版路径、学习率等。这些参数将直接影响去水印的操作和结果。

- image-path：指定待去水印的图像文件路径。
- mask-path：指定水印蒙版的图像文件路径，蒙版用于标识图像中水印的位置。
- input-depth：最大通道维度的噪声输入，通常根据 GPU 或设备内存来设置，影响模型的输入层深度。
- lr（Learning Rate）：学习率，控制模型权重调整的速度，较小的学习率可以提高训练稳定性但可能会减慢收敛速度。
- training-steps：训练迭代次数，定义了整个训练过程中数据将被处理的次数。
- show-step：结果可视化间隔，表示每多少步展示一次当前去水印效果。
- reg-noise：正则化噪声输入的超参数，用于模型训练过程中的噪声控制，影响模型对细节的捕捉能力。
- max-dim：最大输出图像维度，确定处理图像的大小，以适应不同的训练和应用需求。

2. 图像和蒙版的预处理

- 读取图像和蒙版：使用 read_image 从指定路径加载图像，保证图像是 RGB 格式，以保证数据的一致性。
- 图像尺寸调整：通过 max_dimension_resize( ) 函数调整图像和蒙版的尺寸，使之适配模型要求的最大维度。这一步是为了保证图像和蒙版能够在神经网络中得到有效处理，同时减少因图像尺寸过大带来的计算负担。
- 转换格式：将处理后的 PIL 图像转换为 NumPy 数组，并归一化到 0~1（使用 pil_to_

np_array( ) 函数)。

- 可视化预处理结果：使用 visualize_sample( ) 函数展示原始图像、蒙版以及蒙版应用到原始图像上的结果。有助于验证蒙版是否正确覆盖了水印区域，以确保训练集的准确性。可视化预处理结果如图 13-2 所示。

图 13-2 可视化预处理结果

3. 模型配置与训练准备

1）设备配置：根据系统的硬件支持设置计算设备（CPU、CUDA、MPS），优化运行效率。

2）模型实例化：实例化 Skip Encoder-Decoder 模型。这是一个复杂的编码器-解码器网络，结合了跳跃连接和深度可分离卷积，能有效地处理图像中的详细特征，并在去水印过程中重建损失或被遮盖的图像内容。

3）训练准备。

- 损失函数：使用均方误差（MSE）作为损失函数，用来衡量去水印图像与原始图像在水印蒙版标识区域的像素差异。

```
objective = torch. nn. MSELoss( ). type( DTYPE). to( device)
```

- 优化器：采用 Adam 优化器进行参数优化。Adam 优化器因其自适应学习率调整而被广泛用于训练深度学习模型。

```
optimizer =optim. Adam( generator. parameters( ) , lr)
```

4. 训练执行与可视化

- 输入准备：将图像和蒙版的 NumPy 数组转换为 PyTorch 张量（使用 np_to_torch_array ( ) 函数)。
- 噪声添加：生成与输入图像形状相匹配的噪声作为网络的输入，噪声的维度由 input-depth 参数决定。这一步骤是为了提高模型对细节的学习能力，尤其是在去水印区域。
- 迭代训练：在每次迭代中，将蒙版区域应用到网络输出上，计算损失并通过反向传播更新模型权重。同时，每隔一定步数通过 visualize_sample( ) 函数可视化当前去水印的效果。
- 保存结果：训练完成后，最终去水印的图像通过 torch_to_np_array( ) 函数转换并保存为文件。

5. 模型测试

首先，进入 reference. py 文件，设置模型参数，包括带有水印的图像路径、水印蒙版路径、学习率、训练步数等。随后，右键选择“Run 'inference'”即可开始测试模型。若不设置相应的参数，则会有一个默认值。

```
# 添加参数：带有水印的图像路径
parser.add_argument('--image-path', type = str,
                    default = './data/watermark-unavailable/watermarked/watermarked3.jpg', help = 'Path to the "watermarked"
# 添加参数：水印蒙版路径
parser.add_argument('--mask-path', type = str,
                    default = './data/watermark-unavailable/masks/mask3.png', help = 'Path to the "watermark" image.')

# 添加参数：噪声输入的深度（通道维度）
parser.add_argument('--input-depth', type = int,
                    default = 32, help = 'Max channel dimension of the noise input. Set it based on gpu/device memory you ha

# 添加参数：学习率
parser.add_argument('--lr', type = float,
                    default = 0.01, help = 'Learning rate.')

# 添加参数：训练步数
```

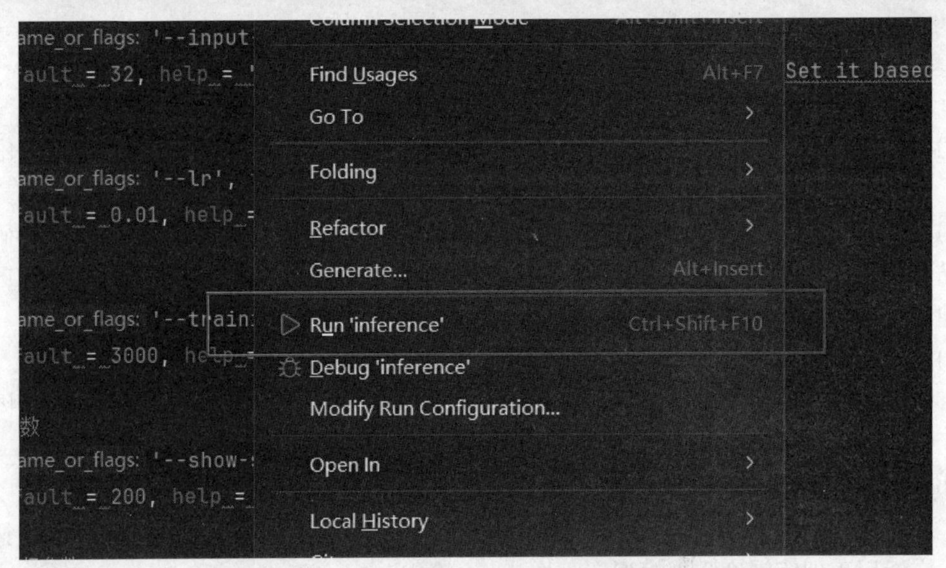

模型训练过程如图 13-3 所示。

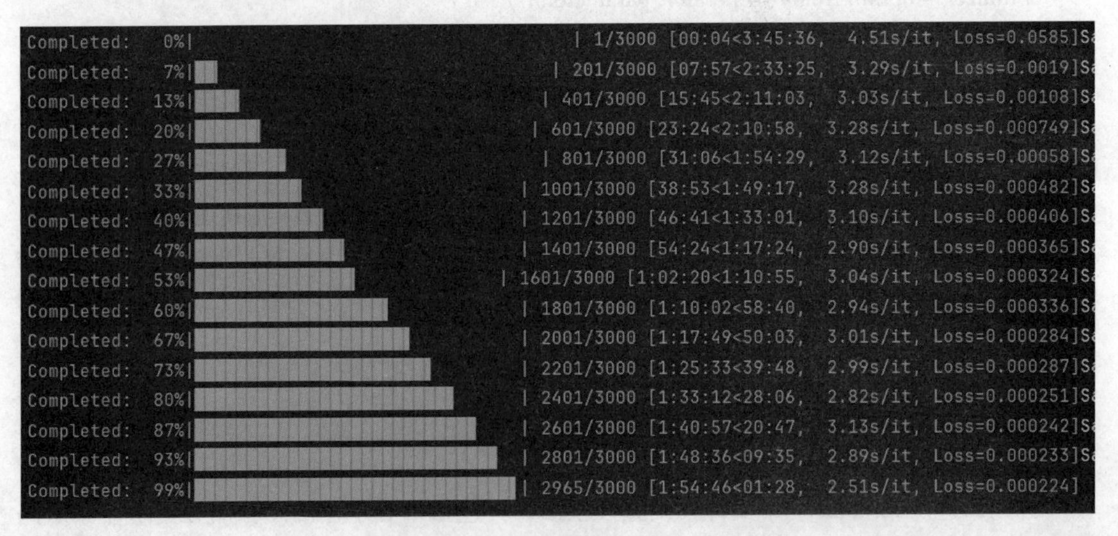

图 13-3　模型训练过程

模型的训练结果如图 13-4 所示。

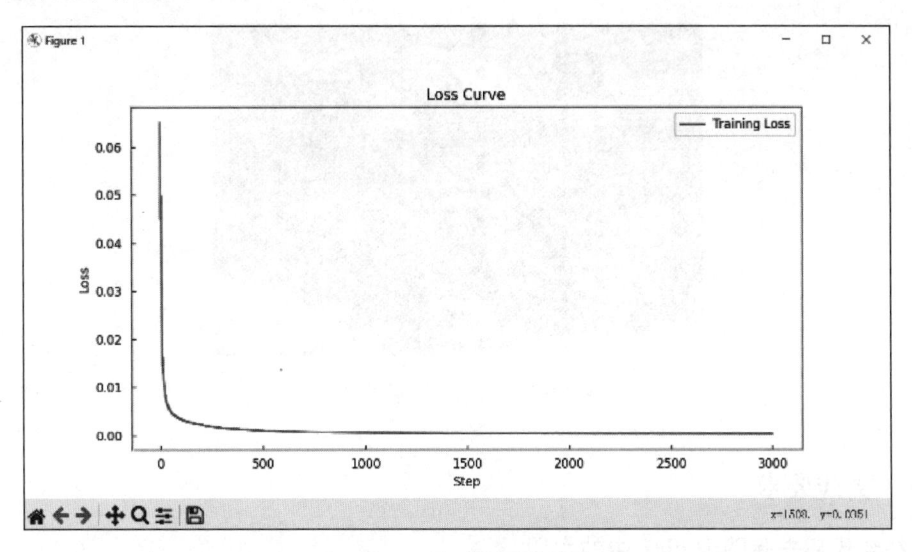

图 13-4　模型的训练结果

13.2.5　实践结果

加了水印的原始图像如图 13-5 所示。

图 13-5　原始图像

水印蒙版如图 13-6 所示。

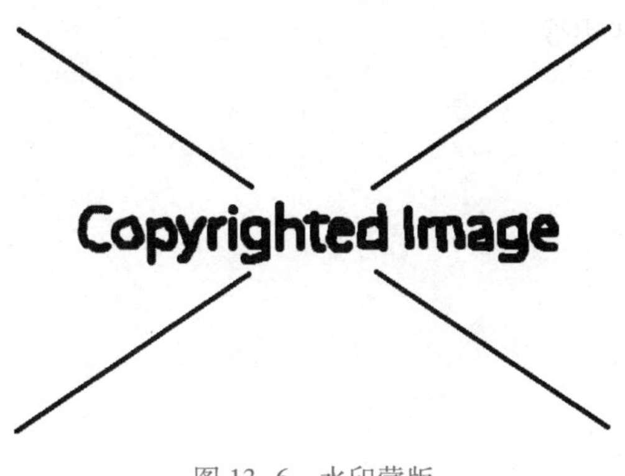

图 13-6　水印蒙版

去除水印后的图像如图 13-7 所示。

图 13-7　去除水印后的图像

13.2.6　实践要求

1. 补全代码去除图像 pic1 中的水印

1）调整 max-dim 参数以确保它既不降低图像的质量，也不过分拖慢训练速度。可以根据 pic1 图像的尺寸和细节选择适当的值。

2）将训练迭代次数 training-steps 设置为 3000。

2. 添加函数绘制损失值变化图像

使用 Matplotlib 库绘制损失值的折线图，以可视化训练过程中损失值的变化。

3. 更换损失函数（此项为扩展内容，可以不做）

将 MSE 损失函数替换为另一种损失函数，并比较两种损失函数的效果。

13.2.7　参考代码

本实践的 Python 语言参考源代码见本书的配套资源。

13.3　习题

1. 什么是水印？
2. 图像水印的作用是什么？
3. 常用的图像去除水印的方法有哪些？
4. 去除水印面临哪些挑战？

第 14 章　语音合成原理与实践

语音合成指的是一种能够利用给定输入合成语音的技术，即文本到语音（Text-to-Speech，TTS）或语音到语音转换（Voice Conversion，VC）方法。本章主要介绍人工智能合成音频技术、Tacotron 模型、梅尔频谱图、长短期记忆网络、混合注意力机制等，在实践环节主要介绍基于 Tacotron2 的语音合成系统。

知识与能力目标

1）认知人工智能合成音频技术。

2）了解 Tacotron 模型。

3）了解梅尔频谱图。

4）了解长短期记忆网络。

5）了解混合注意力机制。

6）了解编码器-解码器结构。

7）掌握基于 Tacotron2 的语音合成方法。

扫码看视频

14.1　知识要点

人工智能合成音频技术（简称语音合成技术）是一种深度伪造技术，它可以克隆一个人的声音，并生成这个人从未说过的话。TTS 方法可以从给定的输入文本合成自然的说话人声音，而 VC 方法则通过修改源说话人的音频波形，使其听起来像目标说话人的声音，同时保持语音内容不变。本节主要介绍人工智能合成音频时用到的相关技术。

14.1.1　人工智能合成音频技术概述

在 2022 年某卫视跨年晚会上，一身优雅红色裙装的邓丽君（数字人）与某歌星（真人）一起演绎了《小城故事》《漫步人生路》《大鱼》3 首歌，让许多观众直呼感动。无论是形象还是声音，数字人的还原程度都非常高，更有许多人惊叹，如今数字人技术已经到了如此高的地步。实现数字人最重要的技术之一就是人工智能合成音频技术。

语音合成技术是一种深度伪造技术，它可以克隆一个人的声音，并生成这个人从未说过的话。目前，语音合成主要采用以下两种方法。

1）级联方法：将语音片段分割成小片段，然后将其串联成新的语音片段。这种方法由于具有不可扩展性和不一致性的缺点，逐渐被淘汰。

2）参数化方法：从给定的文本输入中提取声学特征，并使用声码器将其转换为音频信号。随着参数化模型性能的提高和深度神经网络的实现，使其成为主流技术。

语音合成技术主要包括两个步骤：文本分析和声音合成。文本分析阶段涉及将输入的文本转换为语音合成的内部表示，包括文本规范化、词性标注、语义解析等。声音合成阶段则是将这些内部表示转换为声音波形，最终输出人类可听的语音。目前，主流的方法是基于深度学习的语音合成方法。

语音合成流水线包含文本前端（Text Frontend）、声学模型（Acoustic Model）和声码器（Vocoder）三个主要模块。通过文本前端模块将原始文本转换为字符/音素；通过声学模型将字符/音素转换为声学特征，如线性频谱图、梅尔频谱图、LPC 特征等；通过声码器将声学特征转换为波形。语音合成基本流程如图 14-1 所示。

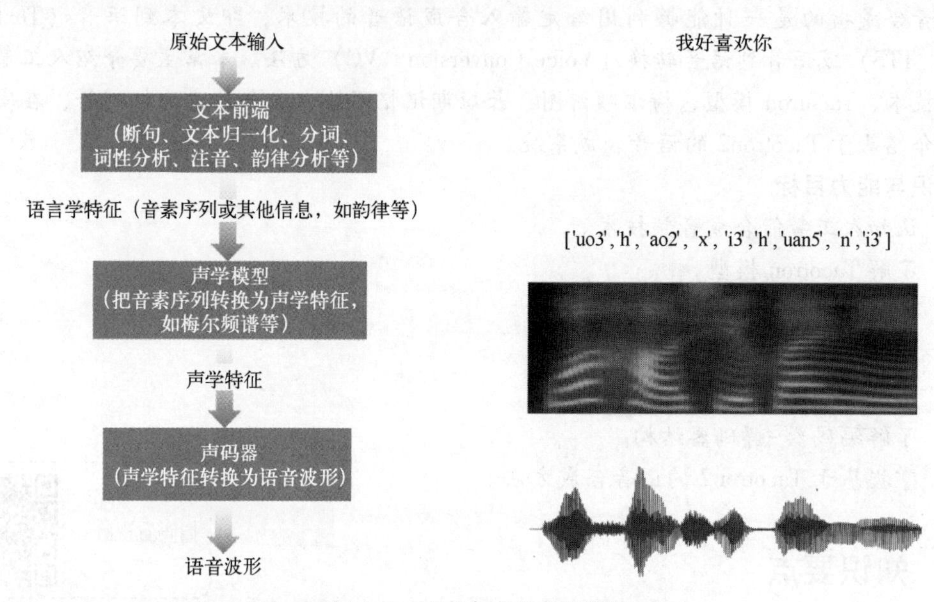

图 14-1　语音合成基本流程图

语音合成技术已经在多个领域取得了显著成果，为人们带来了许多便利和创新，这些领域如下。

1）电视和电影的自动配音：为影视作品自动生成配音，减少了人工配音的成本和时间。

2）聊天机器人和人工智能助理：为聊天机器人和人工智能助理生成自然的对话语音。

3）文本阅读器：将书籍或其他文本内容转换为语音，方便用户通过听觉获取信息。

4）语音障碍人士：为有语音障碍的人士提供个性化的合成语音，方便与他人进行交流。

14.1.2　Tacotron 模型概述

在语音合成技术领域，目前应用较为广泛的是 Tacotron 系统。2017 年 3 月，Google 提出了一种新的端到端的语音合成系统 Tacotron。该系统可以接收字符输入并输出相应的原始频谱图，然后将其提供给 Griffin-Lim 重建算法直接生成语音。

Tacotron 模型是首个真正意义上的端到端 TTS 深度神经网络模型。与传统语音合成相比，它没有复杂的语音学和声学特征模块，而是仅用<文本序列，语音声谱>配对数据集对神经网络进行训练，因此简化了很多流程。然后，Tacotron 使用 Griffin-Lim 算法对网络预测的幅度谱进行相位估计，再接一个短时傅里叶（Short-Time Fourier Transform，STFT）逆变换，实现端到端语音合成的功能。Tacotron 的总体架构如图 14-2 所示。

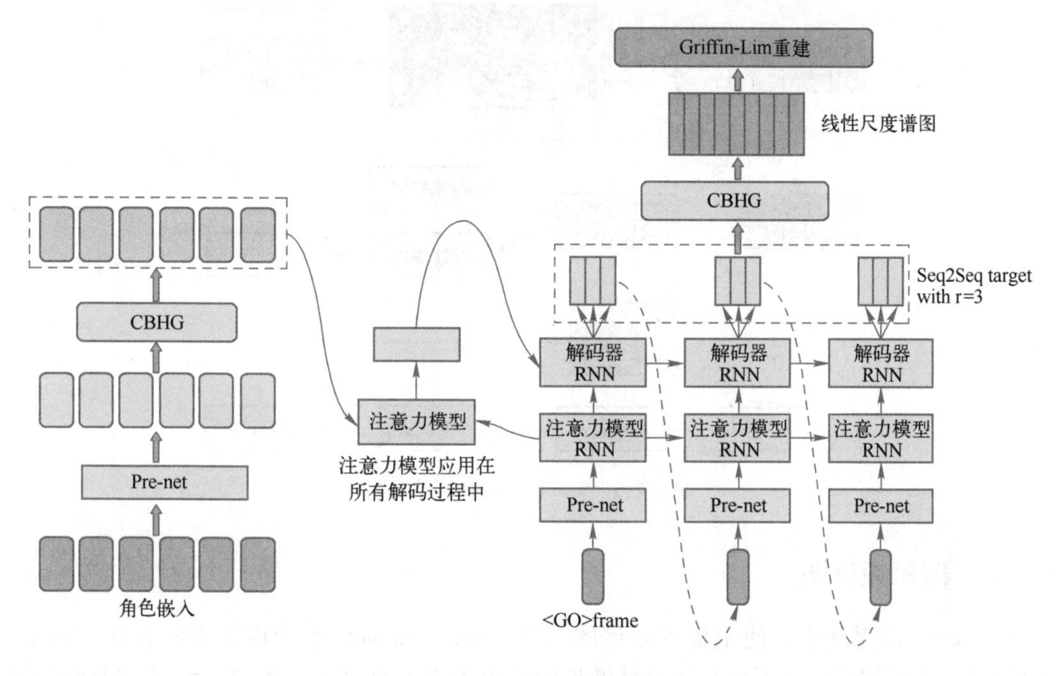

图 14-2　Tacotron 的总体架构

Tacotron 系统是一个带有注意力机制（Attention Mechanism）的序列到序列（Sequence-to-Sequence，Seq2Seq）生成模型，它包括一个基于内容的注意力模型的解码器模块和一个编码器模块，在后面还有一个后处理网络。编码器将输入文本序列的所有字符映射到离散的独热编码向量上，再将它编码到低维连续的嵌入（Embedding）形式，用来提取文本的鲁棒序列表示。解码器的功能是将文本嵌入（Text Embedding）解码成为语音的帧。Tacotron 系统使用梅尔刻度声谱作为预测内容的输出；基于内容的注意力模块用来学习如何对齐语音帧和文本序列。序列中的所有字符编码对应多个语音帧，并且相邻的语音帧通常也具有相关性。后处理网络主要用来将 Seq2Seq 模型输出的声谱转换成目标音频的波形。Tacotron 系统先将预测频谱的振幅进行提高（谐波增强），然后使用 Griffin-Lim 算法估计它的相位，进而再合成波形。除此之外，Tacotron 系统还特别使用了 CBHG 模块，它由一维卷积滤波器（1D-Convolution Bank）、循环神经网络（Recurrent Neural Network，RNN）、双向门控递归单元（Bidirectional GRU）和高速公路网络（Highway Network）组成，用来从序列中提取高层次特征。

Tacotron 后来研究出改进版 Tacotron2。Tacotron2 系统去除了 CBHG 模块，更改为使用长短期记忆网络（Long Short-Term Memory，LSTM）和卷积层来代替 CBHG。因为使用 Griffin-Lim 算法合成的音频会带着人工合成的痕迹，并且语音质量相对较低，在后处理网络中 Tacotron2 系统使用可训练的 WaveNet 声码器代替了原来的 Griffin-Lim 算法。Tacotron2 系统的语音合成真实度更加优秀（在 MOS 测试中，结果达到 4.526 分，与真人声音非常接近）。Tacotron2 的模型结构如图 14-3 所示。

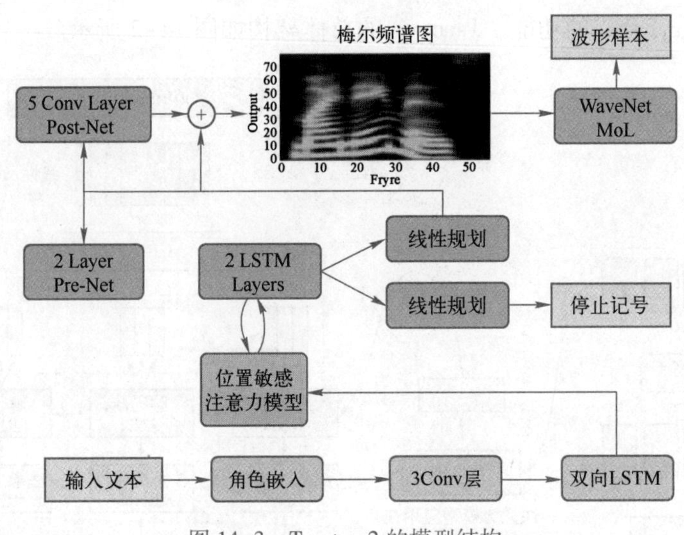

图 14-3　Tacotron2 的模型结构

14.1.3　梅尔频谱图

在 Tacotron2 系统中，使用梅尔频谱图（Mel Spectrogram）作为声学表示方法。由于声音信号是一维时域信号，不容易从时域波形中看出频率变化规律。若进行直接的时频变换，如通过快速傅里叶变换（Fast Fourier Transform，FFT）将时域波形转换到相应频域上，虽然能显示信号的频率分布，但也相应地丢失了时域相关的一些信息，不能很好地表示声音信号中频率分布随时间的变化规律。为了解决该问题，研究人员提出了很多时频域分析方法，这其中最具代表性的算法是 STFT。STFT 公式为

$$F(\omega,t)=\int_{-\infty}^{\infty}f(\tau)h(\tau-t)e^{-j\omega t}d\tau$$

式中，$f(t)$为原时域信号，$h(t)$表示窗函数。这个公式假设信号在短时间内是平稳不变的，通过对长信号进行分帧、加窗，然后对每一帧做 FFT，再将结果沿某一维度堆叠，这样就会得到图像形式的二维信号表示。如果原时域信号是音频波形，则通过 STFT 变换就可以得到声谱图。

14.1.4　长短期记忆网络

在语音合成领域，由于输入语句的某处发音通常决定于其上下文内容，因此建模时需要关注长时间跨度的序列信息。卷积神经网络属于前向神经网络，即是单向的输入到输出映射，无法很好地获取时序相关信息。因此，在建模具有时间跨度的序列特征时，通常使用的结构是 RNN。RNN 是一类具有循环连接结构的网络，它能够记忆之前时刻输入的信息并将其存储在记忆单元中，在计算时将综合处理当前时刻的输入序列与之前的记忆内容再输出，完成输入序列到输出序列的建模。但一般的 RNN 结构，由于梯度消失问题，能捕获到的上下文内容是有范围限制的，故使用长短期记忆（LSTM）网络。LSTM 网络内部的核心构件记忆单元如图 14-4 所示。记忆单元内部由胞状态（Cell State）、输入门（Input Gate）、输出门（Output Gate）、遗忘门（Forget Gate）这 4 个部件构成。

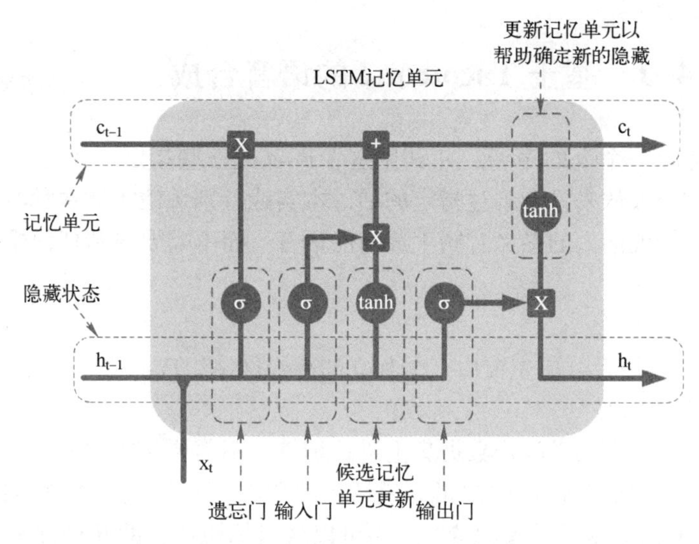

图 14-4　LSTM 网络内部的核心构件记忆单元

14.1.5　混合注意力机制

注意力机制是一种人类大脑信号处理方法，被人类大脑用来快速筛选关键信息，它可以提高人类对信息处理的效率与准确性。注意力机制也常被用于深度学习的序列到序列模型中，使得模型能够关注到输入序列的关键信息。在文本到语音合成的过程中，注意力机制可以起到关键作用。它通过为序列中的每个元素赋予不同的权重，从而使得模型对序列的各个部分的关注程度不同，更关注于与合成内容更为密切相关的部分。此外，注意力机制还会关注输入序列与输出序列间可能存在的关联关系，在文本到语音合成任务中被用于对齐输入的文本序列与输出的语音序列。

注意力机制有很多种，在 Tacotron2 中使用的是混合注意力机制（Hbrid Attention），它将基于内容的注意力机制（Content-based Attention）与基于位置的注意力机制（Location-based Attention）有效地结合起来。

14.1.6　编码器-解码器结构

在语音合成系统中，输入序列（文本）与输出序列（音频）的长度往往是不一致的，不能直接将输入序列的每个字符与目标发音进行一一对应，为此需使用编码器-解码器（Encoder-Decoder）结构。其中，编码器主要用于对输入文本序列的信息进行提取并压缩成固定长度的上下文向量，作为输入文本的编码表示形式；解码器利用编码器输出的上下文向量，经过一定的变换得到相应的目标输出序列。

14.1.7　声码器

声码器（Vocoder）在人工语音合成中经常被用于将生成的语音特征转换为所需要的语音波形。在 Tacotron2 中，由于前端的神经网络所预测出的梅尔频谱图只包含幅值信息，而缺乏相应的相位信息，系统难以直接通过短时傅里叶变换（STFT）的逆变换将梅尔频谱图还原为相应的声音波形文件。因此，系统需要使用声码器进行相应的相位估计，并将梅尔频谱图转换为语音波形。

14.2 实践 14-1 基于 Tacotron2 的语音合成

扫码看视频

本实践能够克隆一个人的声音，并利用这个声音说一些指定的话，但事实上这个人从来没有说过指定的话。本实践特别关注零样本学习设置，即仅使用几秒钟未转录的目标说话人的参考音频生成新的语音，而不需要更新任何模型参数。

14.2.1 系统结构

基于 Tacotron2 的语音合成主要由三个独立的神经网络组成。

1. 说话人编码器网络

在包含数千名说话人的带噪声数据集上进行训练，不需要文本数据。它可以利用几秒钟的语音生成一个代表说话人特征的向量。说话人编码器用于生成一个固定维度的嵌入向量（d-vector），这个向量表示说话人的特征。它可以从目标说话人的几秒钟参考语音中提取出这些特征。

（1）流程

输入：一段目标说话人的参考语音。

处理：将语音信号转换为 40 通道的 log-mel 频谱图（log_mel 是在 mel 的基础上进行了对数变换），并将其输入到编码器网络中。

输出：生成一个固定长度的嵌入向量，捕捉说话人的特征。

（2）训练方法（了解）

数据集：在一个包含数千名说话人的带噪声数据集上进行训练，这些数据集不需要文本转录。

网络架构：采用包含 3 层 LSTM 的神经网络，每层有 768 个单元，最后一层投影到 256 维。输出通过 L2 正则化生成最终的嵌入向量。

训练目标：使用广义端到端说话人验证损失函数，使得同一说话人的语音片段的嵌入向量之间余弦相似度高，不同说话人的语音片段的嵌入向量之间余弦相似度低。

2. 基于 Tacotron2 的序列到序列合成器

利用说话人特征向量，从文本生成梅尔频谱图（Mel Spectrogram），用来表示音频信号的频率内容的图像。合成器根据输入文本和说话人编码器生成的嵌入向量生成高质量的梅尔频谱图。

（1）流程

输入：文本序列（音素或字母序列）和说话人嵌入向量（由说话人编码器得到）。

处理：将文本转换为音素序列并作为文本编码器的输入，然后将说话人嵌入向量与文本编码器生成的文本表示在每个时间步上结合起来。通过注意力机制，将结合了说话人特征的文本信息映射到梅尔频谱图上。

输出：生成与目标说话人特征相匹配的梅尔频谱图。

（2）训练方法

数据集：使用带有转录文本和相应目标语音的数据进行训练。

网络架构：基于 Tacotron2 的架构，包含序列到序列模型和注意力机制。

训练目标：使用预训练的说话人编码器提取目标语音的说话人嵌入向量，合成器网络根据这些嵌入向量生成梅尔频谱图。训练过程中使用 L1 和 L2 损失函数对预测的频谱图进行优化，使预测的频谱图尽可能接近目标频谱图（训练前生成）。

梅尔频谱图是音频信号的频率域表示，显示音频信号在不同时间点上的频率强度，如图 14-5 所示。

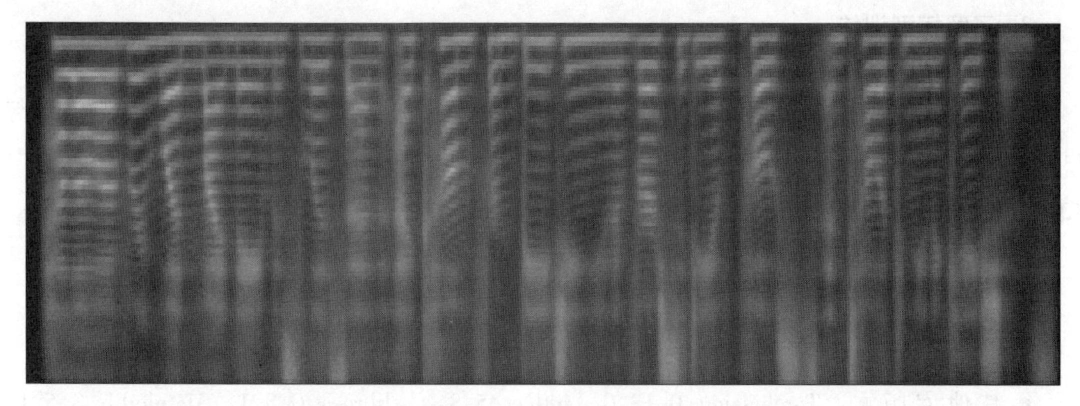

图 14-5 梅尔频谱图

- 时间轴（横轴）：横坐标表示时间，从左到右表示时间从音频开始到结束。
- 频率轴（纵轴）：纵坐标表示频率，从下到上表示频率从低到高。
- 颜色：颜色表示在特定时间和特定频率下音频信号的强度。颜色越亮，信号就越强。

3. 基于 WaveNet 的自回归声码器

将梅尔频谱图转换为时域波形（时域波形表示音频信号随时间变化的图形，是音频信号的原始形式），生成最终的语音信号。声码器将合成器生成的梅尔频谱图转换为时域波形，生成最终的语音信号。

（1）流程

输入：梅尔频谱图。

处理：使用自回归模型逐样本生成音频波形。

输出：时域波形的语音信号。

（2）训练方法

数据准备：使用包含多名说话人的语音数据。这些数据与合成器使用的数据类似，每段语音都有对应的频谱图。

网络架构：使用 WaveNet，它是一种强大的生成模型，通过自回归的方式逐样本地生成音频信号。

训练目标：WaveNet 将输入的频谱图转换成实际的音频波形，使用损失函数衡量生成的音频波形与目标音频波形之间的差异并对模型进行优化，使其从频谱图中重建出高质量的声音。

14.2.2 实践目标

1. 学习和理解语音合成模型的基本原理

1）了解从文本到语音的转换过程，包括文本编码、说话人特征提取、频谱图生成和波形重建。

2）掌握 Tacotron2 和 WaveNet 模型的架构、工作原理及其在语音合成中的应用。

2. 实现和理解 TTS 系统

1）实现说话人编码器模型，从短时语音片段中提取固定长度的说话人嵌入向量。

2）实现 Tacotron2 模型，将输入的文本和说话人嵌入向量转换为梅尔频谱图。

3）实现 WaveNet 模型，将生成的梅尔频谱图转换为高质量的时域音频波形。

3. 了解模型训练

1）了解如何准备训练数据，包括文本-语音对和梅尔频谱图。

2）了解如何应用损失函数（如 L1 损失函数和 L2 损失函数）来衡量生成的音频波形与目标音频波形之间的差异。

14.2.3 实践环境

- Python 版本：3.9 或更高版本。
- 深度学习框架：PyTorch 2.3.0。
- 运行平台：PyCharm。
- 其他库版本：Torchvision 0.18.0，inflect 5.3.0，librosa 0.8.1，Matplotlib 3.5.1，NumPy 1.20.3，Pillow 8.4.0，PyQt 55.15.6，Scikit-Learn 1.0.2，SciPy 1.7.3，Sounddevice 0.4.3，SoundFile 0.10.3.post1，tqdm 4.62.3，umap-learn 0.5.2，Unidecode 1.3.2，urllib 31.26.7，Visdom 0.1.8.9，WebRTCVAD 2.0.10。
- 数据集：使用本地 MP3 数据集，数据集中包括说话人 1 和说话人 2（Person1 和 Person2）的具体测试音频信息。

14.2.4 实践步骤

1. 下载安装包

在命令行或终端中使用下面的指令进行安装。

```
1  pip install torch==2.3.0 torchvision==0.18.0
2  pip install -r requirements.txt
```

2. 编写 Encoder（编码器）文件夹下的 inference.py 文件

inference.py 文件用于执行音频嵌入的推理任务，特别是对语音进行特征提取和生成嵌入向量。该代码使用了预训练的 SpeakerEncoder 模型，输入音频片段，生成用于说话人识别等任务的嵌入向量。

第 1 步： 导入第三方库。

导入 params_data 模块中的所有内容。导入 SpeakerEncoder 模型类用于后续的语音编码任务。导入 matplotlib.cm 模块的 cm 对象用于可视化时的颜色映射。导入 audio 模块包含音频处理功能（如音频转梅尔频谱图）。导入 Path 类用于处理文件路径。导入 numpy 模块用于数值计算和数组操作。导入 torch 模块用于深度学习计算。

```
from encoder.params_data import *
from encoder.model import SpeakerEncoder
from matplotlib import cm
from encoder import audio
from pathlib import Path
import numpy as np
import torch
```

第 2 步： 初始化全局变量。

encoder_model 用于存储加载的语音编码器模型。device 用于存储推理时使用的计算设备（CPU 或 GPU）。

```
encoder_model = None
device = None
```

第 3 步： 定义加载预训练模型函数。

1）定义 load_model( ) 函数，接收权重文件路径 weights_path 和计算设备 compute_device 作为输入。随后，声明使用全局变量 encoder_model 和 device。

```
def load_model(weights_path: Path, compute_device=None):
    global encoder_model, device
```

2）如果没有指定计算设备，则自动检测是否有 GPU（CUDA），若有则使用 GPU，否则使用 CPU。

```
if compute_device is None:
    device = torch.device("cuda" if torch.cuda.is_available() else "cpu")
```

3）如果 compute_device 是字符串类型（如'cpu'或'cuda'），则根据指定设备进行设置。

```
elif isinstance(compute_device, str):
    device = torch.device(compute_device)
```

4）初始化 SpeakerEncoder 模型，将模型加载到指定的设备（如 GPU）。随后，加载预训练模型的权重文件，并将其加载到计算设备 device。使用加载的权重文件更新模型的状态，即恢复模型的参数。将模型设置为评估模式，以确保模型不会在推理时进行梯度计算。

```
encoder_model = SpeakerEncoder(device, torch.device("cpu"))
checkpoint = torch.load(weights_path, device)
encoder_model.load_state_dict(checkpoint["model_state"])
encoder_model.eval()
```

第 4 步： 定义检查模型是否加载函数。

定义 is_model_loaded( ) 函数，返回布尔值，检查 encoder_model 是否已经被加载。如果 encoder_model 不为 None，则表示模型已经加载，返回 True，否则返回 False。

```
def is_model_loaded():
    return encoder_model is not None
```

第 5 步： 定义推理音频帧嵌入函数。

1）定义 embed_frames_batch( ) 函数，用于将输入的音频帧批量生成嵌入向量。如果模型未加载，抛出异常提示，则要求先加载模型。

```
def embed_frames_batch(frames_batch):
    if encoder_model is None:
        raise Exception("Model was not loaded. Call load_model() before inference.")
```

2）将输入的音频帧从 numpy 数组转换为 PyTorch 张量，并将其发送到指定的设备。随后，调用模型的 forward( ) 方法，生成嵌入向量，使用 detach( ) 方法将张量从计算图中分离，转移到 CPU，并将其转换回 numpy 数组格式。返回生成的音频帧嵌入向量。

```
frames = torch.from_numpy(frames_batch).to(device)
embeddings = encoder_model.forward(frames).detach().cpu().numpy()
return embeddings
```

第 6 步：定义计算音频片段切片函数。

1）定义 compute_partial_slices( ) 函数，输入参数包括音频样本数 num_samples、帧数 num_frames、最小填充覆盖率 min_pad_coverage 以及重叠率 overlap。随后，使用 assert 语句，确保 overlap、min_pad_coverage 介于 0~1。

```
def compute_partial_slices(num_samples, num_frames=partials_n_frames, min_pad_coverage=0.75, overlap=0.5)
    assert 0 <= overlap < 1
    assert 0 < min_pad_coverage <= 1
```

2）根据采样率和梅尔频谱图窗口步长，计算每帧对应的采样点数。随后，计算总帧数，将音频样本数除以每帧采样点数并向上取整。最后，根据帧重叠率 overlap 计算帧步长，确保步长至少为 1。

```
samples_per_frame = int((sampling_rate * mel_window_step / 1000))
num_frames_total = int(np.ceil((num_samples + 1) / samples_per_frame))
frame_step = max(int(np.round(num_frames * (1 - overlap))), 1)
```

3）初始化两个空列表，用于存储音频和梅尔频谱图的切片范围。随后计算步数 steps，确保至少进行一次切片。

```
wav_slices, mel_slices = [], []
steps = max(1, num_frames_total - num_frames + frame_step + 1)
```

4）在循环中，根据步长逐步切分音频片段，计算梅尔频谱图和音频切片的范围，并将切片范围添加到相应的列表中。

```
for i in range(0, steps, frame_step):
    mel_range = np.array([i, i + num_frames])
    wav_range = mel_range * samples_per_frame
    mel_slices.append(slice(*mel_range))
    wav_slices.append(slice(*wav_range))
```

5）首先，从 wav_slices 列表中获取最后一个元素，并将其赋值给变量 last_wav_range。随后，计算最后一个音频切片的覆盖率，判断其是否足够长。

```
last_wav_range = wav_slices[-1]
coverage = (num_samples - last_wav_range.start) / (last_wav_range.stop - last_wav_range.start)
```

6）如果最后一个切片的覆盖率小于最小覆盖率，并且有多个切片，则移除最后一个切片。最后，返回音频和梅尔频谱图的切片范围列表。

```
if coverage < min_pad_coverage and len(mel_slices) > 1:
    mel_slices = mel_slices[:-1]
    wav_slices = wav_slices[:-1]
return wav_slices, mel_slices
```

第 7 步：定义生成音频的嵌入向量函数。

1）定义 embed_utterance( ) 函数，用于对输入的语音生成嵌入向量。如果不使用切片，将音频转换为梅尔频谱图并批量生成嵌入向量。如果需要返回切片，则返回嵌入向量、None；否则直接返回嵌入向量。

```
def embed_utterance(waveform, use_partials=True, return_partials=False, **kwargs):
    if not use_partials:
        frames = audio.wav_to_mel_spectrogram(waveform)
        embedding = embed_frames_batch(frames[None, ...])[0]
        if return_partials:
            return embedding, None, None
        return embedding
```

2）首先，计算音频切片的范围，根据波形数据 waveform 的长度和其他关键字参数，计算出一组关于波形数据和梅尔频谱图的切片信息。然后，根据切片范围对音频进行填充，以确保切片后的音频长度足够。

```
wav_slices, mel_slices = compute_partial_slices(len(waveform), **kwargs)
max_wave_length = wav_slices[-1].stop
if max_wave_length >= len(waveform):
    waveform = np.pad(waveform, (0, max_wave_length - len(waveform)), "constant")
```

3）首先，将音频 waveform 转换为对应的梅尔频谱图 frames。随后，提取梅尔切片，根据计算的梅尔频谱图切片范围 mel_slices，从梅尔频谱图中提取对应的帧，形成批量的 frames_batch。

```
frames = audio.wav_to_mel_spectrogram(waveform)
frames_batch = np.array([frames[s] for s in mel_slices])
```

4）首先，调用 embed_frames_batch( )，将提取的梅尔频谱帧输入模型，生成完整的嵌入向量 partial_embeddings。然后计算平均嵌入。对所有生成的部分嵌入向量 partial_embeddings 取平均，得到整个音频的嵌入向量 raw_embedding。

```
partial_embeddings = embed_frames_batch(frames_batch)
raw_embedding = np.mean(partial_embeddings, axis=0)
```

5）如果 return_partials 为 True，则返回完整嵌入向量 raw_embedding、部分嵌入向量 partial_embeddings 和音频切片 wav_slices。否则，只返回完整的嵌入向量 raw_embedding。

```
if return_partials:
    return embedding, partial_embeddings, wav_slices
return embedding
```

第 8 步：定义未实现的嵌入函数。

嵌入函数有两个参数：waveforms 是音频波形的输入，kwargs 是一个可变关键字参数，用于在函数中传递不同的配置或选项。随后是一条异常抛出语句，表示该函数尚未实现。如果有人调用此函数，程序将抛出 NotImplementedError 异常，提示此功能还未编写。

```
def embed_speaker(waveforms, **kwargs):
    raise NotImplementedError()
```

第 9 步：定义绘制嵌入热力图函数。

1）参数 embedding 是要绘制的嵌入向量，ax 表示 matplotlib 的子图轴对象；title 用于为图像指定标题；shape 用于指定嵌入向量在热力图中的形状；color_range 用于定义颜色范围。随后，导入 matplotlib 的 pyplot 模块用于绘制图像。如果 ax 为 None，则使用 plt. gca( ) 获取当前的子图轴对象。

```
def plot_embedding_as_heatmap(embedding, ax=None, title="", shape=None, color_range=(0, 0.30)):
    import matplotlib.pyplot as plt
    if ax is None:
        ax = plt.gca()
```

2）计算嵌入向量的形状：如果没有指定嵌入向量的形状 shape，则根据嵌入向量的长度计算一个接近方形的二维形状。

```
if shape is None:
    height = int(np.sqrt(len(embedding)))
    shape = (height, -1)
```

3）将一维的嵌入向量 embedding 重新调整为二维形状，便于后续以热力图的形式进行可视化。然后，使用 cm. get_cmap( ) 函数获取默认的颜色映射表（colormap）。随后，使用 ax. imshow( ) 函数在指定的轴 ax 上显示嵌入向量的二维数组。最后，使用 plt. colorbar( ) 函数为热力图添加一个颜色条 cbar。

```
embedding = embedding.reshape(shape)
cmap = cm.get_cmap()
mappable = ax.imshow(embedding, cmap=cmap)
cbar = plt.colorbar(mappable, ax=ax, fraction=0.046, pad=0.04)
```

4）创建一个新的 ScalarMappable 对象 sm，并设置其颜色范围 color_range。随后，移除 x 轴和 y 轴上的刻度，使得图像没有多余的坐标信息。最后，使用 ax. set_title( ) 方法为图像添加标题。

```
sm = cm.ScalarMappable(cmap=cmap)
sm.set_clim(*color_range)
ax.set_xticks([]), ax.set_yticks([])
ax.set_title(title)
```

3. 编写 synthesizer（合成器）文件夹下的 inference. py 文件

inference. py 文件实现了一个基于 Tacotron 模型的文本到语音合成器类 TextToSpeechSynthesizer。它主要负责加载训练好的 Tacotron 模型并使用它将文本输入转换为音频的梅尔频谱图。该文件还提供了多个辅助函数来加载模型、处理音频文件、生成梅尔频谱图以及处理输入数据的填充操作。

第 1 步： 导入第三方库。

导入 torch 库用于定义、训练和推理模型。从自定义的 synthesizer 模块中导入 audio，用于处理音频文件、生成和转换梅尔频谱图。从 synthesizer. hparams 中导入模型的超参数。导入 Tacotron 用于将文本序列转换为梅尔频谱图。导入 symbols 来处理符号列表，通常是字母、数字或其他文本字符。导入 text_to_sequence 用于将字符串形式的文本转换为模型可处理的序列表示。导入 Path，pathlib 模块中的 Path 类用于处理文件路径。导入 numpy 用于数值计算。导入 librosa 音频处理库，用于加载、处理和分析音频文件，生成波形数据。

```
import torch
from synthesizer import audio
from synthesizer.hparams import hparams
from synthesizer.models.tacotron import Tacotron
from synthesizer.utils.symbols import symbols
from synthesizer.utils.text import text_to_sequence
from pathlib import Path
from typing import Union, List
import numpy as np
import librosa
```

第 2 步： 定义 Text To Speech Synthesizer 类。

Text To Speech Synthesizer 类用于将文本输入转换为音频输出。然后，从超参数中获取音频的采样率，并将其设为类变量。采样率是音频的基本特性，决定了音频的质量。最后，将所有模型的超参数存储为类的一个静态变量，以便在类中可以随时访问这些参数。

```
class TextToSpeechSynthesizer:
    sample_rate = hparams.sample_rate
    hyperparameters = hparams
```

第 3 步： 初始化合成器。

1）初始化参数。将模型路径存储为对象属性，用于之后加载模型。然后，设置一个标志，控制是否在运行过程中输出详细信息。

```
def __init__(self, model_path: Path, verbose=False):
    self.model_path = model_path
    self.verbose = verbose
```

2）检查系统是否有可用的 GPU。根据检查结果，设置 self. device 为 cuda 或 cpu，决定是否使用 GPU 进行加速计算。

```
if torch.cuda.is_available():
    self.device = torch.device("cuda")
else:
    self.device = torch.device("cpu")
if self.verbose:
    print("Synthesizer using device:", self.device)
self.model = None
```

3）打印设备信息。如果 verbose 为 True，会输出当前选择的计算设备，以便调试时了解模型运行在什么硬件上。最后，将模型对象初始化为 None，确保模型在调用 load_model( ) 之前为空。

```
def is_model_loaded(self):
    return self.model is not None
```

第 4 步：定义检查模型是否已加载函数。

该函数与 Encoder 文件夹下的 inference. py 文件中的第 4 步类似，此处不再赘述。

第 5 步：定义加载模型函数。

1）模型初始化。这里使用从 hparams 中获取的各项超参数来创建 Tacotron 模型实例，embed_dims 嵌入维度表示文本符号的嵌入向量的维数。num_chars 表示模型的输入字符的总数。encoder_dims 和 decoder_dims 表示编码器和解码器的维度，用于定义输出和内部的特征维度。n_mels 表示梅尔频谱图的数量，定义了模型的输出音频特征。其他超参数（如 dropout、num_highways、postnet_dims）可以影响模型的架构设计和正则化手段。

```
def load_model(self):
    self.model = Tacotron(embed_dims=hparams.tts_embed_dims,
                          num_chars=len(symbols),
                          encoder_dims=hparams.tts_encoder_dims,
                          decoder_dims=hparams.tts_decoder_dims,
                          n_mels=hparams.num_mels,
                          fft_bins=hparams.num_mels,
                          postnet_dims=hparams.tts_postnet_dims,
                          encoder_K=hparams.tts_encoder_K,
                          lstm_dims=hparams.tts_lstm_dims,
                          postnet_K=hparams.tts_postnet_K,
                          num_highways=hparams.tts_num_highways,
                          dropout=hparams.tts_dropout,
                          stop_threshold=hparams.tts_stop_threshold,
```

2）加载模型权重。从指定路径加载预训练好的模型权重文件。随后，将模型切换到评估模式，这对于一些层（如 dropout）是必要的，使其行为进入不同训练模式。

```
self.model.load(self.model_path)
self.model.eval()
```

3）输出模型加载信息。如果 verbose 为 True，打印模型的名称和训练的步骤（step），帮助用户确认模型是否加载成功。

```
if self.verbose:
    print("Loaded synthesizer \"%s\" trained to step %d" % (self.model_path.name, self.model.state_dict()
    ["step"]))
```

第 6 步：定义生成梅尔频谱图函数。

1）参数 texts 是一个列表，表示需要转换为语音的输入文本。embeddings 是与每个文本对应的说话人嵌入向量。随后，调用 is_model_loaded( ) 来检查模型是否已经加载。如果模型尚未加载，则调用 load_model( ) 来加载模型。

```
def synthesize_mel_spectrograms(self, texts: List[str],
                                embeddings: Union[np.ndarray, List[np.ndarray]],
                                return_alignments=False):
    if not self.is_model_loaded():
        self.load_model()
```

2）首先，使用 text. strip( )去掉每个文本序列首尾的空格或其他空白字符。然后，使用 text_to_sequence( )函数将每个文本字符串转换为可供模型处理的整数序列。最后，判断 embeddings 是否是一个列表，如果 embeddings 是一个单独的 numpy 数组而不是列表，则使用[ ]将其包装成列表。

```
sequences = [text_to_sequence(text.strip(), hparams.tts_cleaner_names) for text in texts]
if not isinstance(embeddings, list):
    embeddings = [embeddings]
```

3）使用切片操作将 sequences 进行分割，将其分成多批次数据。随后，将 embeddings 按照相同的批次大小进行分割，确保文本与嵌入向量之间匹配。

```
batched_sequences = [sequences[i:i + hparams.synthesis_batch_size]
                     for i in range(0, len(sequences), hparams.synthesis_batch_size)]
batched_embeddings = [embeddings[i:i + hparams.synthesis_batch_size]
                      for i in range(0, len(embeddings), hparams.synthesis_batch_size)]
```

4）初始化并存储生成的梅尔频谱图。使用 enumerate( )函数对分批的 batched_sequences 进行遍历。从 1 开始计数，便于输出日志显示批次进度。如果 verbose 模式开启，会打印当前处理的批次号和总批次数。

```
mel_spectrograms = []
for i, batch in enumerate(batched_sequences, 1):
    if self.verbose:
        print(f"\n| Generating {i}/{len(batched_sequences)}")
```

5）计算当前批次中的每个文本序列的长度并存入 text_lengths 列表。随后，使用 max (text_lengths)找出当前批次中最长的文本序列长度。然后，使用 pad_sequence( )函数将每个文本序列填充至相同的长度。最后，使用 np. stack( )函数将所有填充后的序列堆叠成一个二维数组，其中每一行代表一个填充好的文本序列。

```
text_lengths = [len(seq) for seq in batch]
max_text_len = max(text_lengths)
padded_sequences = [pad_sequence(seq, max_text_len) for seq in batch]
padded_sequences = np.stack(padded_sequences)
```

6）获取与当前批次文本相对应的说话人嵌入列表，并使用 np. stack( )将嵌入向量堆叠成二维数组。然后，将填充好的文本序列转换为 PyTorch 张量，将嵌入向量转换为 PyTorch 张量，将张量移动到指定设备。调用 self. model. generate( )函数，将填充好的文本序列和说话人嵌入向量传入模型，生成对应的梅尔频谱图。

```
speaker_embeddings = np.stack(batched_embeddings[i - 1])
padded_sequences = torch.tensor(padded_sequences).long().to(self.device)
speaker_embeddings = torch.tensor(speaker_embeddings).float().to(self.device)
_, generated_mels, alignments = self.model.generate(padded_sequences, speaker_embeddings)
```

7）调用 detach()使张量脱离计算图，并移动张量到 CPU 并转换为 numpy 数组。然后，对生成的每个梅尔频谱图进行后处理，即检查梅尔频谱图最后一列的最大值，判断其是否满足相关条件。

```
generated_mels = generated_mels.detach().cpu().numpy()
for mel in generated_mels:
    while np.max(mel[:, -1]) < hparams.tts_stop_threshold:
        mel = mel[:, :-1]
    mel_spectrograms.append(mel)
```

第 7 步：定义音频预处理函数。

首先，从文件路径加载音频数据，并将其采样到 hparams. sample_rate 定义的采样率。如果超参数 hparams. rescale 设置为 True，则对音频进行归一化处理。随后，将音频的最大振幅缩放到超参数 rescaling_max 定义的范围内。

```
@staticmethod
def load_and_preprocess_wav(file_path):
    wav = librosa.load(str(file_path), hparams.sample_rate)[0]
    if hparams.rescale:
        wav = wav / np.abs(wav).max() * hparams.rescaling_max
    return wav
```

第 8 步：定义创建梅尔频谱图函数。

检查输入是文件路径还是 numpy 数组。如果是路径，则从文件中加载音频数据；如果是数组，直接使用音频数据。然后，预处理音频文件。再调用 audio. melspectrogram()将音频数据转换为梅尔频谱图，并将生成的梅尔频谱图转换为 np. float32 类型。最终，返回处理后的梅尔频谱图。

```
@staticmethod
def create_mel_spectrogram(file_path_or_wav: Union[str, Path, np.ndarray]):
    if isinstance(file_path_or_wav, str) or isinstance(file_path_or_wav, Path):
        wav = TextToSpeechSynthesizer.load_and_preprocess_wav(file_path_or_wav)
    else:
        wav = file_path_or_wav
    mel_spectrogram = audio.melspectrogram(wav, hparams).astype(np.float32)
    return mel_spectrogram
```

第 9 步：定义反转梅尔频谱图函数。

调用 audio. inv_mel_spectrogram()方法，将梅尔频谱图转换回原始的音频数据，并返回反转后的音频数据，恢复原始音频波形。

```
@staticmethod
def invert_mel_spectrogram(mel_spectrogram):
    return audio.inv_mel_spectrogram(mel_spectrogram, hparams)
```

第 10 步：定义填充函数。

计算需要填充的长度，即最大长度减去序列的实际长度。然后，使用 np. pad()函数将序列填充到指定的 max_length。最后，返回填充后的序列。

```
def pad_sequence(sequence, max_length, pad_value=0):
    return np.pad(sequence, (0, max_length - len(sequence)), mode="constant", constant_values=pad_value)
```

4. 编写 vocoder（声码器）文件夹 inference. py 文件

inference. py 文件加载并使用 WaveRNN 模型来生成语音波形。它通过 load_wave_rnn_model( ) 函数加载模型权重，并根据设备选择在 CPU 或 GPU 上运行。is_wave_rnn_model_loaded( ) 函数用于检查模型是否已加载，generate_waveform( ) 函数根据输入的梅尔频谱图生成语音波形，支持归一化和批处理选项。

第 1 步： 导入第三方库。

从 vocoder. models. fatchord_version 导入 WaveRNN 模型类。从 vocoder 导入超参数模块 hparams 并缩写为 hp。导入 torch，这是用于深度学习的 PyTorch 库。

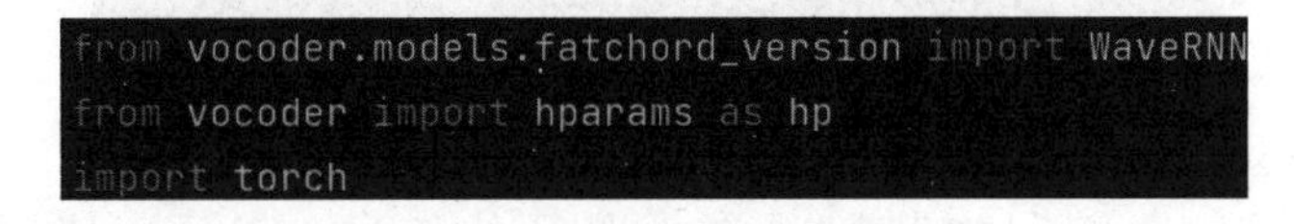

```
from vocoder.models.fatchord_version import WaveRNN
from vocoder import hparams as hp
import torch
```

第 2 步： 初始化全局变量。

wave_rnn_model 用于存储加载的 WaveRNN 模型。device 用于指定模型和数据将在哪个设备上运行（GPU 或 CPU）。

```
wave_rnn_model = None
device = None
```

第 3 步： 定义 WaveRNN 模型加载函数。

定义模型加载函数，并使用 global 声明 wave_rnn_model 和 device，以便在函数内部修改全局变量的值。

```
def load_wave_rnn_model(weights_path, verbose=False):
    global wave_rnn_model, device
```

第 4 步： 创建 WaveRNN 模型。

首先，打印构建信息：如果 verbose = True，则打印构建模型的信息。然后，初始化 WaveRNN 模型，使用一系列超参数从 hp 中提取模型配置，包括 RNN 层、全连接层、采样率、梅尔频谱图维度等。

```
if verbose:
    print("Building Wave-RNN")
wave_rnn_model = WaveRNN(
    rnn_dims=hp.voc_rnn_dims,
    fc_dims=hp.voc_fc_dims,
    bits=hp.bits,
    pad=hp.voc_pad,
    upsample_factors=hp.voc_upsample_factors,
    feat_dims=hp.num_mels,
    compute_dims=hp.voc_compute_dims,
    res_out_dims=hp.voc_res_out_dims,
    res_blocks=hp.voc_res_blocks,
    hop_length=hp.hop_length,
    sample_rate=hp.sample_rate,
    mode=hp.voc_mode
```

第 5 步：将模型移动到合适的设备。

使用 torch. cuda. is_available( )来检查是否存在可用的 GPU。然后，将模型移动到 GPU 或 CPU。如果有 GPU 可用，将模型移动到 GPU 并设置设备为 cuda，否则使用 CPU 并设置设备为 cpu。

```
if torch.cuda.is_available():
    wave_rnn_model = wave_rnn_model.cuda()
    device = torch.device('cuda')
else:
    device = torch.device('cpu')
```

第 6 步：将模型移动到合适的设备。

如果 verbose = True，打印加载权重文件路径的信息。然后，使用 torch. load( )从 weights_path 路径加载模型的权重文件，并根据之前定义的 device 将权重加载到正确的设备。最后，使用 eval( )方法将模型设置为评估模式，防止在推理时应用 dropout 或 batch normalization。

```
if verbose:
    print("Loading model weights at %s" % weights_path)
checkpoint = torch.load(weights_path, device)
wave_rnn_model.load_state_dict(checkpoint['model_state'])
wave_rnn_model.eval()
```

第 7 步：定义检查模型是否加载函数。

该函数与 Encoder 文件夹下的 inference. py 文件中的第 4 步类似，此处不再赘述。

第 8 步：定义生成波形的函数。

1）该函数的参数：mel_spectrogram 是输入的梅尔频谱图。normalize 表示是否对梅尔频谱图进行归一化。batched 表示是否分批次生成波形。target 和 overlap 表示生成的目标帧数和重叠帧数。progress_callback 用于显示生成进度的回调函数。如果 wave_rnn_model 未加载，则抛出异常，提示用户必须先加载模型。

```
def generate_waveform(mel_spectrogram, normalize=True, batched=True, target=8000, overlap=800, progress_callback=None):
    if wave_rnn_model is None:
        raise Exception("Please load Wave-RNN in memory before using it")
```

2）如果 normalize = True，将梅尔频谱图除以 hp. mel_max_abs_value 进行归一化，这样可以确保输入频谱图的值在模型训练时使用的范围内。

```
if normalize:
    mel_spectrogram = mel_spectrogram / hp.mel_max_abs_value
```

3）使用 None 添加一个新的维度，使频谱图具有批次维度，并将其转换为 PyTorch 张量。随后，调用 WaveRNN 模型生成函数，传入梅尔频谱图、批次模式、目标帧、重叠帧、mu-law 量化参数、进度回调，生成对应的音频波形。最终，返回生成的音频波形。

```
mel_spectrogram = torch.from_numpy(mel_spectrogram[None, ...])
waveform = wave_rnn_model.generate(mel_spectrogram, batched, target, overlap, hp.mu_law, progress_callback)
return waveform
```

5. 编写 demo. py 文件

demo. py 文件的功能是执行文本到语音的合成，具体是通过加载语音编码器、文本合成器和声码器模型，从输入的语音文件生成语音特征文件，并根据用户提供的文本进行语音合成。代码支持通过命令行参数指定模型路径，并控制是否播放生成的音频。

第 1 步： 导入第三方库。

该文件导入的库与之前文件类似，这里不再赘述。

第 2 步： 命令行参数解析。

1）创建一个命令行参数解析器，用于从命令行获取输入参数。formatter_class 可以使信息格式更加清晰。

```
if __name__ == '__main__':
    parser = argparse.ArgumentParser(
        formatter_class=argparse.ArgumentDefaultsHelpFormatter
    )
```

2）定义三个可选参数，分别用于指定编码器、合成器和声码器模型的路径，默认为特定目录下的模型文件。

```
parser.add_argument("-e", "--encoder_model_path", type=Path, default="saved_models/default/encoder.pt",
                    help="Path to a saved encoder")
parser.add_argument("-s", "--synthesizer_model_path", type=Path, default="saved_models/default/synthesizer.pt",
                    help="Path to a saved synthesizer")
parser.add_argument("-v", "--vocoder_model_path", type=Path, default="saved_models/default/vocoder.pt",
                    help="Path to a saved vocoder")
```

3）定义三个可选参数，--cpu 用于指定是否强制使用 CPU 处理。--no_sound 用于控制是否播放生成的音频。--seed 可以设置随机种子，用于保持结果的一致性。

```
parser.add_argument("--cpu", action="store_true", help=\
    "If True, processing is done on CPU, even when a GPU is available.")
parser.add_argument("--no_sound", action="store_true", help=\
    "If True, audio won't be played.")
parser.add_argument("--seed", type=int, default=None, help=\
    "Optional random number seed value to make toolbox deterministic.")
```

4）解析命令行参数，并将其转换为字典形式。print_args( )用于打印参数供用户查看。

```
args = parser.parse_args()
args_dict = vars(args)
print_args(args, parser)
```

第 3 步： 选择设备（GPU 或 CPU）。

如果指定了--cpu 参数，代码将通过设置环境变量来禁用 GPU，确保模型在 CPU 上运行。

```
if args_dict.pop("cpu"):
    os.environ["CUDA_VISIBLE_DEVICES"] = "-1"
```

第 4 步：检查 GPU 是否可用，并获取当前 GPU 的属性。

调用 torch. cuda. is_available( ) 函数，检测是否有可用的 GPU。如果检测到可用的 GPU，接下来会通过 torch. cuda. current_device( ) 获取当前被选中的 GPU 设备 ID。随后，调用 torch. cuda. get_device_properties( )，传入当前设备的 ID(gpu_device_id) 以获取该 GPU 的详细属性。

```
if torch.cuda.is_available():
    gpu_device_id = torch.cuda.current_device()
    gpu_properties = torch.cuda.get_device_properties(gpu_device_id)
```

第 5 步：打印 GPU 相关信息。

将打印的信息格式化。torch. cuda. device_count( ) 用于获取系统中可用的 GPU 数量。gpu_device_id 表示当前使用的 GPU 设备 ID。gpu_properties. name 表示当前使用的 GPU 设备的名称。gpu_properties. major 和 gpu_properties. minor 表示 GPU 的计算能力。gpu_properties. total_memory/1e9 表示 GPU 的总显存大小，单位是 GB。

```
print("发现 %d 个可用的GPU。使用 GPU %d (%s)，计算能力 %d.%d，显存总量 %.1fGB。\n" %
      (torch.cuda.device_count(),
       gpu_device_id,
       gpu_properties.name,
       gpu_properties.major,
       gpu_properties.minor,
       gpu_properties.total_memory / 1e9))
```

第 6 步：GPU 不可用的情况。

如果 torch. cuda. is_available( ) 返回 False，表示没有检测到可用的 GPU。代码会输出信息提示用户，改为使用 CPU 进行推理。

```
else:
    print("使用CPU进行推理。\n")
```

第 7 步：加载模型。

打印准备加载模型的信息。随后，调用 ensure_default_models( ) 确保默认模型路径存在。最后，分别加载编码器、合成器和声码器模型，并使用用户指定或默认的路径。

```
print("准备编码器、合成器和声码器...")
ensure_default_models(Path("saved_models"))
speaker_encoder.load_model(args.encoder_model_path)
synthesizer = TextToSpeechSynthesizer(args.synthesizer_model_path)
wave_rnn_vocoder.load_wave_rnn_model(args.vocoder_model_path)
```

第 8 步：测试模型。

首先，打印准备测试模型的信息。然后，通过给编码器传递一段全为 0 的音频来测试其功能是否正常。

```
print("\t测试编码器...")
speaker_encoder.embed_utterance(np.zeros(speaker_encoder.sampling_rate))
```

第 9 步： 创建嵌入，并使用两个测试文本生成梅尔频谱图来测试合成器。

首先，生成随机的 dummy_embedding 向量，随后归一化 dummy_embedding 向量。然后，创建一个 embeddings 列表，包含两个嵌入向量，这两个嵌入向量用于测试语音合成系统，一个代表随机生成的说话人嵌入向量，另一个代表空白说话人嵌入向量。定义测试文本的列表 texts，与嵌入向量结合，用于生成梅尔频谱图。再输出一个提示信息，表明即将开始测试语音合成器。使用合成器对象 synthesizer 调用合成方法，生成梅尔频谱图。

```
dummy_embedding = np.random.rand(speaker_embedding_size)
dummy_embedding /= np.linalg.norm(dummy_embedding)
embeddings = [dummy_embedding, np.zeros(speaker_embedding_size)]
texts = ["test 1", "test 2"]
print("\t测试合成器...")
mel_spectrograms = synthesizer.synthesize_mel_spectrograms(texts, embeddings)
```

第 10 步： 生成测试音频波形。

首先，将生成的梅尔频谱图拼接，然后创建一个空的回调函数 no_action，该函数用于声码器的进度回调，以避免输出或处理不必要的进度信息。随后，输出一个提示信息，表明即将测试声码器，并调用 generate_waveform( ) 方法，根据拼接好的梅尔频谱图生成音频波形。最后，打印所有测试通过的提示。

```
concatenated_mel = np.concatenate(mel_spectrograms, axis=1)
no_action = lambda *args: None
print("\t测试声码器...")
wave_rnn_vocoder.generate_waveform(concatenated_mel, target=200, overlap=50, progress_callback=no_action)
print("所有测试通过! 现在可以合成语音。\n\n")
```

第 11 步： 语音克隆文件路径输入处理。

初始化生成音频的计数器。然后，创建一个无限循环，用于反复请求用户输入音频文件路径，提示用户输入包含要克隆语音的音频文件的路径。随后，存储输入的路径，同时对输入的字符串进行清理。如果用户输入-1，程序将打印一条退出消息并跳出 while 循环，结束程序运行。

```
while True:
    try:
        message = "参考声音：输入要克隆的语音的音频文件路径（mp3, wav, m4a, flac, ...），或输入-1退出：\n"
        input_filepath_str = input(message).replace("\"", "").replace("\'", "")
        if input_filepath_str == "-1":
            print("程序已退出。")
            break
```

第 12 步： 音频文件加载与预处理。

将用户输入转换为路径对象，然后对输入的音频文件进行预处理。使用 librosa. load( ) 加载音频文件，将其转换为原始波形和采样率。再次调用 preprocess_wav( )，对波形进行进一步预处理，确保格式统一。最后，打印文件加载成功信息。

```
input_filepath = Path(input_filepath_str)
preprocessed_wav = speaker_encoder.preprocess_wav(input_filepath)
original_wav, sampling_rate = librosa.load(str(input_filepath))
preprocessed_wav = speaker_encoder.preprocess_wav(original_wav, sampling_rate)
print("文件加载成功")
```

第 13 步：嵌入向量生成并输入文本。

对预处理后的音频文件进行说话人嵌入向量生成。生成的 embedding 是表示该音频特征的向量，用于与合成语音匹配。提示用户输入要合成语音的文本内容，并将该文本存储在 text 变量中。

```
embedding = speaker_encoder.embed_utterance(preprocessed_wav)
text = input("写一个句子进行合成：\n")
```

第 14 步：设置随机种子并初始化合成器。

如果程序通过命令行参数传入了 seed，则设置随机种子，确保语音合成过程具有可重复性。然后，重新初始化 TextToSpeechSynthesizer( )，使用 args. synthesizer_model_path 加载合成器模型。

```
if args.seed is not None:
    torch.manual_seed(args.seed)
    synthesizer = TextToSpeechSynthesizer(args.synthesizer_model_path)
```

第 15 步：生成文本对应的梅尔频谱图。

将用户输入的文本和生成的说话人嵌入向量分别放入列表中。然后，将文本和嵌入向量转换为梅尔频谱图。取出生成的第一个梅尔频谱图，存储在 mel_spectrogram 中，用于生成波形。

```
texts = [text]
embeddings = [embedding]
spectrograms = synthesizer.synthesize_mel_spectrograms(texts, embeddings)
mel_spectrogram = spectrograms[0]
```

第 16 步：设置随机种子并加载声码器。

再次检查是否需要设置随机种子（针对声码器的生成），以确保结果的可重复性。加载 Wave-RNN 声码器模型，准备将梅尔频谱图转换为音频波形。

```
if args.seed is not None:
    torch.manual_seed(args.seed)
    wave_rnn_vocoder.load_wave_rnn_model(args.vocoder_model_path)
```

第 17 步：生成音频波形并预处理。

使用 Wave-RNN 声码器，将生成的梅尔频谱图转换为音频波形。使用 np. pad( )对生成的波形进行填充，以保证生成音频的长度至少为采样率的大小。再次调用 speaker_encoder. preprocess_wav( )对生成的波形进行预处理，准备后续播放和保存。

```
generated_wav = wave_rnn_vocoder.generate_waveform(mel_spectrogram)
generated_wav = np.pad(generated_wav, (0, synthesizer.sample_rate), mode="constant")
generated_wav = speaker_encoder.preprocess_wav(generated_wav)
```

第 18 步：播放合成音频并处理异常。

检查 args. no_sound，如果未禁用音频播放，使用 sounddevice 播放生成的音频波形。在播放音频时，先使用 sd. stop( )停止当前播放的音频，再调用 sd. play( )播放新生成的波形。随后，捕获并处理 PortAudioError 异常，防止播放失败时程序崩溃，同时提示用户可以使用

--no_sound 参数来避免播放。

```
if not args.no_sound:
    import sounddevice as sd
    try:
        sd.stop()
        sd.play(generated_wav, synthesizer.sample_rate)
    except sd.PortAudioError as e:
        print("\n捕获异常: %s" % repr(e))
        print("不继续播放音频。使用 \"--no_sound\" 标志抑制此消息。\n")
    except:
        raise
```

第 19 步： 保存生成的音频文件。

使用 num_generated 为音频文件命名，并将其保存为 WAV 格式，文件名为 demo_output_XX. wav，其中 XX 为生成次数。随后，打印音频数据类型，使用 sf. write( ) 函数将波形数据保存到指定的文件中。每生成一次音频，num_generated 递增 1。

```
filename = "demo_output_%02d.wav" % num_generated
print(generated_wav.dtype)
sf.write(filename, generated_wav.astype(np.float32), synthesizer.sample_rate)
num_generated += 1
print("\n输出保存为 %s\n\n" % filename)
```

第 20 步： 异常处理，并打印异常信息。

异常处理，捕获所有异常，防止程序崩溃，并打印异常信息。

```
except Exception as e:
    print("捕获异常: %s" % repr(e))
    print("重启\n")
```

14. 2. 5　实践结果

克隆 samples 文件夹下 person1 的音频，并输出 Hello Lisa, I am also from Beijing University of Posts and Telecommunications。成功地克隆了声音，文件保存为 person1_demo_output_00. wav。

```
(face) PS D:\Users\Desktop\ai\11. 语音合成\TTS> python demo.py
Arguments:
    encoder_model_path:       saved_models\default\encoder.pt
    synthesizer_model_path:   saved_models\default\synthesizer.pt
D:\dev\pytorch\Anaconda3\envs\face\lib\site-packages\librosa\core\audio.py:165
  warnings.warn("PySoundFile failed. Trying audioread instead.")
文件加载成功
写一个句子进行合成:
Hello Lisa, I am also from Beijing University of Posts and Telecommunications.
{| ████████████          63000/96000 | Batch Size: 10 | Gen Rate: 5.3kHz | }
```

对 demo. py 进行修改，使用 Matplotlib 展示频谱图。添加 plt. figure( )、plt. imshow( )、plt. title( )、plt. xlabel( )、plt. ylabel( ) 和 plt. colorbar( ) 等函数来绘制频谱图。

```
texts = [text]
embeddings = [embedding]
spectrograms = synthesizer.synthesize_mel_spectrograms(texts, embeddings)
mel_spectrogram = spectrograms[0]

# 展示梅尔频谱图
plt.figure(figsize=(10, 4))
plt.imshow(mel_spectrogram, aspect='auto', origin='lower', interpolation='none')
plt.title('Mel Spectrogram')
plt.xlabel('Time')
plt.ylabel('Mel Frequency')
plt.colorbar(format='%+2.0f dB')
plt.show()
```

Person1 音频的梅尔频谱图如图 14-6 所示。

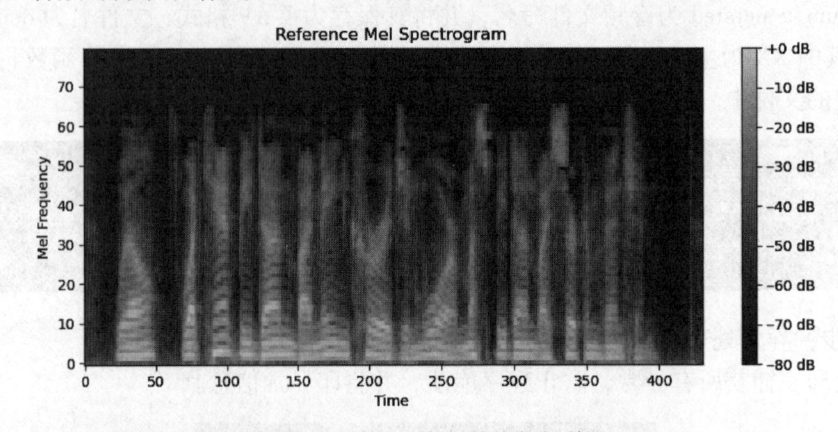

图 14-6　Person1 音频的梅尔频谱图

在合成 Person1 的音频时，生成的梅尔频谱图如图 14-7 所示。

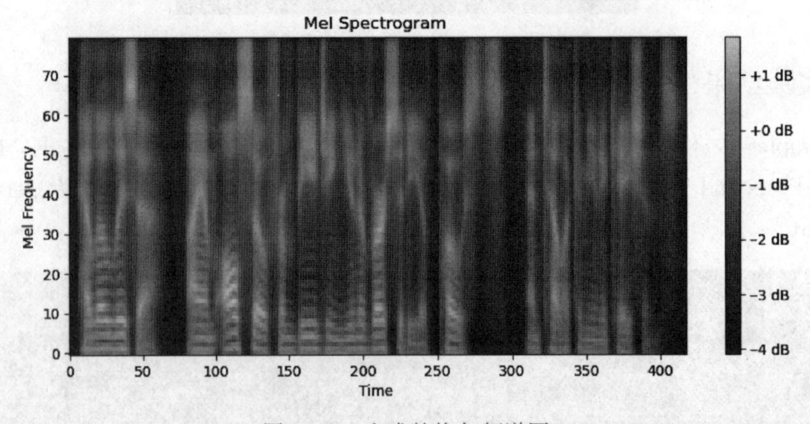

图 14-7　生成的梅尔频谱图

在实践中，首先对 Person1 的音频进行了语音克隆，合成输出语句“Hello Lisa，I am also from Beijing University of Posts and Telecommunications”。结果表明，该克隆过程成功，生成的音频文件保存为 person1_demo_output_00. wav。

通过对合成音频梅尔频谱图的分析，可以看出克隆后的音频在频率分布和强度上与原音频具有较高的相似性，证明了语音克隆技术的有效性。Person1 的音频频谱图均显示了较为稳定和清晰的频率强度分布，表明克隆音频在音质和特性上达到了预期效果。

14.2.6 参考代码

本实践的 Python 语言参考源代码见本书的配套资源。

14.3 习题

1. 什么是语音合成技术?
2. 语音合成主要有哪些方法?
3. 语音合成技术有哪些应用领域?
4. 什么是梅尔频谱图?
5. 语音合成技术有哪些危害?

第 15 章　视频分析原理与实践

视频分析技术在网络空间安全中有着非常广泛的应用，如自动驾驶、犯罪分子识别、自动车牌识别等。本章简要介绍视频分析原理，并通过一个安全帽识别的例子来实践视频分析技术。该方法主要是从视频中截取图像来进行特定对象（如安全帽）的检测。

知识与能力目标

1）了解视频分析技术的重要性。

2）认知目标检测技术。

3）了解 YOLOv5 框架。

4）熟悉基于 YOLOv5 的安全帽识别方法。

扫码看视频

15.1　知识要点

本节主要介绍视频分析技术、目标检测技术以及 YOLOv5 框架，为进一步编程实践视频分析和图形分析打好基础。

15.1.1　视频分析

视频分析英文叫 IVS（Intelligent Video System），也叫 CA（Content Analysis）。视频分析技术就是使用计算机图像视觉分析技术，通过将场景中背景和目标分离，进而分析并追踪在摄像机场景内出现的目标。

视频分析系统可以对视频内容或视频截获的图像内容进行分析，通过在不同摄像机的场景中预设不同的报警规则，一旦目标在场景中违反了预定义的规则，系统就会自动发出报警。监控系统会自动弹出报警信息，用户可以通过点击相应的报警信息，查看报警场景，并采取相关措施。

视频内容分析技术可以对可视的监视摄像机视频图像进行分析，并具备对风、雨、落叶、飞鸟、雪、阳光、飘动的物体等多种背景的过滤能力。通过建立人类活动的相关模型，借助计算机的高速计算能力，使用各种过滤器，排除监视场景中非人类的干扰因素，进而准确判断人类在视频监视图像中的各种活动。

视频分析技术目前发展非常快，它实质是一种算法，主要基于数字化图像分析和计算机视觉。视频分析技术主要发展方向如下。

1）将继续数字化、网络化、智能化。

2）向着适应更为复杂和多变的场景发展。

3）向着识别和分析更多的行为与异常事件的方向发展。

4）向着更低的成本方向发展。

5）向着真正“基于场景内容分析”的方向发展。

6）向着提前预警和预防的方向发展。

15.1.2 目标检测

深度学习中的目标检测是指使用深度学习模型来识别和定位图像中的对象。这个过程不仅包括识别图像中存在哪些目标（如人、车辆、安全帽等），还包括确定这些目标在图像中的具体位置，通常是通过绘制边界框（Bounding Box）来实现。目标检测模型能够输出每个边界框内对象的类别和位置信息，广泛应用于视频监控、自动驾驶、医疗影像分析等多个领域。随着深度学习技术的发展，目标检测算法如 YOLO（You Only Look Once）、SSD（Single Shot MultiBox Detector）、Faster R-CNN 等已成为该领域的核心技术。

15.1.3 YOLOv5 框架

YOLOv5 是由 Ultralytics 开发的先进目标检测框架，作为 YOLO 系列的第五代，它继承了 YOLO 算法速度快和易于部署的特点，同时在准确性上也有了显著提升。YOLOv5 采用 CSPDarknet53 作为其主干网络，通过 Cross Stage Partial Network 结构优化了特征提取过程，减少了计算量。作为一个单阶段检测器，它避免了传统两阶段检测器中的区域提取网络，实现快速且高效的目标定位和分类。YOLOv5 支持多尺度检测，能够在不同大小的物体上表现出色，适用于从视频监控到自动驾驶等多种场景。此外，YOLOv5 的代码完全开源，提供了不同规模的模型版本，满足不同计算资源的需求，使得定制和扩展变得简单，进一步推动了目标检测技术在各行各业的应用。

扫码看视频

15.2 实践 15-1 基于 YOLOv5 的安全帽识别

本实践基于 YOLOv5 模型开发的自动化目标检测项目，旨在通过实时分析图像或视频流来确保工地人员正确佩戴安全帽。

15.2.1 实践内容

本实践通过一系列预定义的步骤，包括数据集的准备、预处理、模型训练和检测，实现了对安全帽佩戴情况的高精度监控。YOLOv5 网络结构图如图 15-1 所示。

可自行更换预训练模型、添加新的数据集并训练，并通过可视化工具绘制训练过程中的 loss 图来监控模型性能。完成训练后，可以使用训练好的模型进行实际检测任务，并且鼓励学生进行进一步的拓展，例如，改进损失函数以优化检测精度，从而推动实践不断进步并适应更广泛的应用场景。

15.2.2 实践目的

1）理解目标检测技术：深入理解目标检测技术的基础，包括它在图像处理和计算机视觉中的应用。这包括学习如何识别和定位图像中的多个对象。

2）YOLOv5 模型架构理解：详细了解 YOLOv5 的模型架构，包括其创新点、改进措施以及如何通过单阶段检测流程实现快速且准确的目标识别。

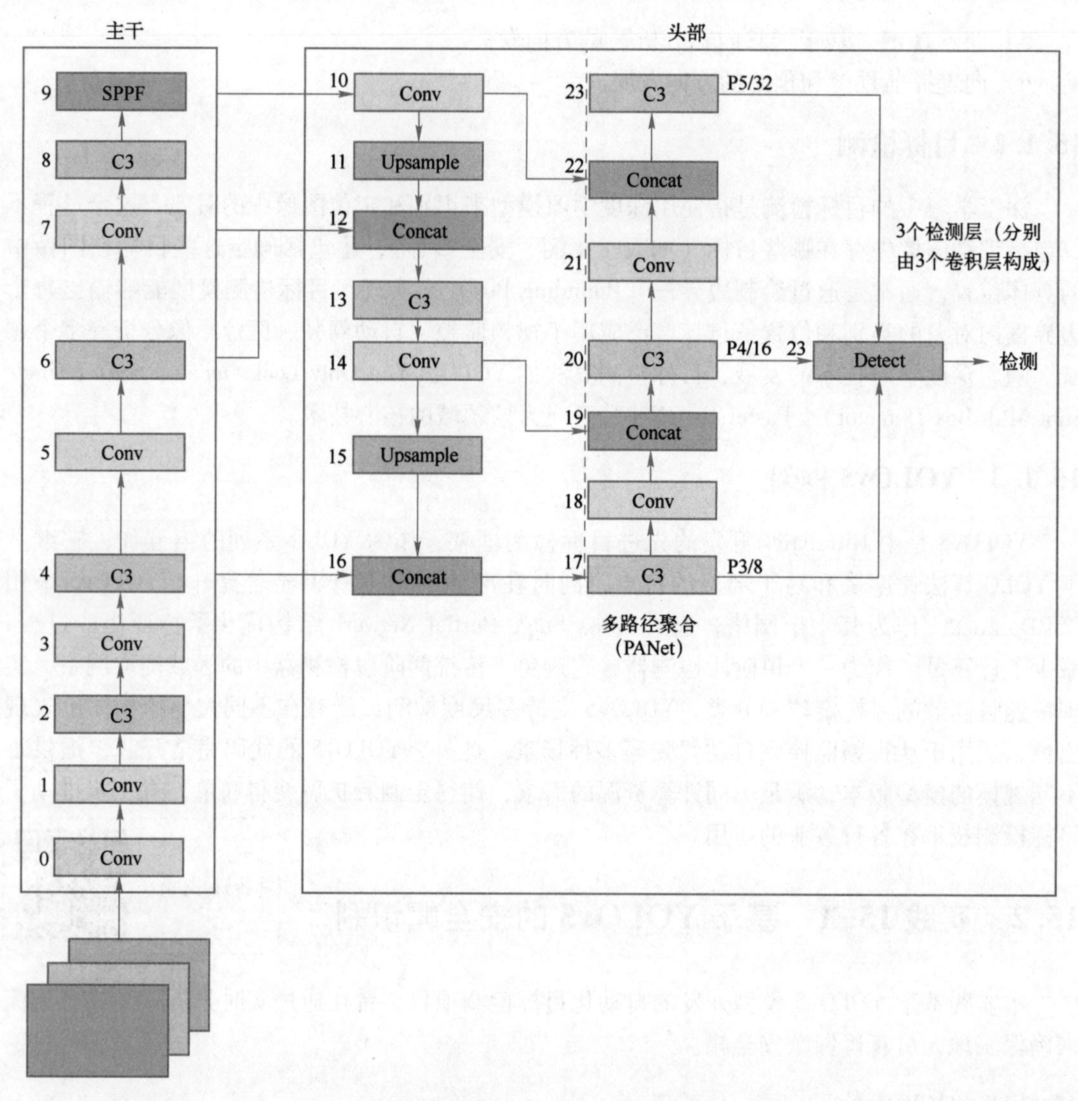

图 15-1　YOLOv5 网络结构图

3）模型训练与超参数调整：掌握如何配置模型训练环境，包括理解并设置超参数，如学习率、批大小、训练周期等，以及如何监控训练过程，包括损失函数的下降和模型的收敛情况。

4）模型性能分析与优化：学习如何使用 TensorBoard 等可视化工具来监控和分析模型训练过程中的各种指标，如 loss 曲线、准确率等，并根据这些指标对模型进行调整和优化。

15.2.3　实践环境

- Python 版本：3.9 或以上版本。
- 所需安装库：NumPy 1.18.5，TensorBoard 2.2，torch 1.6.0，Torchvision 0.7.0，Matplotlib 3.2.2，OpenCV-Python 4.1.2。
- 预训练模型：YOLOv5m.pt。

15.2.4 实践步骤

本实践可以使用数据集里的视频，也可以使用从视频文件中截取的图像作为实践对象。实际上大多数视频分析系统都是对视频中截取的图像进行处理的，而不是直接对视频进行处理的。

第 1 步：通过以下链接下载项目代码。

将压缩包解压后，用 PyCharm 打开。链接为 https://pan. baidu. com/s/1liTgVRYVa QIEUi-omchl58g?pwd=g3cu 提取码为 g3cu。在 PyCharm 中打开实践代码，如图 15-2 所示。

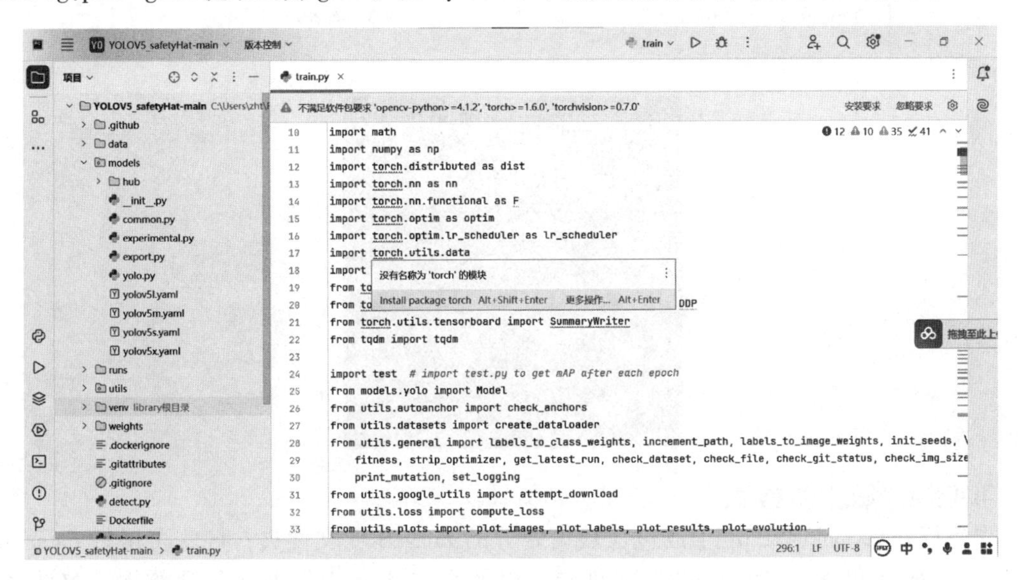

图 15-2 在 PyCharm 中打开实践代码

第 2 步：安装实践环境，打开 PyCharm 的终端界面。

输入命令 pip install -r requirements. txt 并按回车键执行。系统将根据 requirements. txt 文件中的列表自动下载并安装所有必要的依赖项。等待安装过程完成，这可能需要一些时间，具体时间取决于实际网络速度。然后，安装实践环境。

```
(safetyHel) PS C:\Users\zht\PycharmProjects\YOLOV5_safetyHat-main> pip install -r requirements.txt
Requirement already satisfied: Cython in c:\users\zht\anaconda3\envs\safetyhel\lib\site-packages (from -r requi
Requirement already satisfied: matplotlib>=3.2.2 in c:\users\zht\anaconda3\envs\safetyhel\lib\site-packages (fr
.3)
Requirement already satisfied: numpy>=1.18.5 in c:\users\zht\anaconda3\envs\safetyhel\lib\site-packages (from -
Collecting opencv-python>=4.1.2 (from -r requirements.txt (line 7))
  Using cached opencv_python-4.10.0.84-cp37-abi3-win_amd64.whl.metadata (20 kB)
Requirement already satisfied: Pillow in c:\users\zht\anaconda3\envs\safetyhel\lib\site-packages (from -r requi
Requirement already satisfied: PyYAML>=5.3 in c:\users\zht\anaconda3\envs\safetyhel\lib\site-packages (from -r
Requirement already satisfied: scipy>=1.4.1 in c:\users\zht\anaconda3\envs\safetyhel\lib\site-packages (from -r
Requirement already satisfied: tensorboard>=2.2 in c:\users\zht\anaconda3\envs\safetyhel\lib\site-packages (fro
0.0)
Collecting torch>=1.6.0 (from -r requirements.txt (line 12))
```

第 3 步：下载本项目数据集并导入。

将 VOC2028 数据集解压，并将压缩包解压后的 Annotations 文件夹放入/data 目录下，将解压后的 JPEGImages 文件夹重命名为 images 后放入/data 下。images 里面存放着图片文件，

Annotations 里面存放着 XML 格式的标签。

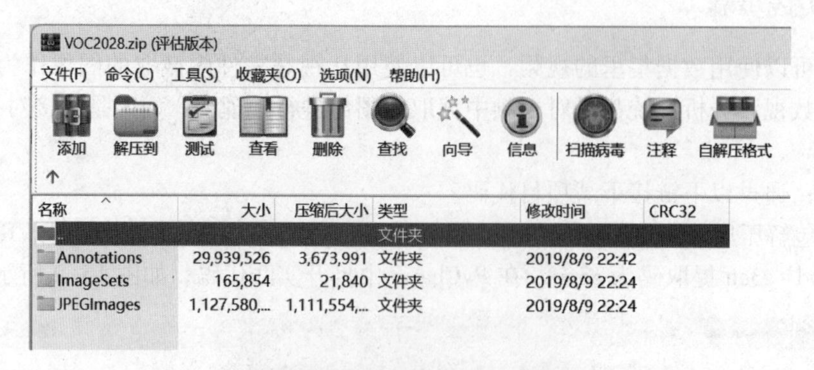

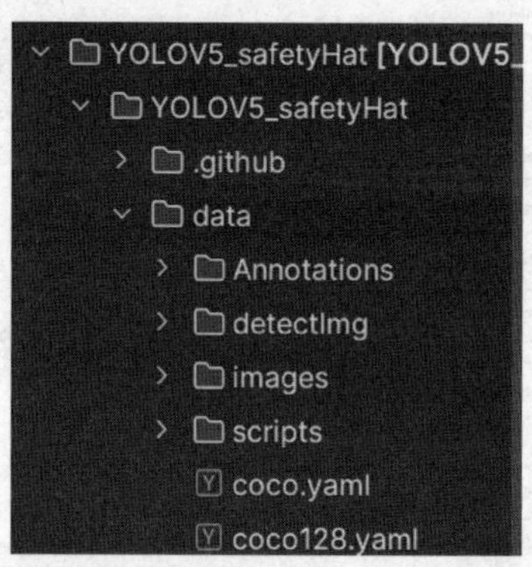

第 4 步：预处理数据集。

先运行 data/makeTxt. py 生成包含数据划分的 ImageSets 文件夹；接着再运行 data/voc_label. py 生成转化 XML 后的 labels 文件夹，以及生成 data 文件夹下包含数据完整路径的 train. txt、test. txt、val. txt 文件。

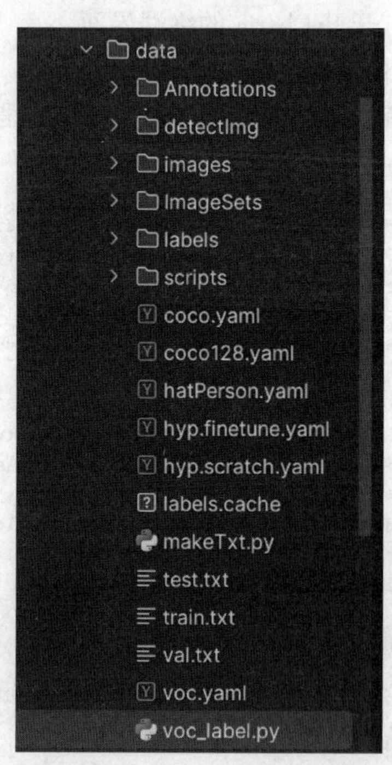

第 5 步： 训练数据集。

在编译器中运行 train. py。完成训练后会在根目录下生成 runs/train/exp 目录，里面包含每次的训练结果以及模型。

首次运行 train. py 时可能会进行 YOLOv5m. pt 的下载，下载后放入 weights 文件夹下。

```
Run    train (1)

D:\anaconda\envs\pytorch\python.exe D:\系统\YOLOV5_safetyHat\YOLOV5_safetyHat\train.py
Using torch 2.2.1+cu118 CPU

Namespace(weights='weights/yolov5m.pt', cfg='models/yolov5m.yaml', data='data/hatPerson.yaml', hyp='data/hyp.scratch.yaml', epochs=10, batch_si
Start Tensorboard with "tensorboard --logdir runs/train", view at http://localhost:6006/
Hyperparameters {'lr0': 0.01, 'lrf': 0.2, 'momentum': 0.937, 'weight_decay': 0.0005, 'warmup_epochs': 3.0, 'warmup_momentum': 0.8, 'warmup_bias_
Downloading https://github.com/ultralytics/yolov5/releases/download/v3.1/yolov5m.pt to weights/yolov5m.pt...
  0%|          | 208k/41.9M [00:05<33:01, 22.1kB/s]
```

训练时间可能较长，训练后的 runs/train 目录如下。可使用不同的训练集重复训练，每次训练后的文件都放在 exp[num]文件夹下。

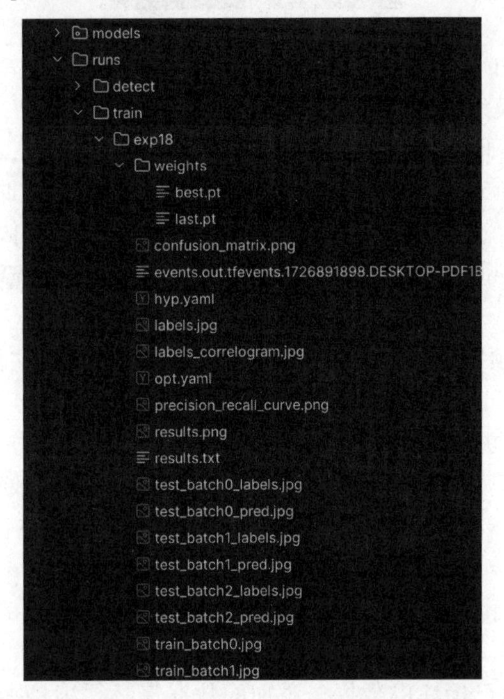

第 6 步： 检测数据集。

将 detect. py 中--weights 的路径修改为上面第 5 步得到的模型路径，例如，runs/train/exp18/weights/best. pt。注意项目中任何路径不能有中文。

```
detect.py
        if save_txt or save_img:
            s = f"\n{len(list(save_dir.glob('labels/*.txt')))} labels saved to {save_dir / 'labels'}" if save_txt else ''
            print(f"Results saved to {save_dir}{s}")

        print('Done. (%.3fs)' % (time.time() - t0))

145

    if __name__ == '__main__':
        parser = argparse.ArgumentParser()
        parser.add_argument( name_or_flags: '--weights', nargs='+', type=str, default='runs/train/exp18/weights/best.pt', help='model.pt pat
        parser.add_argument( name_or_flags: '--source', type=str, default='data/detectImg', help='source')  # file/folder, 0 for webcam
```

在 data/detectImg 中放入待检测的图片或视频。然后，在命令行通过 Python 调用 detect. py 或直接在编译器中运行 detect. py。完成检测后会在根目录下生成 runs/detect/exp 目录，里面包含每次的训练结果图片。

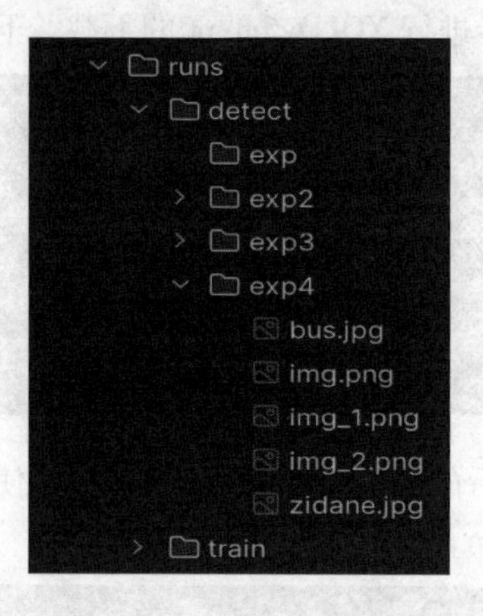

第 7 步： 拓展使用 YOLOv5 框架。

（1）更换预先训练模型

本实践中使用的预训练模型为官方提供的 YOLOv5m. pt，另外三种模型分别为 YOLOv5l. pt、YOLOv5s. pt、YOLOv5x. pt。可以更换预训练模型来训练数据集。

1）下载对应的模型，链接为 https://github. com/ultralytics/yolov5。

2）将模型放入 weights 文件夹下（实际上可以放在任何位置，只需要做相应的路径更改）。

3）更改 train. py 下预训练模型的路径以及对应模型 cfg 配置文件的对应位置。

将 weights 参数的 default 更改为 weights/yolov5m. pt。

将 cfg 参数的 default 更改为对应的 models/yolov5m. yaml。

需要注意的是，cfg 官方默认的 4 个 yaml 文件的配置为 coco 数据集，有 80 个识别类别。如果更换了预训练模型，yaml 里面的参数 nc 也需要修改为对应自己项目的类别个数，如本实践中的 nc：2。

4）运行 train. py 进行训练。

（2）添加数据集

可以根据需求添加自己标注的数据，添加的数据集必须满足本项目 VOC2028 中数据集的格式。

1）利用标注工具，如 labelImg、labelme 等，可以标注自己的 VOC 数据集。

2）将标注后的 Annotations 中的 XML 文件复制到 data/Annotations 文件中，将 Images 中的原图片复制到 data/images 文件中。

3）依次运行 makeTxt. py 和 voc_label. py 得到训练数据。

15. 2. 5 实践结果

图像中安全帽检测编程实践的结果如图 15-3 所示，可以看到单个图片中的相关人员是否已正确佩戴安全帽。

图 15-3　图像中安全帽检测编程实践的结果

视频中安全帽检测编程实践的结果如图 15-4 所示，可以看到视频中的相关人员是否已正确佩戴安全帽。

图 15-4　视频中安全帽检测编程实践的结果

15.2.6　实践要求

1）模型训练与评估：独立完成模型训练，并通过可视化工具绘制 loss 图以监控训练过程。训练完成后，使用训练好的模型进行目标检测任务，并保存检测结果。

2）预训练模型的比较研究：尝试使用 YOLOv5 提供的不同规模的预训练模型（如 YOLOv5s、YOLOv5m、YOLOv5l、YOLOv5x），并比较它们的性能差异。

3）自定义数据集的创建与训练：利用标注工具（如 labelImg）创建自己的小型数据集，如猫狗分类任务。学习如何将自己的数据集整合到项目中，并训练模型以识别新的对象类别。

4）调整训练过程中的关键参数，如 epochs、batch-size 和 img-size，以观察这些参数变化对模型性能产生的影响。

5）拓展：改进模型的损失函数，以进一步提升模型性能。注意：使用 YOLOv5 同样可以进行视频分析，感兴趣的读者可以自己进行视频分析实践。

15.2.7 参考代码

本实践的 Python 语言参考源代码见本书的配套资源。

注意：如果项目训练时间过长或使用的计算机运算能力不够，可以使用作者训练好的模型来运行项目。配套资源中已经训练好的模型如图 15-5 所示。

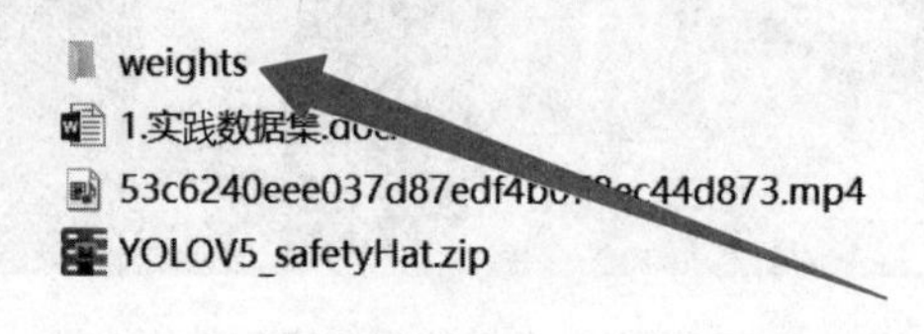

图 15-5 配套资源中已经训练好的模型

15.3 习题

1. 什么是视频分析技术？
2. 请说明视频分析技术的发展方向。

第 16 章　代码漏洞检测原理与实践

代码漏洞检测是确保软件安全的重要步骤之一。可以通过 Python 编程语言实现一个基于图神经网络（Graph Neural Network，GNN）的代码漏洞检测系统，在小样本数据集场景中对软件代码的潜在漏洞进行检测与分析。通过实践，掌握利用代码属性图（Code Property Graph，CPG）提取代码特征，以及使用图神经网络对代码进行建模和漏洞检测的基本方法与流程。

知识与能力目标

1）了解代码漏洞检测的重要性。

2）认知图神经网络。

3）掌握小样本学习（Few-shot Learning）。

4）掌握迁移学习（Transfer Learning）。

5）熟悉代码属性图。

6）掌握基于图神经网络的代码漏洞检测方法。

扫码看视频

16.1　知识要点

本节主要介绍进行代码漏洞检测时所使用的方法，包括图神经网络、代码特征提取工具 Joern、小样本学习、迁移学习等。

16.1.1　图神经网络

图神经网络（GNN）是一类专门用于处理图结构数据的神经网络模型。与传统的神经网络相比，GNN 能够更有效地捕捉图结构数据中的节点、边以及它们之间的关系。这种能力使得 GNN 在许多需要处理复杂关系的数据场景中有着广泛的应用，如社交网络分析、化学分子结构预测、推荐系统等。

在代码分析领域，代码可以被看作一种图结构，因为代码中的变量、函数、控制流、数据流等可以自然地表示为图的节点和边。GNN 通过在图的节点和边上传递信息来学习图的表示，非常适合用于代码分析与漏洞检测。与传统的特征工程方法相比，GNN 能够自动地从数据中学习特征，减少了人为设计特征的工作量。

本节将利用 GNN 模型对代码属性图（CPG）进行建模。CPG 是一种能够同时捕捉代码的语法、语义和程序流信息的图表示，它是通过将抽象语法树（AST）、控制流图（CFG）和数据流图（DFD）等信息组合在一起构建的，如图 16-1 所示。本章将利用 GNN 在 CPG 上进行信息传递与聚合，从而实现对代码潜在漏洞的检测。

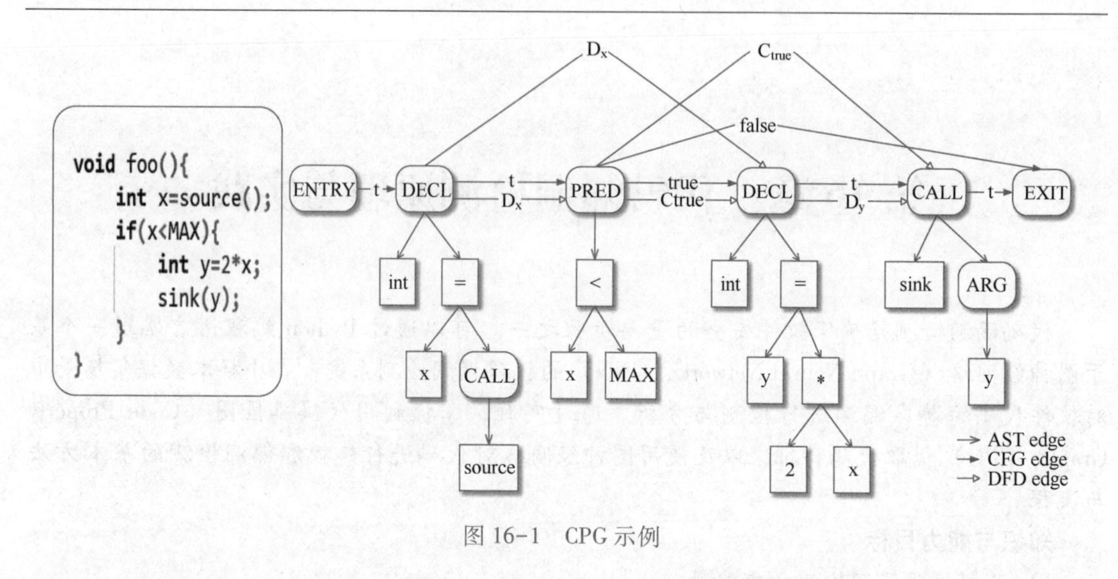

图 16-1　CPG 示例

16.1.2　代码特征提取工具 Joern

为了利用 GNN 对代码进行建模，首先需要将代码转换成图结构。Joern 是一种用于代码分析的开源工具，能够将 C/C++、Java 等语言的代码转换成 CPG。CPG 包含代码中的多种信息，如语法结构、变量依赖、控制流等，这些信息可以帮助模型更好地理解代码的逻辑与结构。

我们能够用 Joern 将代码提取成图数据，包括节点特征（如变量名、操作符、函数名等）和边信息（如控制流、数据流的关系）。这些图数据将作为 GNN 模型的输入，帮助模型学习和分析代码的结构与逻辑。

16.1.3　小样本学习

小样本学习是一种在训练样本较少的情况下，依然能够有效学习和泛化的机器学习方法。在代码漏洞检测的任务中，获取大量带标注的漏洞样本往往十分困难，因此，如何在小样本场景下训练出具有良好泛化能力的模型，成为一个重要的挑战。

在本实践中，将研究如何利用小样本学习的技术，提高 GNN 模型在小样本场景下的表现。一种常见的小样本学习策略是通过迁移学习或元学习（Meta-Learning）等方法，利用在其他相关任务或数据集上学习到的知识，来提高模型在目标任务上的表现。此外，数据增强、对比学习等方法也可以用于提高模型在小样本场景下的性能。

16.1.4　迁移学习

迁移学习是一种将从源任务（Source Task）中学习到的知识迁移到目标任务（Target Task）上的方法。当目标任务的数据较少时，可以在大量数据上预训练模型，然后将预训练模型的参数迁移到目标任务上，从而提高模型的性能。对于图神经网络来说，可以在一个大型代码数据集上预训练模型，然后将其应用于小样本的漏洞检测任务中，从而实现更好的检测效果。

本实践的原理图如图 16-2 所示。

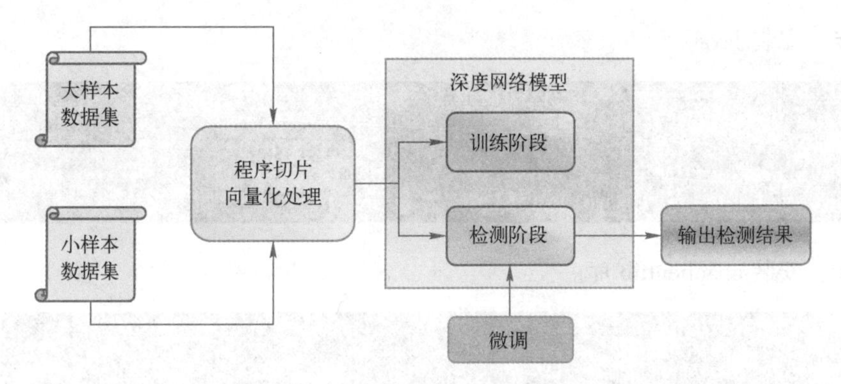

图 16-2　本实践的原理图

16.2　实践 16-1　基于图神经网络的代码漏洞检测

本实践主要讲述如何在 Ubuntu 操作系统虚拟机上通过 Python 编程语言实现一个基于图神经网络的代码漏洞检测系统。

16.2.1　实践目的

1）学习代码的图表征方法，尝试使用 Joern 工具提取代码特征。
2）学习图神经网络模型，尝试使用 GNN 模型对代码进行建模和漏洞检测。
3）了解小样本学习，尝试在小样本场景下提高模型的泛化能力。
4）了解迁移学习的原理与应用。

16.2.2　实践环境

- 操作系统：Ubuntu 18.04/19.04；下载网址为 https://mirrors.aliyun.com/ubuntu-releases/18.04/?spm=a2c6h.25603864.0.0.27f74dda9ba2ke（注意：实践要求使用 Ubuntu 虚拟机来操作，配置环境比较困难。）
- 开发语言：Python 3.9 或更高版本。
- 深度学习框架：PyTorch 1.10 或更高版本，PyTorch Geometric。
- 工具：Joern CLI，用于生成代码属性图。

16.2.3　实践步骤

1. 了解代码的图表征方法，尝试使用 Joern 工具提取代码特征

第 1 步：配置 Joern 工具。

```
ubuntu@ubuntu-virtual-machine: ~
文件(F)  编辑(E)  查看(V)  搜索(S)  终端(T)  帮助(H)
ubuntu@ubuntu-virtual-machine:~$ python
Python 3.8.0 (default, Dec  9 2021, 17:53:27)
[GCC 8.4.0] on linux
Type "help", "copyright", "credits" or "license" for more information.
>>> 
```

第 2 步：安装 Java。

```
ubuntu@ubuntu-virtual-machine:~$ java -version
java version "1.8.0_421"
Java(TM) SE Runtime Environment (build 1.8.0_421-b09)
Java HotSpot(TM) 64-Bit Server VM (build 25.421-b09, mixed mode)
ubuntu@ubuntu-virtual-machine:~$
```

第 3 步：安装 cpgclientlib 库。

```
susu@Nubuntu:~/Desktop/joern-cli$ pip3 install cpgclientlib
Collecting cpgclientlib
  Downloading https://files.pythonhosted.org/packages/07/5b/54cb83bf2f7349a39d52
594440498538c53b75974c6ffeefb0f2f78cffa7/cpgclientlib-0.11.321.tar.gz
Collecting requests (from cpgclientlib)
  Downloading https://files.pythonhosted.org/packages/2d/61/08076519c80041bc0ffa
1a8af0cbd3bf3e2b62af10435d269a9d0f40564d/requests-2.27.1-py2.py3-none-any.whl (6
3kB)
    100% |████████████████████████████████| 71kB 84kB/s
Collecting idna<4,>=2.5; python_version >= "3" (from requests->cpgclientlib)
```

第 4 步：安装 graphviz 库。

```
susu@Nubuntu:~/Desktop/joern-cli$ sudo apt-get install graphviz
[sudo] password for susu:
Reading package lists... Done
Building dependency tree
Reading state information... Done
The following additional packages will be installed:
  libann0 libcdt5 libcgraph6 libgts-0.7-5 libgts-bin libgvc6 libgvpr2
  liblab-gamut1 libpathplan4
Suggested packages:
  graphviz-doc
The following NEW packages will be installed:
  graphviz libann0 libcdt5 libcgraph6 libgts-0.7-5 libgts-bin libgvc6 libgvpr2
  liblab-gamut1 libpathplan4
0 upgraded, 10 newly installed, 0 to remove and 311 not upgraded.
Need to get 1,847 kB of archives.
```

第 5 步：进入 joern-cli 目录下，输入 ./joern 命令查看是否配置成功。

第 6 步：学习 Joern 工具的使用，尝试使用其生成代码的图结构。

例如，使用 importCode 语句导入简单函数。

```
joern> importCode.c.fromString( """
                                  int myfunc(int b) {
                                    int a = 42;
                                    if (b > 10) {
                                       foo(a)
                                    }
                                    bar(a);
                                  }
                                  """
                               )
Creating project `console10697288391450885071` for code at `/tmp/console10697288
391450885071`
```

使用 plotDotAst 函数生成 AST。

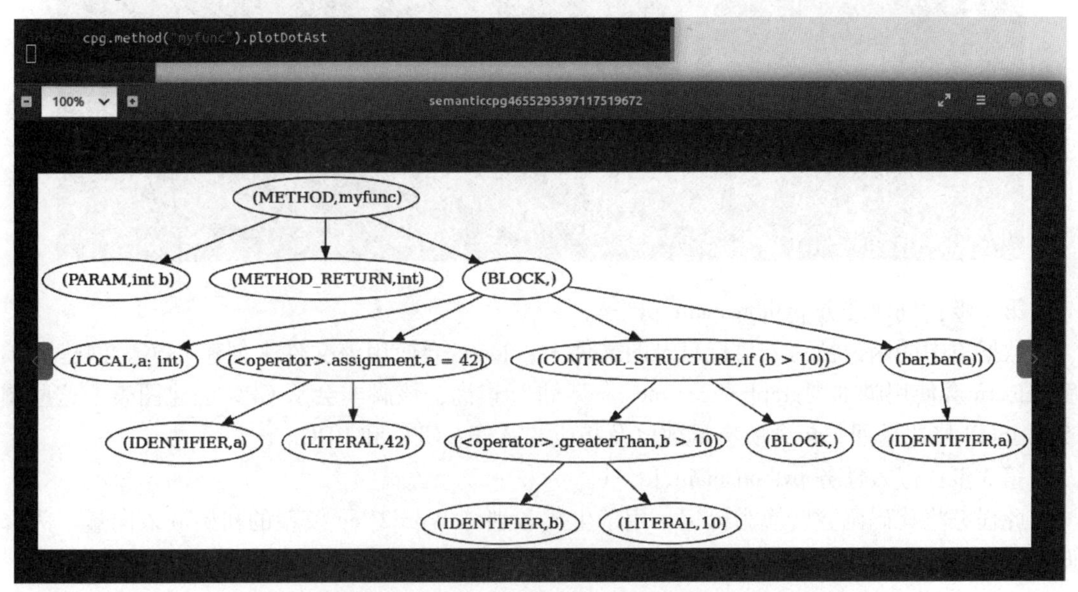

使用 plotDotCfg 函数生成 CFG。

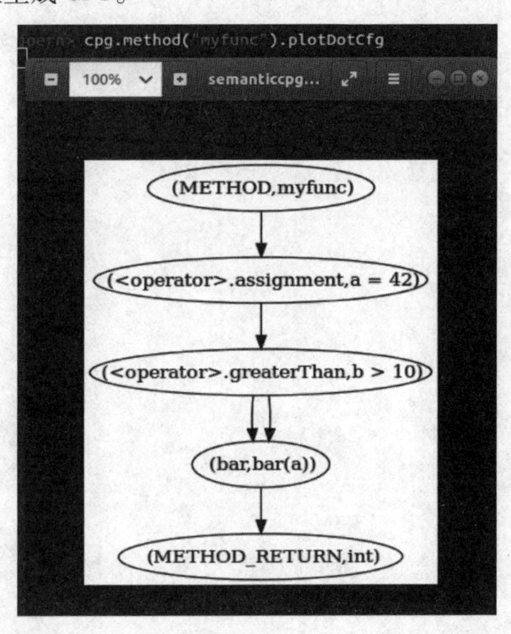

拓展：使用 Joern 生成一段简单代码的 CPG。

2. 了解图神经网络模型，尝试使用 GNN 模型对代码进行建模和检测

第 1 步： 设置模型参数，运行 main. py 进行训练。

```
"gnnshin": {
    "learning_rate" : 1e-4,
    "weight_decay" : 1.3e-6,
    "loss_lambda" : 1.3e-6,
    "model": {
        "gated_graph_conv_args": {"out_channels" : 200, "num_layers" : 6, "aggr" : "add", "bias": true},
        "conv_args": {
            "conv1d_1" : {"in_channels": 205, "out_channels": 50, "kernel_size": 3, "padding" : 1},
            "conv1d_2" : {"in_channels": 50, "out_channels": 20, "kernel_size": 1, "padding" : 1},
            "maxpool1d_1" : {"kernel_size" : 3, "stride" : 2},
            "maxpool1d_2" : {"kernel_size" : 2, "stride" : 2}
        },
        "emb_size" : 101
    }
},
"create" : {
    "filter_column_value": {"project" : "qemu"},
    "slice_size": 100,
    "joern_cli_dir": "joern/joern-cli/"
```

第 2 步： 创建任务 python main. py -c。

数据集中的函数被写入目标目录的文件中，Joern 会使用该文件来创建 CPG。创建 CPG 后，Joern 会使用脚本“graph-for-funcs. sc”进行查询，该脚本会从 CPG 创建图表。这些图表以 JSON 格式返回，包含所有函数以及相应的 AST、CFG 和 PDG。

第 3 步： 嵌入任务 python main. py -e。

此任务将代码函数转换为标记，用于生成和训练 Word2Vec 模型的初始嵌入向量。为降低难度，目前仅使用 AST 进行源码图结构表征。

```
ubuntu@ubuntu-virtual-machine:/gnnshin$ python main.py -e
<class 'pandas.core.frame.DataFrame'>
Int64Index: 100 entries, 668 to 1372
Data columns (total 4 columns):
 #   Column  Non-Null Count  Dtype
---  ------  --------------  -----
 0   target  100 non-null    int64
 1   func    100 non-null    object
 2   Index   100 non-null    int64
 3   cpg     100 non-null    object
dtypes: int64(2), object(2)
memory usage: 87.3 KB
CPG cut - original nodes: 236 to max: 205
CPG cut - original nodes: 237 to max: 205
Saving input dataset 1_cpg with size 100.
<class 'pandas.core.frame.DataFrame'>
Int64Index: 98 entries, 2 to 665
Data columns (total 4 columns):
 #   Column  Non-Null Count  Dtype
---  ------  --------------  -----
 0   target  98 non-null     int64
 1   func    98 non-null     object
 2   Index   98 non-null     int64
 3   cpg     98 non-null     object
dtypes: int64(2), object(2)
memory usage: 86.4 KB
Saving input dataset 0_cpg with size 98.
Saving w2vmodel.
ubuntu@ubuntu-virtual-machine:/gnnshin$ python main.py -p
The model has 515,542 trainable parameters
<class 'pandas.core.frame.DataFrame'>
Int64Index: 98 entries, 2 to 665
Data columns (total 2 columns):
 #   Column  Non-Null Count  Dtype
---  ------  --------------  -----
 0   input   98 non-null     object
 1   target  98 non-null     int64
dtypes: int64(1), object(1)
memory usage: 5.4 KB
<class 'pandas.core.frame.DataFrame'>
Int64Index: 100 entries, 668 to 1372
```

第 4 步： 处理任务 python main. py -p。

在这个任务中，之前转换的数据集被分成训练集、验证集和测试集，用于训练和评估模型。训练输出的准确率就是 Softmax 准确率。使用 python main. py -p 启用 EarlyStopping 进行训练。

```
Epoch 80; - Train Loss: 0.1565; Acc: 0.2437; - Validation Loss: 4.1265; Acc: 0.3333; - Time: 541.2093920707703
Epoch 81; - Train Loss: 0.1501; Acc: 0.2938; - Validation Loss: 4.136; Acc: 0.3333; - Time: 548.6724183559418
Epoch 82; - Train Loss: 0.153; Acc: 0.2; - Validation Loss: 4.0764; Acc: 0.3333; - Time: 556.2244753837585
Epoch 83; - Train Loss: 0.1503; Acc: 0.2437; - Validation Loss: 3.9696; Acc: 0.3333; - Time: 562.2948486804962
Epoch 84; - Train Loss: 0.1243; Acc: 0.2938; - Validation Loss: 3.9467; Acc: 0.3333; - Time: 568.2748394012451
Epoch 85; - Train Loss: 0.1612; Acc: 0.2437; - Validation Loss: 3.942; Acc: 0.3333; - Time: 574.15780210495
Epoch 86; - Train Loss: 0.163; Acc: 0.2938; - Validation Loss: 4.0537; Acc: 0.3333; - Time: 580.1529638767242
Epoch 87; - Train Loss: 0.1171; Acc: 0.1938; - Validation Loss: 4.0561; Acc: 0.3333; - Time: 586.5208196640015
Epoch 88; - Train Loss: 0.1044; Acc: 0.2938; - Validation Loss: 3.9679; Acc: 0.3333; - Time: 592.5293018817902
Epoch 89; - Train Loss: 0.1433; Acc: 0.3937; - Validation Loss: 3.845; Acc: 0.625; - Time: 598.6405231952667
Epoch 90; - Train Loss: 0.1944; Acc: 0.3937; - Validation Loss: 3.8721; Acc: 0.625; - Time: 605.0803413391113
Epoch 91; - Train Loss: 0.1199; Acc: 0.1938; - Validation Loss: 4.0117; Acc: 0.3333; - Time: 611.2062418460846
Epoch 92; - Train Loss: 0.1129; Acc: 0.2437; - Validation Loss: 3.959; Acc: 0.3333; - Time: 618.6139183044434
Epoch 93; - Train Loss: 0.124; Acc: 0.3438; - Validation Loss: 3.9827; Acc: 0.625; - Time: 624.7592771053314
Epoch 94; - Train Loss: 0.1441; Acc: 0.1437; - Validation Loss: 4.0568; Acc: 0.3333; - Time: 631.2952752113342
Epoch 95; - Train Loss: 0.1483; Acc: 0.15; - Validation Loss: 4.0861; Acc: 0.3333; - Time: 637.5990302562714
Epoch 96; - Train Loss: 0.1068; Acc: 0.2938; - Validation Loss: 4.1072; Acc: 0.3333; - Time: 644.7318115234375
Epoch 97; - Train Loss: 0.1068; Acc: 0.2; - Validation Loss: 4.0435; Acc: 0.625; - Time: 651.3229184150696
Epoch 98; - Train Loss: 0.1007; Acc: 0.2437; - Validation Loss: 3.9649; Acc: 0.625; - Time: 657.0564515590668
Epoch 99; - Train Loss: 0.124; Acc: 0.3438; - Validation Loss: 4.0697; Acc: 0.625; - Time: 663.4389545917511
Epoch 100; - Train Loss: 0.157; Acc: 0.4437; - Validation Loss: 4.0902; Acc: 0.625; - Time: 670.5009851455688
```

3. 了解迁移学习，尝试在小样本场景下提高模型的泛化能力

第 1 步： 调整学习率和训练参数。

设置模型参数。

```
"devign": {
    "learning_rate" : 1e-4,
    "weight_decay" : 1.3e-6,
    "loss_lambda" : 1.3e-6,
    "model": {
        "gated_graph_conv_args": {"out_channels" : 200, "num_layers" : 6, "aggr" : "add", "bias": true},
        "conv_args": {
            "conv1d_1" : {"in_channels": 205, "out_channels": 50, "kernel_size": 3, "padding" : 1},
            "conv1d_2" : {"in_channels": 50, "out_channels": 20, "kernel_size": 1, "padding" : 1},
            "maxpool1d_1" : {"kernel_size" : 3, "stride" : 2},
            "maxpool1d_2" : {"kernel_size" : 2, "stride" : 2}
        },
        "emb_size" : 101
    }
},
"create" : {
    "filter_column_value": {"project" : "qemu"},
    "slice_size": 100,
    "joern_cli_dir": "joern/joern-cli/"
```

第 2 步： 选择预训练模型并固定部分层（拓展）。

4. 下面开始进行代码实现部分，文件结构如下

```
├── data
│   ├── cpg                    <- 含有 CPG（代码属性图）的数据集。
│   ├── input                  <- 用于建模的标准数据集。
│   ├── model                  <- 已训练的模型。
│   ├── raw                    <- 原始的、不可更改的数据存储。
│   ├── tokens                 <- 从原始数据函数生成的标记数据集文件。
│   └── w2v                    <- 初始嵌入用的 Word2Vec 模型文件。
│
├── joern
│   ├── joern-cli              <- Joern 命令行工具,用于创建和分析代码属性图。
│   └── graphs-for-funcs. sc    <- 返回每个方法的 AST(抽象语法树)、CGF(控制流
图)、PDG(程序依赖图)的脚本，输出为 JSON 格式。
│
├── src                        <- 项目的源代码。
│   ├── __init__. py           <- 使 src 成为一个 Python 包。
│   │
│   ├── data                   <- 数据处理脚本。
│   │   ├── __init__. py       <- 使 data 成为一个 Python 包。
│   │   └── datamanger. py     <- 执行数据集基本操作的模块。
│   │
│   ├── prepare                <- 用于生成和表示 CPG 的包。
│   │   ├── __init__. py       <- 使 prepare 成为一个 Python 包。
│   │   ├── cpg_client_wrapper. py <- 与 Joern REST 服务器交互的 CpgClient 的简单类封装。
│   │   ├── cpg_generator. py  <- 使用 Joern 创建 CPG 并处理结果的临时脚本。
│   │   └── embeddings. py     <- 将图节点嵌入为节点特征的模块。
│   │
│   ├── process                <- 用于建模和预测的脚本。
│   │   ├── __init__. py       <- 使 process 成为一个 Python 包。
│   │   ├── devign. py         <- 实现 devign 模型的模块。
│   │   ├── loader_step. py    <- 数据集单次迭代的模块。
│   │   ├── model. py          <- 实现 devign 神经网络的模块。
│   │   ├── modeling. py       <- 用于模型训练和预测的模块。
│   │   ├── step. py           <- 在训练/验证/测试循环中批次执行前向步骤的模块。
│   │   └── stopping. py       <- 实现早停机制的模块。
│   │
│   │
│   └── utils                  <- 包含整个项目中使用的辅助函数和类的包。
│       │
│       ├── __init__. py       <- 使 utils 成为一个 Python 包。
│       ├── log. py            <- 用于记录模块消息的模块。
│       ├── functions          <- 辅助处理函数。
│       │   ├── __init__. py   <- 使 functions 成为一个 Python 包。
```

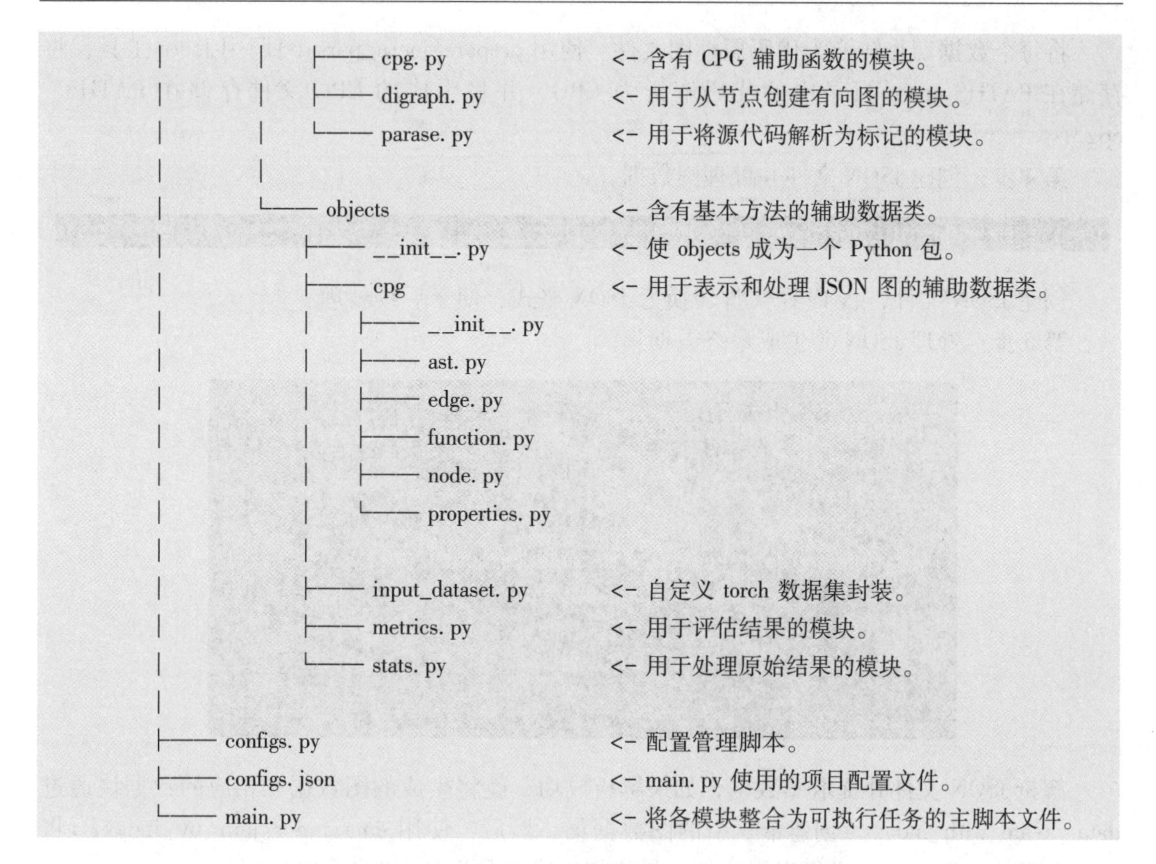

```
|       |       ├─── cpg. py                    <- 含有 CPG 辅助函数的模块。
|       |       ├─── digraph. py                <- 用于从节点创建有向图的模块。
|       |       └─── parase. py                 <- 用于将源代码解析为标记的模块。
|       |
|       └─── objects                            <- 含有基本方法的辅助数据类。
|               ├─── __init__. py               <- 使 objects 成为一个 Python 包。
|               ├─── cpg                        <- 用于表示和处理 JSON 图的辅助数据类。
|               |       ├─── __init__. py
|               |       ├─── ast. py
|               |       ├─── edge. py
|               |       ├─── function. py
|               |       ├─── node. py
|               |       └─── properties. py
|               |
|               ├─── input_dataset. py          <- 自定义 torch 数据集封装。
|               ├─── metrics. py                <- 用于评估结果的模块。
|               └─── stats. py                  <- 用于处理原始结果的模块。
|
├─── configs. py                                <- 配置管理脚本。
├─── configs. json                              <- main. py 使用的项目配置文件。
└─── main. py                                   <- 将各模块整合为可执行任务的主脚本文件。
```

5. 数据预处理

第 1 步：读取与过滤数据。

```
raw = data.read(PATHS.raw, FILES.raw)
filtered = data.apply_filter(raw, select)
filtered = data.clean(filtered)
data.drop(filtered, ["commit_id", "project"])
```

从 raw 文件中读取原始数据，然后使用 data. apply_filter( ) 方法对数据应用选择性过滤。接着，调用 data. clean( ) 对数据进行清洗，这通常包括处理缺失值、格式不一致等问题。最后，通过 data. drop( ) 删除 commit_id 和 project 列。

第 2 步：切分数据。

```
slices = data.slice_frame(filtered, context.slice_size)
slices = [(s, slice.apply(lambda x: x)) for s, slice in slices]
```

使用 data. slice_frame( ) 按 slice_size 对清洗后的数据进行切分，将其分成多个数据块。通过 lambda 函数对每个切片应用操作。

第 3 步：生成代码属性图。

```
cpg_files = []
for s, slice in slices:
    data.to_files(slice, PATHS.joern)
    cpg_file = prepare.joern_parse(context.joern_cli_dir, PATHS.joern, PATHS.cpg, f"{s}_{FILES.cpg}")
    cpg_files.append(cpg_file)
    print(f"Dataset {s} to cpg.")
    shutil.rmtree(PATHS.joern)
```

将每个数据切片转换为代码属性图文件。使用 prepare. joern_parse( ) 调用 Joern 工具，将存储在 PATHS. joern 目录中的代码解析为 CPG，并将生成的 CPG 文件存储在 PATHS. cpg 中。

第 4 步： 创建 JSON 文件并处理图数据。

```
json_files = prepare.joern_create(context.joern_cli_dir, PATHS.cpg, PATHS.cpg, cpg_files)
```

创建 JSON 文件，将 CPG 文件转换为 JSON 格式，便于后续处理。

第 5 步： 处理 JSON 并生成最终数据集。

```
for (s, slice), json_file in zip(slices, json_files):
    graphs = prepare.json_process(PATHS.cpg, json_file)
    if graphs is None:
        print(f"Dataset chunk {s} not processed.")
        continue
    dataset = data.create_with_index(graphs, ["Index", "cpg"])
    dataset = data.inner_join_by_index(slice, dataset)
    print(f"Writing cpg dataset chunk {s}.")
    data.write(dataset, PATHS.cpg, f"{s}_{FILES.cpg}.pkl")
    del dataset
    gc.collect()
```

解析 JSON 文件并提取图数据，如果解析成功，就将生成的图数据和相应的数据块通过 data. create_with_index( ) 创建带索引的图数据集。然后，使用 data. inner_join_by_index( ) 将原始数据块与图数据集进行索引连接。最终将生成的数据集保存为 . pkl 文件。

6. 数据嵌入

第 1 步： 初始化嵌入上下文与 Word2Vec 模型。

```
context = configs.Embed()
dataset_files = data.get_directory_files(PATHS.cpg)
w2vmodel = Word2Vec(**context.w2v_args)
w2v_init = True
```

使用 configs. Embed( ) 获取当前嵌入任务的上下文配置，包括 Word2Vec 模型的参数 (w2v_args)、节点的维度 (nodes_dim)、边的类型 (edge_type) 等。使用 data. get_directory_files(PATHS. cpg) 获取在指定路径下的所有 CPG 数据集文件。最后，初始化 Word2Vec 模型。

第 2 步： 加载数据集并进行词向量训练。

```
for pkl_file in dataset_files:
    file_name = pkl_file.split(".")[0]
    cpg_dataset = data.load(PATHS.cpg, pkl_file)
    tokens_dataset = data.tokenize(cpg_dataset)
    data.write(tokens_dataset, PATHS.tokens, f"{file_name}_{FILES.tokens}")
    w2vmodel.build_vocab(sentences=tokens_dataset.tokens, update=not w2v_init)
    w2vmodel.train(tokens_dataset.tokens, total_examples=w2vmodel.corpus_count, epochs=1)
    if w2v_init:
        w2v_init = False
```

使用 data. load( )加载指定路径下的 CPG 数据集文件。使用 data. tokenize( )对加载的数据集进行分词操作，将代码转换为令牌（tokens_dataset），这些令牌用于后续的嵌入训练。分词后的数据集被保存到 PATHS. tokens 文件夹。

w2vmodel. build_vocab( )用于构建词汇表。如果这是第一次构建词汇表，则不更新词汇表；之后所有文件的训练都使用更新模式，即使用 w2vmodel. train( )对分词后的数据进行训练，并更新词向量。第一次构建词汇表后，将 w2v_init 设置为 False，以避免重新初始化词汇表。

第 3 步： 解析代码属性图（CPG）为节点。

```
cpg_dataset["nodes"] = cpg_dataset.apply(lambda row: cpg.parse_to_nodes(row.cpg,
                                                              context.nodes_dim), axis=1)
cpg_dataset = cpg_dataset.loc[cpg_dataset.nodes.map(len) > 0]
```

对数据集中的每一行，使用 cpg. parse_to_nodes( )将 CPG 数据解析为节点，nodes_dim 决定了每个节点的维度。然后，过滤掉没有节点的行，保证所有数据都包含有效的图节点。

第 4 步： 将节点嵌入转换为输入格式。

```
cpg_dataset["input"] = cpg_dataset.apply(lambda row: prepare.nodes_to_input(row.nodes,
                                                              row.target,
                                                              context.nodes_dim,
                                                              w2vmodel.wv,
                                                              context.edge_type), axis=1)
```

对每一行节点数据，调用 prepare. nodes_to_input( )，该函数将节点嵌入向量转换为模型输入格式。首先，将节点表示转化为固定维度的嵌入向量（基于训练好的 w2vmodel. wv，即词向量）。使用上下文中的边类型（context. edge_type）进一步构建图的结构表示。将图的节点嵌入向量、边信息与标签整合，生成最终的模型输入格式。

第 5 步： 清理和保存处理后的数据。

```
data.drop(cpg_dataset, ["nodes"])
print(f"Saving input dataset {file_name} with size {len(cpg_dataset)}.")
data.write(cpg_dataset[["input", "target"]], PATHS.input, f"{file_name}_{FILES.input}")
del cpg_dataset
gc.collect()
```

处理完成后，使用 data. drop( )删除节点列，以减少内存占用。通过 data. write( )将转换后的数据（包括模型输入 input 和标签 target）保存到 PATHS. input 路径下。删除数据集对象，并调用 gc. collect( )来手动进行垃圾回收，释放内存。

第 6 步： 保存 Word2Vec 模型。

```
    gc.collect()
print("Saving w2vmodel.")
w2vmodel.save(f"{PATHS.w2v}/{FILES.w2v}")
```

最后，整个数据集处理完成后，将训练好的 Word2Vec 模型保存到指定路径下，方便后续加载和使用。

7. 模型训练评估

第 1 步：初始化上下文与模型。

```
def process_task(stopping):
    context = configs.Process()
    demo = configs.demo()
    model_path = PATHS.model + FILES.model
    model = process.demo(path=model_path,
                         device=DEVICE,
                         model=demo.model,
                         learning_rate=demo.learning_rate,
                         weight_decay=demo.weight_decay,
                         loss_lambda=demo.loss_lambda
                         )
```

使用 configs. Process( ) 加载处理任务的配置信息，包括训练参数，如 epochs、batch_size、shuffle 等。configs. demo( ) 提供了模型的基本配置，如模型结构、学习率、权重衰减、损失函数的权重因子等。通过 process. demo( ) 方法初始化模型，并将模型路径、设备、学习率、权重衰减等参数传递给该方法。

模型具体在 process. model 文件中定义。

Model 文件中定义了一个基于图神经网络（GNN）和卷积神经网络（CNN）的混合模型。主要由两个部分构成。

- Gated Graph Convolution（GGC）：用于图数据的消息传递机制，帮助学习图节点的表示。
- 卷积神经网络（Conv）：用于对节点特征进行进一步的卷积处理和分类。

```
class Net(nn.Module):
    def __init__(self, gated_graph_conv_args, conv_args, emb_size, device):
        super(Net, self).__init__()
        self.ggc = GatedGraphConv(**gated_graph_conv_args).to(device)
```

GatedGraphConv 是 PyTorch Geometric 提供的一种图卷积层，用于图结构数据中的节点消息传递。通过消息传递机制，节点能够从其邻节点中获取信息，从而更新自己的嵌入向量 (embedding)。gated_graph_conv_args 包含初始化 Gated Graph Convolution 层所需的参数，如输入和输出通道数。

```
self.conv = Conv(**conv_args,
                 fc_1_size=gated_graph_conv_args["out_channels"] + emb_size,
                 fc_2_size=gated_graph_conv_args["out_channels"]).to(device)
```

卷积神经网络部分（Conv）中，Conv 类定义了一个 1D 卷积神经网络，负责处理经过 Gated Graph Convolution 层处理后的节点特征。fc_1_size 和 fc_2_size 用于定义全连接层的输入维度，结合了 GNN 输出的节点嵌入维度以及初始输入数据的嵌入维度（emb_size）。

Conv 类的具体定义如下。

```python
class Conv(nn.Module):
    def __init__(self, conv1d_1, conv1d_2, maxpool1d_1, maxpool1d_2, fc_1_size, fc_2_size):
        super(Conv, self).__init__()
        self.conv1d_1_args = conv1d_1
        self.conv1d_1 = nn.Conv1d(**conv1d_1)
        self.conv1d_2 = nn.Conv1d(**conv1d_2)

        fc1_size = get_conv_mp_out_size(fc_1_size, conv1d_2, [maxpool1d_1, maxpool1d_2])
        fc2_size = get_conv_mp_out_size(fc_2_size, conv1d_2, [maxpool1d_1, maxpool1d_2])

        # Dense layers
        self.fc1 = nn.Linear(fc1_size, 1)
        self.fc2 = nn.Linear(fc2_size, 1)

        # Dropout
        self.drop = nn.Dropout(p=0.2)

        self.mp_1 = nn.MaxPool1d(**maxpool1d_1)
        self.mp_2 = nn.MaxPool1d(**maxpool1d_2)
```

- 卷积层（conv1d_1，conv1d_2）：1D 卷积层，处理输入的节点特征。
- 全连接层（fc1，fc2）：对卷积层输出的特征进行进一步的非线性变换，最终输出为一个单一标量（通过 Linear 映射）。
- Dropout：在训练过程中，通过丢弃一部分神经元的输出，防止模型过拟合。
- 最大池化层（mp_1，mp_2）：用于下采样输入，通过池化降低输入的尺寸，同时保留重要信息。

```python
def forward(self, hidden, x):
    concat = torch.cat([hidden, x], 1)
    concat_size = hidden.shape[1] + x.shape[1]
    concat = concat.view(-1, self.conv1d_1_args["in_channels"], concat_size)

    Z = self.mp_1(F.relu(self.conv1d_1(concat)))
    Z = self.mp_2(self.conv1d_2(Z))

    hidden = hidden.view(-1, self.conv1d_1_args["in_channels"], hidden.shape[1])

    Y = self.mp_1(F.relu(self.conv1d_1(hidden)))
    Y = self.mp_2(self.conv1d_2(Y))

    Z_flatten_size = int(Z.shape[1] * Z.shape[-1])
    Y_flatten_size = int(Y.shape[1] * Y.shape[-1])

    Z = Z.view(-1, Z_flatten_size)
    Y = Y.view(-1, Y_flatten_size)
    res = self.fc1(Z) * self.fc2(Y)
    res = self.drop(res)
    # res = res.mean(1)
    # print(res, mean)
    sig = torch.sigmoid(torch.flatten(res))
    return sig
```

在前向传播的定义中，输入拼接对 hidden 和 x 两部分特征进行拼接，作为卷积层的输入。卷积和池化操作首先对拼接后的特征进行 1D 卷积和池化操作，得到卷积特征 Z。同时，将 hidden 特征单独进行卷积和池化，得到 Y。将卷积输出 Z 和 Y 进行全连接层变换，最后输出经过 Sigmoid 激活的结果，用于二分类任务。

整体模型前向传播（Net 类的 forward( )方法）的定义如下。

```
def forward(self, data):
    x, edge_index = data.x, data.edge_index
    x = self.ggc(x, edge_index)
    x = self.conv(x, data.x)
    return x
```

首先将输入图的节点特征 x 和边连接关系 edge_index 输入到 ggc 层，得到更新后的节点嵌入向量。然后，将更新后的嵌入向量和原始特征一起输入到 Conv 卷积神经网络，进行特征处理和分类预测。

最后，将模型的参数保存到指定路径，方便后续加载和继续使用。

第 2 步：加载和处理数据集。

```
train = process.Train(model, context.epochs)
input_dataset = data.loads(PATHS.input)
train_loader, val_loader, test_loader = list(
    map(lambda x: x.get_loader(context.batch_size, shuffle=context.shuffle),
        data.train_val_test_split(input_dataset, shuffle=context.shuffle)))
```

使用 data. loads(PATHS. input)加载之前处理和保存的输入数据集。调用 data. train_val_test_split( )方法将数据集拆分为训练集、验证集和测试集。拆分的比例和随机性由 context. shuffle 参数控制。对每个数据集（训练集、验证集、测试集），调用 x. get_loader( )创建数据加载器，设定批量大小和是否打乱数据。

第 3 步：构建训练、验证、测试步骤。

```
train_loader_step = process.LoaderStep("Train", train_loader, DEVICE)
val_loader_step = process.LoaderStep("Validation", val_loader, DEVICE)
test_loader_step = process.LoaderStep("Test", test_loader, DEVICE)
```

使用 process. LoaderStep( )创建数据加载的步骤，将数据加载器与运行设备（如 DEVICE）绑定。分别为训练集、验证集和测试集创建对应的步骤对象。

第 4 步：训练过程。

```
if stopping:
    early_stopping = process.EarlyStopping(model, patience=context.patience)
    train(train_loader_step, val_loader_step, early_stopping)
    model.load()
else:
    train(train_loader_step, val_loader_step)
    model.save()
```

如果启用了早停机制（stopping = True），则初始化 process. EarlyStopping( )，通过设定的 patience 参数来监控验证集的性能，以决定是否提前停止训练。

train(train_loader_step, val_loader_step, early_stopping)用于执行训练过程，传入训练和验证数据的步骤以及早停机制。在训练过程中，模型会根据验证集的性能来决定是否提前终止训练。如果没有启用早停机制（stopping = False），则直接进行训练并在训练结束后保存模型。

训练函数具体在 process. modelling 文件中实现。

在 Train 类中，训练过程的核心通过__call__()方法实现，处理训练和验证的循环。以下是 Train 类训练过程的详细分解。

（1）初始化阶段（__init__）

```
class Train(object):
    def __init__(self, step, epochs, verbose=True):
        self.epochs = epochs
        self.step = step
        self.history = History()
        self.verbose = verbose
```

step 为模型训练的步骤，包含模型的优化器、损失函数等必要信息。epochs 表示训练的总轮次。history 用于记录每个 epoch 的训练和验证统计数据。verbose 控制是否打印详细输出。

（2）训练主循环（__call__）

```
def __call__(self, train_loader_step, val_loader_step=None, early_stopping=None):
    for epoch in range(self.epochs):
        self.step.train()
        train_stats = train_loader_step(self.step)
        self.history(train_stats, epoch + 1)
```

每个 epoch 开始时，模型的 step 进入训练模式（self. step. train()）调用 train_loader_step(self. step)执行一次完整的训练循环，包括前向传播、计算损失、反向传播和参数更新，返回训练的统计数据（train_stats）。self. history(train_stats, epoch + 1)用于记录该 epoch 的训练结果。

（3）验证与早停机制

```
if val_loader_step is not None:
    with torch.no_grad():
        self.step.eval()
        val_stats = val_loader_step(self.step)
        self.history(val_stats, epoch + 1)
    print(self.history)

    if early_stopping is not None:
        valid_loss = val_stats.loss()
        # early_stopping needs the validation loss to check if it has decreased,
        # and if it has, it will make a checkpoint of the current model
        if early_stopping(valid_loss):
            self.history.log()
            return
```

如果提供了验证数据加载器（val_loader_step()），则切换到验证模式（self. step. eval()），并在验证数据上进行评估。torch. no_grad()用于确保在验证过程中不进行梯度计算，节省内存和计算资源。验证结束后，记录验证集的统计数据。

如果启用了 early_stopping，则检查验证损失是否改善。若损失没有改善且超过 patience，则会提前终止训练。

(4) 训练完成后的处理。

如果早停机制触发，则会停止训练并输出历史记录。否则，训练会持续到设定的 epochs 次数，并在结束后调用 self. history. log( )记录最终的结果。

(5) 历史记录与日志。

```
class History:
    def __init__(self):
        self.history = {}
        self.epoch = 0
        self.timer = time.time()

    def __call__(self, stats, epoch):
        self.epoch = epoch

        if epoch in self.history:
            self.history[epoch].append(stats)
        else:
            self.history[epoch] = [stats]

    def __str__(self):
        epoch = f"\nEpoch {self.epoch};"
        stats = ' - '.join([f"{res}" for res in self.current()])
        timer = f"Time: {(time.time() - self.timer)}"

        return f"{epoch} - {stats} - {timer}"

    def current(self):
        return self.history[self.epoch]

    def log(self):
        msg = f"(Epoch: {self.epoch}) {' - '.join([f'({res})' for res in self.current()])}"
        logger.log_info("history", msg)
```

History 类用于记录每个 epoch 的训练和验证结果，并在需要时输出日志信息。__call__( ) 方法将 stats（训练或验证统计数据）存储在 history 中。__str__( )方法可以生成包含 epoch 编号、统计数据和经过时间的格式化输出，用于打印每个 epoch 的训练信息。

在每个 epoch 后，打印当前的训练与验证历史，包含统计数据和执行时间，调用 logger. log_info( )来记录历史数据，可以保存训练过程的详细信息以备后续分析。

如果启用了早停机制并且训练提前结束，会调用 model. load( )来加载最佳的模型权重。否则，模型在训练完成后会被直接保存（使用 model. save( )）。

第 5 步：测试与预测。

```
process.predict(model, test_loader_step)
```

在训练结束后，调用 process. predict( )方法，使用训练好的模型在测试集上进行预测。test_loader_step 用于传递测试集数据。

训练函数具体在 process. modelling 文件中实现。

```
def predict(step, test_loader_step):
    print(f"Testing")
    with torch.no_grad():
        step.eval()
        stats = test_loader_step(step)
        metrics = Metrics(stats.outs(), stats.labels())
        print(metrics)
        metrics.log()
    return metrics()["Accuracy"]
```

在预测阶段，模型切换到 eval( ) 模式并在测试集上进行预测。Metrics (stats. outs ( ), stats. labels( ))用于计算模型的性能指标，并逐个打印每个样本的预测结果。预测结束后，返回最终的准确率。

8. 主函数实现命令工具

```
parser: ArgumentParser = argparse.ArgumentParser()
parser.add_argument('-c', '--create', action='store_true')
parser.add_argument('-e', '--embed', action='store_true')
parser.add_argument('-p', '--process', action='store_true')
parser.add_argument('-pS', '--process_stopping', action='store_true')
```

使用 argparse. ArgumentParser( )创建一个命令行参数解析器对象。并通过 parser. add_argument( )方法定义几个命令行选项。

- '-c'或'--create'：布尔类型参数，表示是否执行'create_task( )'。
- '-e'或'--embed'：布尔类型参数，执行'embed_task( )'。
- '-p'或'--process'：布尔类型参数，执行'process_task(False)'，即执行不带早停机制的训练任务。
- '-pS'或'--process_stopping'：布尔类型参数，执行'process_task(True)'，即执行带早停机制的训练任务。

```
args = parser.parse_args()
if args.create:
    create_task()
if args.embed:
    embed_task()
if args.process:
    process_task(False)
if args.process_stopping:
    process_task(True)
if args.test:
    test_task(args.test)
```

根据解析得到的 args 对象的属性，执行相应的任务，简化从命令行传递参数并根据参数执行不同任务的流程。

16.2.4 实践结果

模型对代码样本进行漏洞检测。若存在漏洞的概率大于 0.5，标记为存在漏洞；若概率小于或等于 0.5，标记为不存在漏洞。

```
Sample 0: Predicted Probability: 0.5199007391929626, Predicted Label: 1
Sample 1: Predicted Probability: 0.5030965209007263, Predicted Label: 1
Sample 2: Predicted Probability: 0.5237799286842346, Predicted Label: 1
Sample 3: Predicted Probability: 0.4985281229019165, Predicted Label: 0
Sample 4: Predicted Probability: 0.4984451234340668, Predicted Label: 0
Sample 5: Predicted Probability: 0.5318827033042908, Predicted Label: 1
Sample 6: Predicted Probability: 0.5020003914833069, Predicted Label: 1
Sample 7: Predicted Probability: 0.50165855884552, Predicted Label: 1
Sample 8: Predicted Probability: 0.49689891934394836, Predicted Label: 0
Sample 9: Predicted Probability: 0.4974437654018402, Predicted Label: 0
Sample 10: Predicted Probability: 0.5028823018074036, Predicted Label: 1
Sample 11: Predicted Probability: 0.4969363808631897, Predicted Label: 0
Sample 12: Predicted Probability: 0.5000323057174683, Predicted Label: 1
Sample 13: Predicted Probability: 0.496183305978775, Predicted Label: 0
Sample 14: Predicted Probability: 0.5124288201332092, Predicted Label: 1
Sample 15: Predicted Probability: 0.5507027506828308, Predicted Label: 1
Sample 16: Predicted Probability: 0.7927446365356445, Predicted Label: 1
Sample 17: Predicted Probability: 0.6849895119667053, Predicted Label: 1
Sample 18: Predicted Probability: 0.7160378694534302, Predicted Label: 1
Sample 19: Predicted Probability: 0.5136706829071045, Predicted Label: 1
Sample 20: Predicted Probability: 0.49794474244117737, Predicted Label: 0
```

由于本次实践中涉及的代码图结构只有 AST，故模型预测精度不高。对于样本 0、1、2、5 等，它们的预测概率在 0.5 以上，模型预测这些样本有漏洞（标签 1），但概率并不高，只略高于 0.5。同样，对于样本 3、4、8、9 等，模型的预测概率接近 0.5，故判断它们没有漏洞（标签 0）。

模型效率如下。

```
Epoch 83; - Train Loss: 0.1503; Acc: 0.2437; - Validation Loss: 3.9696; Acc: 0.3333; - Time: 562.2948486804962
Epoch 84; - Train Loss: 0.1243; Acc: 0.2938; - Validation Loss: 3.9467; Acc: 0.3333; - Time: 568.2748394012451
Epoch 85; - Train Loss: 0.1612; Acc: 0.2437; - Validation Loss: 3.942; Acc: 0.3333; - Time: 574.15780210495
Epoch 86; - Train Loss: 0.163; Acc: 0.2938; - Validation Loss: 4.0537; Acc: 0.3333; - Time: 580.1529638767242
Epoch 87; - Train Loss: 0.1171; Acc: 0.1938; - Validation Loss: 4.0561; Acc: 0.3333; - Time: 586.5208196640015
Epoch 88; - Train Loss: 0.1044; Acc: 0.2938; - Validation Loss: 3.9679; Acc: 0.3333; - Time: 592.5293018817902
Epoch 89; - Train Loss: 0.1433; Acc: 0.3937; - Validation Loss: 3.845; Acc: 0.625; - Time: 598.6405231952667
Epoch 90; - Train Loss: 0.1944; Acc: 0.3937; - Validation Loss: 3.8721; Acc: 0.625; - Time: 605.0803413391113
Epoch 91; - Train Loss: 0.1199; Acc: 0.1938; - Validation Loss: 4.0117; Acc: 0.3333; - Time: 611.2062418460846
Epoch 92; - Train Loss: 0.1129; Acc: 0.2437; - Validation Loss: 3.959; Acc: 0.3333; - Time: 618.6139183044434
Epoch 93; - Train Loss: 0.124; Acc: 0.3438; - Validation Loss: 3.9827; Acc: 0.625; - Time: 624.7592771053314
Epoch 94; - Train Loss: 0.1441; Acc: 0.1437; - Validation Loss: 4.0568; Acc: 0.3333; - Time: 631.2952752113342
Epoch 95; - Train Loss: 0.1483; Acc: 0.15; - Validation Loss: 4.0861; Acc: 0.3333; - Time: 637.5990302562714
Epoch 96; - Train Loss: 0.1068; Acc: 0.2938; - Validation Loss: 4.1072; Acc: 0.3333; - Time: 644.7318115234375
Epoch 97; - Train Loss: 0.1068; Acc: 0.2; - Validation Loss: 4.0435; Acc: 0.625; - Time: 651.3229184150696
Epoch 98; - Train Loss: 0.1007; Acc: 0.2437; - Validation Loss: 3.9649; Acc: 0.625; - Time: 657.0564515590668
Epoch 99; - Train Loss: 0.124; Acc: 0.3438; - Validation Loss: 4.0697; Acc: 0.625; - Time: 663.4389545917511
Epoch 100; - Train Loss: 0.157; Acc: 0.4437; - Validation Loss: 4.0902; Acc: 0.625; - Time: 670.5009851455688
```

使用早停法在样本数据集上进行训练的结果如下。

- 真正例（True Positives）：37，假正例（False Positives）：27，真负例（True Negatives）：22，假负例（False Negatives）：15。
- 准确率（Accuracy）：0.5841584158415841。
- 精确率（Precision）：0.578125。
- 召回率（Recall）：0.7115384615384616。
- F1 值（F-measure）：0.6379310344827586。
- 精确率-召回率 AUC（Precision-Recall AUC）：0.5388430220841324。
- ROC AUC：0.5569073783359497。
- Matthews 相关系数（MCC）：0.166507096257419。

在没有使用早停法的样本数据集上的训练结果如下。

- 真正例（True Positives）：38，假正例（False Positives）：34，真负例（True Negatives）：15，假负例（False Negatives）：14。
- 准确率（Accuracy）：0.5247524752475248。
- 精确率（Precision）：0.5277777777777778。
- 召回率（Recall）：0.7307692307692307。
- F1 值（F-measure）：0.6129032258064515。
- 精确率-召回率 AUC（Precision-Recall AUC）：0.5592493611149129。
- ROC AUC：0.5429748822605965。
- Matthews 相关系数（MCC）：0.04075331061223071。
- 误差（Error）：53.56002758457897。

16.2.5　参考代码

本实践的 Python 语言参考源代码见本书的配套资源。

16.3　习题

1. 为什么要进行代码漏洞检测？
2. 什么是图神经网络？
3. 什么是小样本学习？
4. 什么是迁移学习？